野田クリスタルの

こんなゲームが作りたい!

Scratch 3.0対応

野田クリスタル Noda Crystal
廣瀬 豪 Hirose Tsuyoshi

インプレス

はじめに

みなさん、こんにちは。お笑い芸人で、最近はゲームクリエイターとしても活動させてもらっている野田です。

僕がプログラミングをはじめたのは、もともとゲームが好きで「自分でもこんなゲームを作ってみたいな」「自分だったらこうやるのにな」という思いがむくむくわいてきて、そこからどうやったら作れるだろうと独学で勉強をはじめたことがきっかけです。自分でゲームを作るということは、何でも自分の好きにしていいということ。ルールも制約もない、極端に言えばタイトル画面から一向に進まないゲームを作ったっていい。そういった発想が起点となって、「野田ゲー」が生まれました。この本で扱うScratchは個人が自由な発想でゲームを作ることができるので、この本を手がかりにして楽しいゲーム作りに挑戦してほしいと思います。

本書で紹介している5本のゲームは、僕が「こんなゲームがあったらいいな」という理想を、ゲームクリエイターの廣瀬さんが形にしてくれました。とにかく気合いが入っています！ カーレースは比較的作りやすそうだし、格闘アクションは自分でも作ってみたいゲーム。シューティングはいつやっても楽しいし、アクションRPGは攻略ポイントを見つけながら進めるのが醍醐味です。

僕がこれから作るなら、飼っているハムスターの「はむはむ」をモデルにしたゲームを作りたいなと思っています。はむはむはケージの中に敷いてある床材を巣箱の周りに集めるのが大好きなので、飼い主に見つからないように床材を巣箱に貯めていくゲームはどうかな。飼い主に見つかったら床材を元に戻されてしまうので、見ていないすきに集めて、目が合ったらかわいい表情でごまかす……なんて、おもしろそうじゃないですか。例えばいつか「この世に存在しないゲームを作ってください」というお題でコンテストをやってもおもしろいですね。みなさんの素敵な作品を見られることを楽しみにしています。

野田クリスタル

みなさん、こんにちは。ゲームクリエイター＆ゲーム制作技術伝承者の廣瀬です。

私は中学生のとき、コンピュータ・ゲームを自分で作りたいという一心でプログラミングを学びはじめました。はじめは思うように作れませんでしたが、コツコツと学ぶうちにシンプルなミニゲームが作れるようになり、やがて凝った内容のゲームが作れるようになりました。そして大人になったとき、ナムコという会社に就職でき、ゲームクリエイターになるという夢が叶いました。その後、自分のゲーム制作会社を設立するという大きな夢も実現し、現在に至ります。

この本には、私のクリエイターとしての知識と経験を生かし、さまざまなゲーム開発テクニックを載せました。Scratchというプログラミング学習ツールを使って本格的なゲームを作っていきます。シンプルなアクションゲームからはじめ、カーレース、格闘アクション、シューティング、アクションRPGという、バラエティに富むゲームの作り方を解説しています。簡単なものから徐々に難しい内容へと進むので、どなたも自分のペースで学んでいただけます。

プログラミングは小中学校で義務教育化、高校で必修化されました。この本では大切なプログラミングの知識を理解していただけるように、変数・条件分岐・繰り返しなどの基礎知識についてもわかりやすく説明しています。

今日、ゲームクリエイターやプログラマーといったコンピュータを扱う職業が、子どもたちが就きたいと考える職業の上位に挙がるようになりました。将来ゲーム制作の仕事がしたいと考える方も多いことでしょう。そのような方は、夢に近付くための一歩をこの本で踏み出しましょう。ほかの目標を持つ方も、本書でプログラミングのおもしろさを味わっていただけます。どなたにも楽しみながら読んでいただければ幸いです。

廣瀬豪

CONTENT

Chapter 2　ゲームを作ろう中級編

Chapter 3 ゲームを作ろう上級編

Chapter 4 ゲームを作ろう応用編

Appendix 野田クリスタルからのプレゼント

素材ファイルのダウンロードページ

https://book.impress.co.jp/books/1120101185

本書で制作するゲームの素材は、弊社Webサイトからダウンロードできます。
画像や音楽の素材は、Scratchを使って、

1. 本書の手順に従ってゲームを作る
2. 作ったゲームを元にリミックスする

ときにのみ、ご利用いただけます。

本書の前提

【用語の使い方】
本文中で使用している用語は、基本的に実際の画面に表示される名称に則っています。
【本書の前提】
本書で紹介する操作はすべて、2021年10月現在の情報です。
本書では、「Windows 10」パソコンで、インターネットに常時接続されている環境を前提に画面を再現しています。他のOSやブラウザーの場合は、お使いの環境と画面解像度が異なることもありますが、基本的に同じ要領で進めることができます。
Scratchは、MITメディア・ラボのライフロング・キンダーガーテン・グループの協力により、
Scratch財団が進めているプロジェクトです。https://scratch.mit.edu から自由に入手できます。

Chapter 0

Scratch（スクラッチ）の基礎知識

～この章での学習の流れ～

Lesson 1	Scratchとは
Lesson 2	プログラミングとは
Lesson 3	Scratchに参加しよう
Lesson 4	Scratchの開発画面を確認しよう
Lesson 5	スプライトを動かそう
Lesson 6	ファイルを保存する、ファイルを読み込む
Lesson 7	プロジェクトを管理する
Lesson 8	リミックスについて知ろう

このゲームの完成版を次のURLで確認できます。

→ https://scratch.mit.edu/users/nodakuribon/

まずScratchとプログラミングとはどんなものか紹介します！準備はいいですか？

Scratchをやるのは初めて。とてもワクワクしています！

Lesson 1

Scratchとは

この章では、Scratchの概要を説明します。

Scratchとは

Scratchはアメリカのマサチューセッツ工科大学（MIT）メディアラボと、非営利団体のScratch財団により、開発・運営されているプログラミング学習ツールで、誰もが自由に無料で使うことができます。

図0-1　Scratchの画面

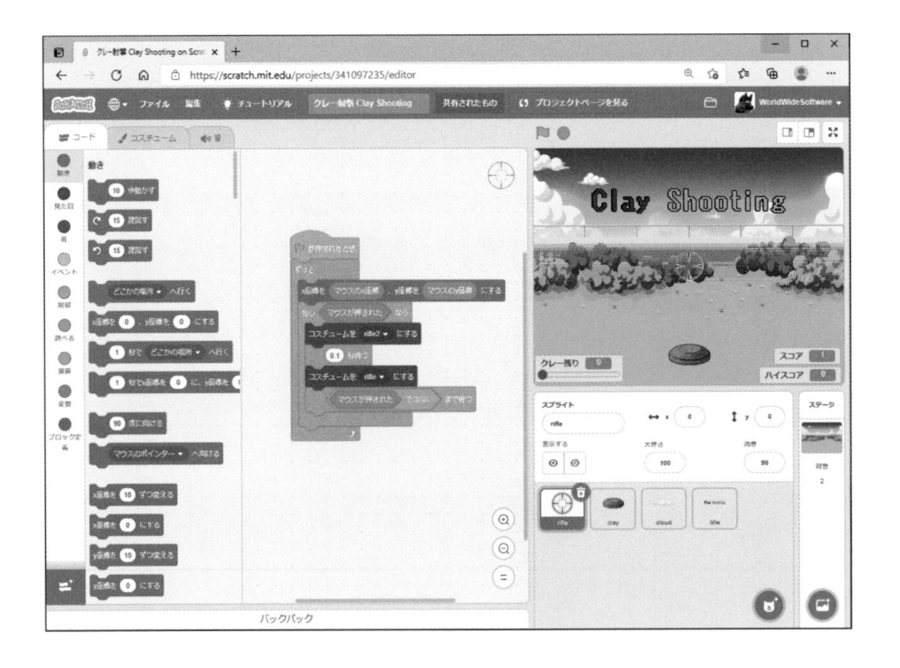

誰でも自由に無料で使えるなんてうれしいですね。この本で紹介するゲームもScratchで公開しているのでぜひ見てくださいね。

ホームページ上で動作するツールをWebアプリといいます。ScratchはWebアプリで、インターネットにつないだパソコンが必要ですが、一度インストールすればネット接続なしで使える「Scratchアプリ」があります。

Scratchで学ぶ利点

Scratchはブロックと呼ばれる部品を画面に並べるだけでプログラムを作ることができます。そのようなプログラミング言語を**ビジュアルプログラミング言語**といいます。

図0-2 コードをつなげる様子

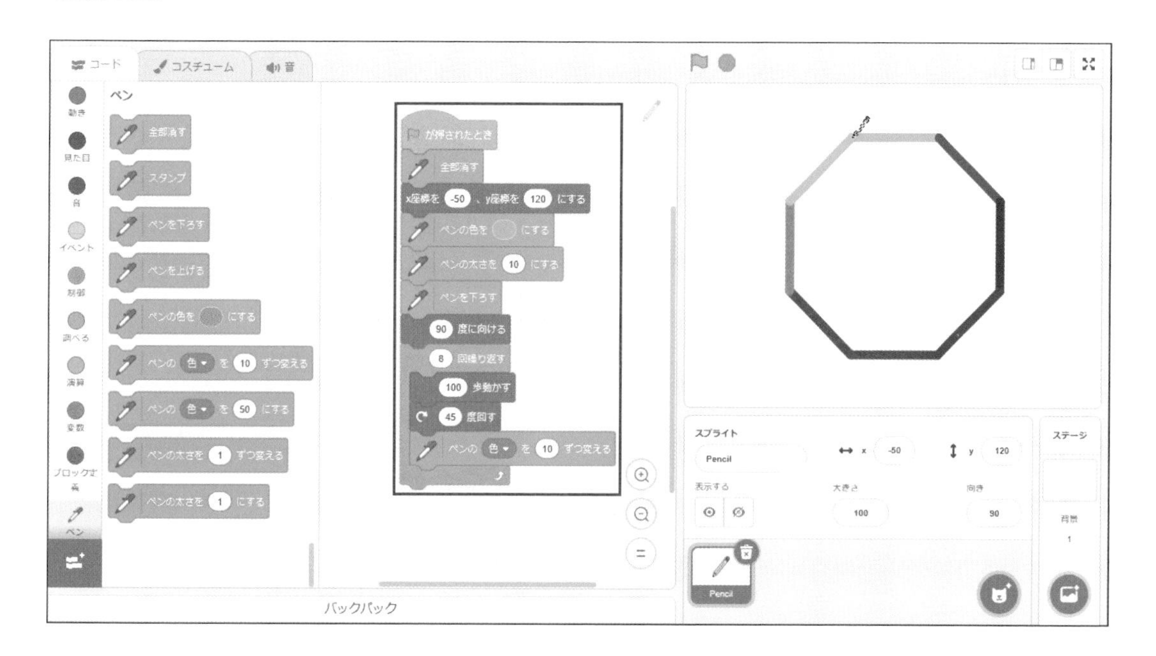

ビジュアルプログラミング言語は、初心者がプログラミングを学ぶのに最適です。例えばScratchでは、画面に表示されているキャラクターを2～3個のブロックを組み合わせるだけで動かすことができます。プログラムを組む過程と、組んだプログラムがどのような動作をするかが一目でわかるので、ゲームやアニメーションを作りながら、プログラミングの本質を理解することができます。

プログラミングやゲーム制作では、次の力が伸びます。

- **論理的思考力**
  筋道を立てて物事を考え、原因と結果の因果関係を正しく理解する力。
  論理的思考に長けた人は、「これをすることで、この結果が期待できる」「この結果になったのは、これが原因だ」と正しく考えることができます。
- **問題解決能力**
  文字通り何らかの問題に直面したとき、それを解決する力のこと。
- **想像力**
  新しいもの、これまでないものをイメージする力。
- **創造力**
  新しく価値のあるものを作り出す力。

Lesson 2

プログラミングとは

コンピュータ・プログラムとはどのようなものかを初めに知っておくと、ゲームを制作するときの手助けになります。ここではScratchを使う前に、プログラミング全般について説明します。

コンピュータはプログラムで動く

みなさんがお使いのパソコンやスマートフォンには、いろいろなソフトやアプリが入っています。それらのソフトやアプリはすべて、何らかのプログラミング言語を記述して作られたものです。

図0-3　パソコンのソフト、スマホのアプリ

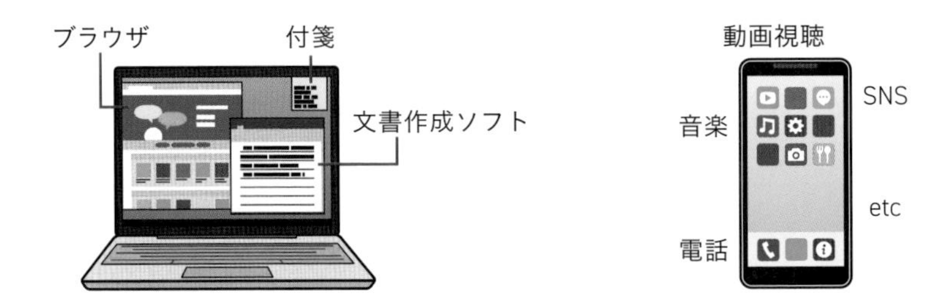

■コンピュータはプログラムで動いている

パソコン、スマートフォン、タブレット端末、ゲーム機などは、どれも電子回路とプログラムにより動いています。ほかにも電子回路とプログラムで動いているものがたくさんあります。

例を挙げると、

・テレビ、エアコン、洗濯機、掃除機、冷蔵庫、炊飯器
・自動販売機、コンビニのマルチメディア端末、銀行のATM
・自動車、バイク、信号機
・電車や飛行機などの公共の乗り物

などです。

図0-4　身近なものの中でプログラムが動いている

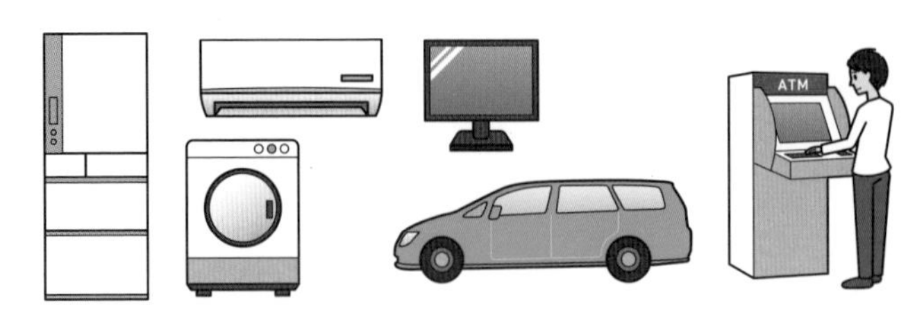

■あらゆる機器、機械に電子回路とプログラムが組み込まれている

これらの機器や機械はすべてに電子回路が組み込まれ、さまざまなコンピュータ・プログラムにより動いています。世の中にあるあらゆる装置がプログラムで制御され、それらの製品が私たちの生活を便利で豊かなものにしているのです。

ここでみなさんに知ってほしいことは、**どれほど優れた部品を組み合わせて製品を作っても、プログラムなしには動かない**ということです。コンピュータのプログラムは私たちの生活を支える機器や機械を動かすためになくてはならないものなのです。

プログラムとは

その大切なプログラムとはどのようなものかを説明します。なおコンピュータのプログラムをソースコードやコードと呼ぶこともありますが、この本では「プログラム」という呼び方で統一します。またコンピュータ・ゲームは「ゲーム」と呼びます。

プログラムを一言で表すと、**コンピュータ機器に処理を命じる指示書**になります。指示書とはどのようなものでしょうか？ ゲームで考えると、その意味をすんなり理解できます。

主人公のキャラクターをコントローラーで操るゲームを思い浮かべてみましょう。←キーを押すと主人公は左に移動し、→キーを押すと右に移動します。

図0-5　ゲームの主人公を動かす

これはプログラムで、

① キャラクターの座標を管理するxやyという変数を用意せよ
② ←キーが押されたらxの値を決められた数だけ減らせ
③ →キーが押されたらxの値を決められた数だけ増やせ
④ 画面の（x, y）の位置にキャラクターを表示せよ

という指示をコンピュータに出すことで行っています。これがプログラム＝指示書の意味です。そしてプログラミングとは、その指示書の中身を作ることです。

Lesson 3

Scratchに参加しよう

Scratchは公式サイトでユーザー登録すると、より便利に、楽しく使うことができます。ここではScratchにユーザー登録して参加する方法を説明します。参加するにはメールアドレスが必要なので、事前に用意しておきましょう。

Scratchの公式サイトにアクセスする

インターネットを閲覧するブラウザに、次のURLを入力して、Scratch公式サイトを開きましょう。https://scratch.mit.edu/

■[Scratchに参加しよう]でユーザー名とパスワードを入力する

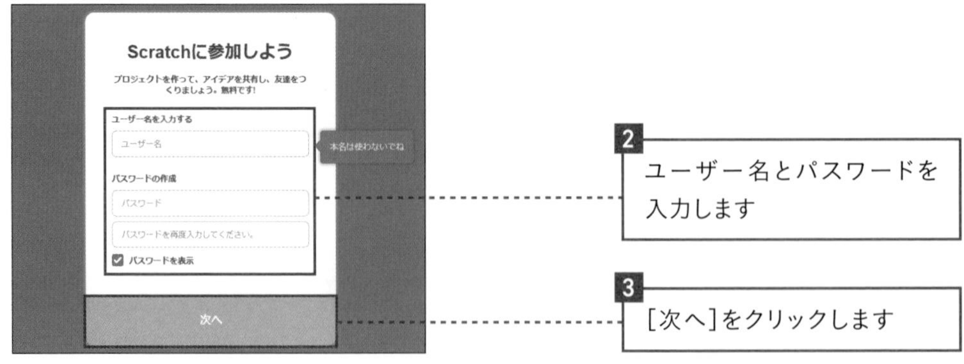

■必要な情報を入力する

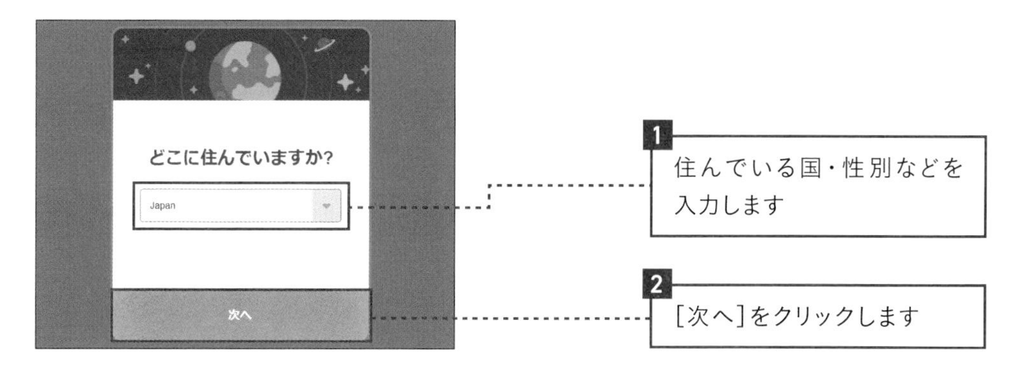

■メールアドレスを入力する

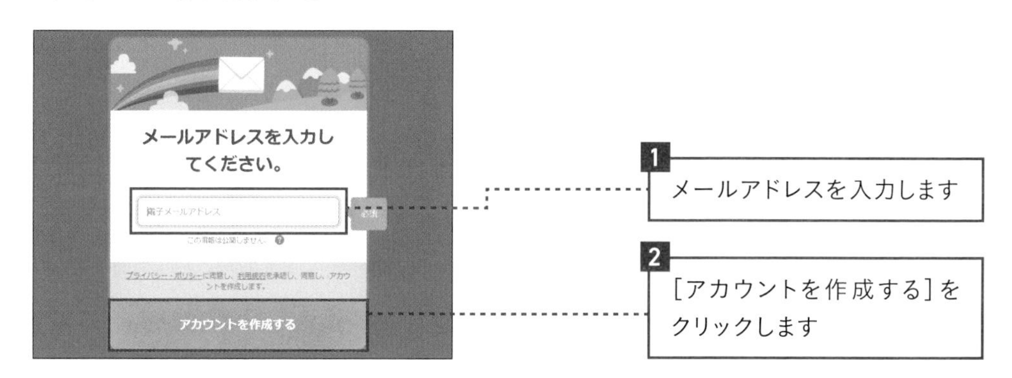

■Scratchをはじめる

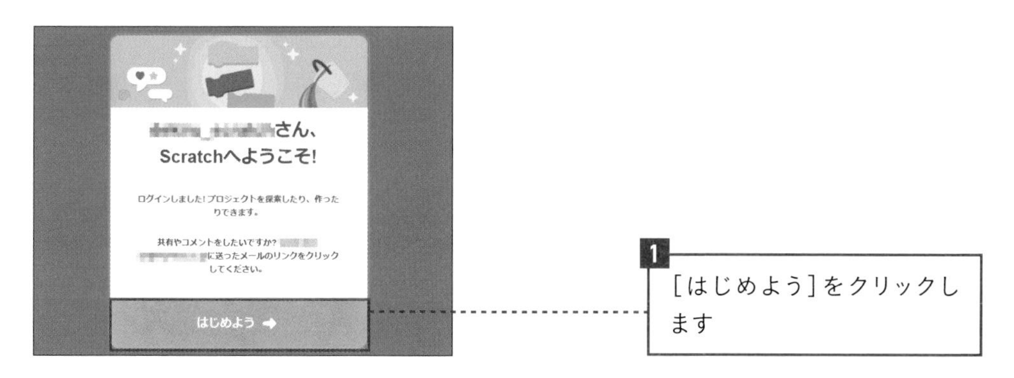

ヒント

メールアドレスを入力すると、Scratchからメールが届くので、アカウントを認証します。
認証すると、作品の共有やコメントができるようになります。

Lesson 4

Scratchの開発画面を確認しよう

Scratchの画面構成と、各部分の機能を説明します。

画面に配置されているものを知ろう

Scratchのトップページで［作る］をクリックして、ゲームやアニメーションを作る画面に入りましょう。このとき［チュートリアル］が表示されていたら［閉じる］をクリックしてください。

図0-6 Scratchの開発画面

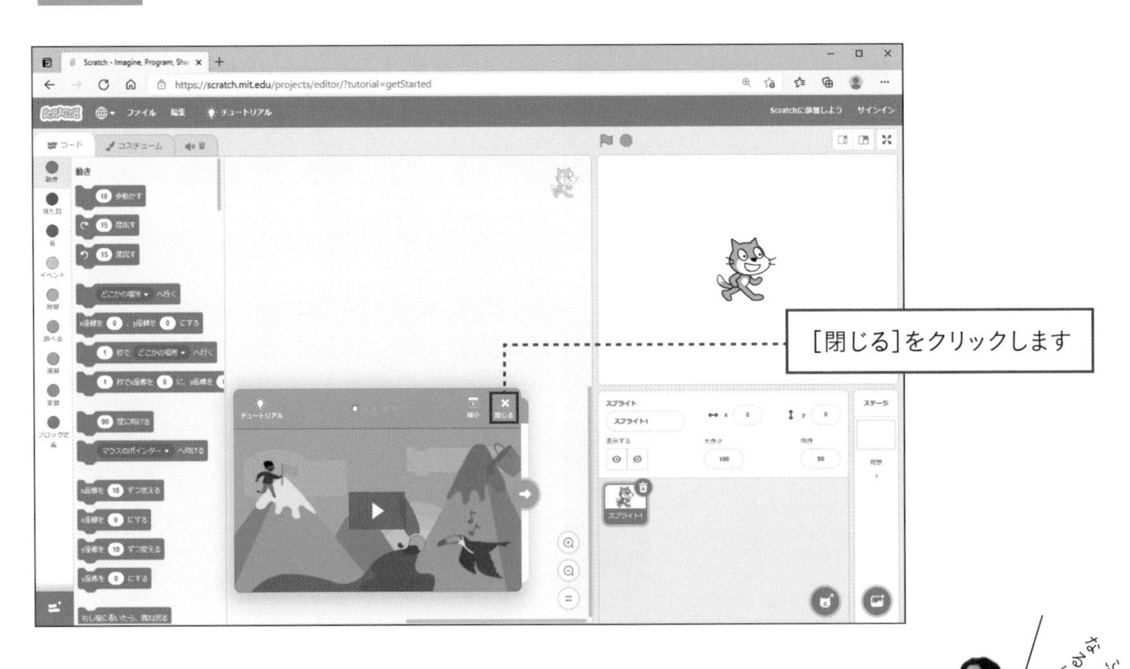

ふむふむ、なるほど

Scratchプログラミングのヒント▶チュートリアル動画

チュートリアルの動画では、Scratchの概要を確認できます。もちろんそれを参考にしてもよいですが、この本をめくっていけば、すぐにScratchが使えるので安心して読み進めてください。必要な人は後でチュートリアルを見ましょう。画面上部にある［チュートリアル］をクリックすれば、いつでも確認できます。

プログラミングを行う画面について説明します。

図0-7　Scratchの画面構成

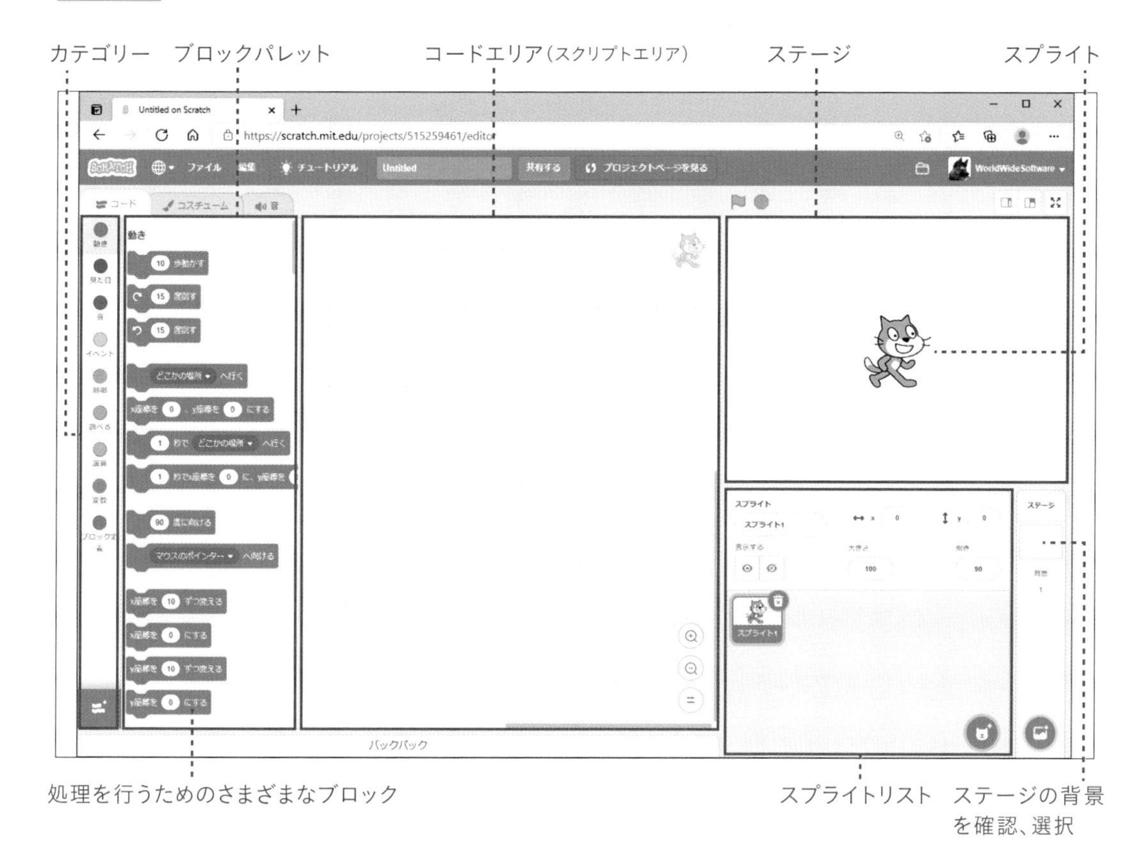

ブロックパレット

ここにはいろいろなブロックが並んでいます。このブロックをドラッグ＆ドロップしてコードエリアに置き、プログラミングを行います。

このパレットの左にはブロックをカテゴリー分けした［●動き］［●見た目］などの文字が並んでいます。例えば音に関する処理を行いたいとき、［●音］をクリックすると、音に関するブロックの先頭に移動できます。

コードエリア（スクリプトエリア）

プログラムをコードやスクリプトと呼ぶことがあります。Scratchではプログラム、コード、スクリプトはどれも同じ意味です。ここにブロックを配置してプログラミングを行います。

ステージ

スプライトと背景が表示されます。作ったプログラムの動作をここで確認します。

スプライトリスト

画面上で動くキャラクターなどの画像をスプライトといいます。スプライトリストで複数のスプライトを管理し、ステージに登場させることができます。

Scratchには自由に使えるスプライトが何種類も用意されています。自分の好きな画像をアップロードして使うこともできます。またScratchには絵を描く機能が備わっており、自分で描いてスプライトを作ることもできます。

本書では、オリジナルの画像を使って本格的なゲームを制作します。画像の使い方はChapter 1で解説します。

2つのアイコンを覚えよう

Scratchの開発画面に、旗の形のアイコンと、赤い八角形のアイコンがあります。[が押されたとき]のブロックを使い、をクリックしてプログラムを実行できます。動いているプログラムを止めるにはをクリックします。これら2つのアイコンを覚えておきましょう。

Scratchプログラミングのヒント▶日本語が表示されないときは？

画面や機能が日本語で表示されないときは、画面左上のをクリックし、[日本語]や[にほんご]を選びましょう。[にほんご]を選ぶと、ひらがなとカタカナで表示され、小さなお子様が使いやすくなります。

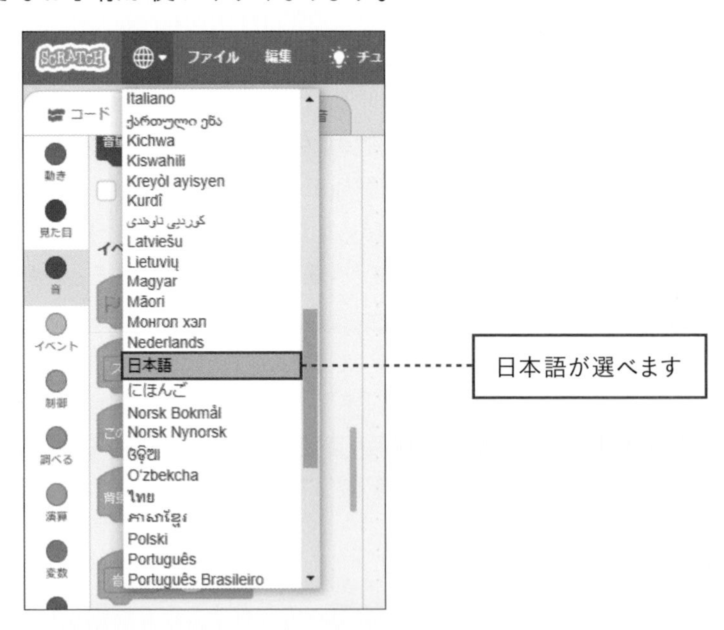

Lesson 5

スプライトを動かそう

ブロックを置いてスプライトを動かすことで、Scratchプログラミングの基本を理解します。

スプライトと背景について

Scratchのステージにはスプライトと背景が表示されます。はじめの状態で「スクラッチキャット」というスプライトが表示され、背景は白になっています。では、スクラッチキャットを動かしてみましょう。

図0-8 スクラッチキャットのスプライト

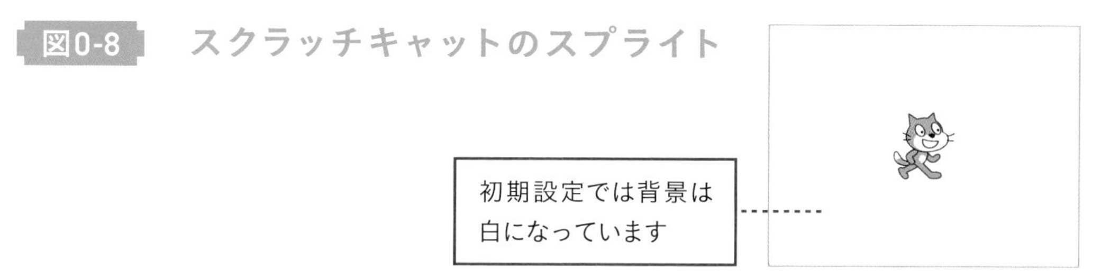

■ブロックを配置する

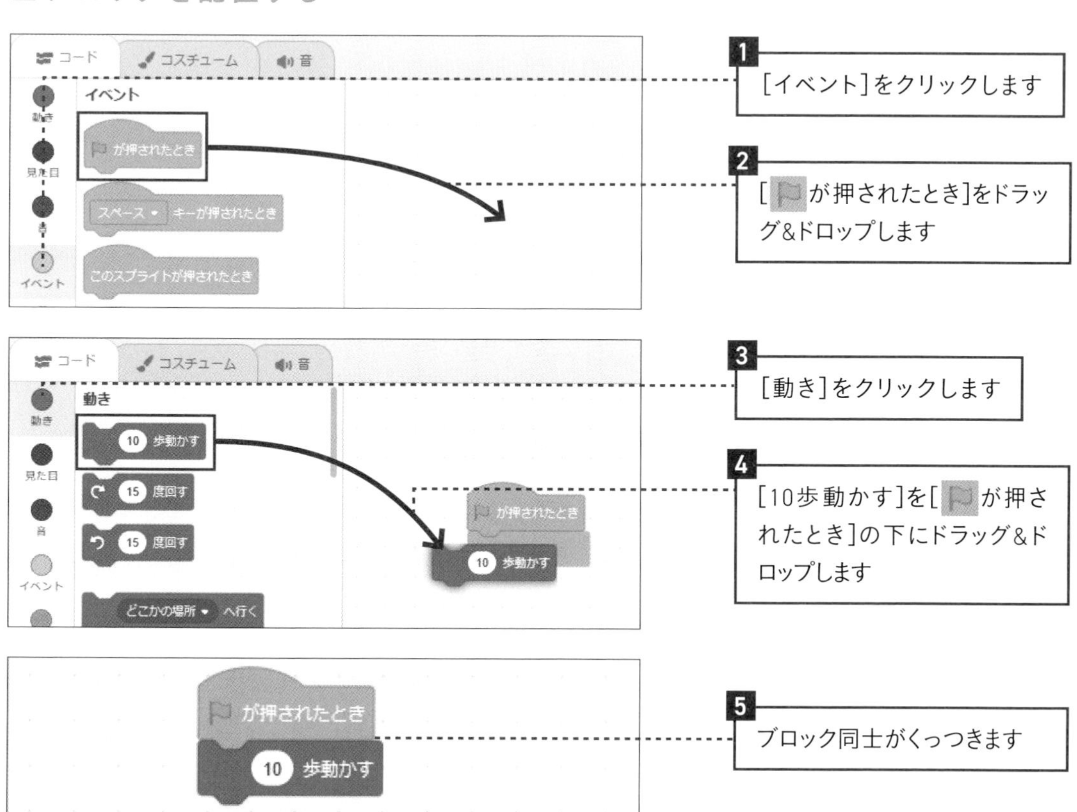

■プログラムを実行する

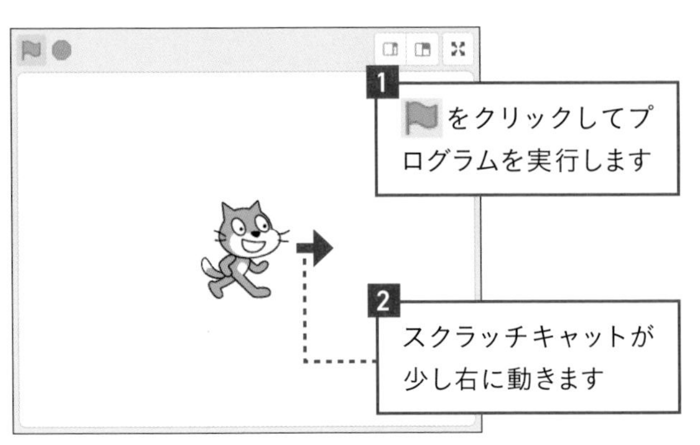

ヒント

ブロックが離れているときは、どちらかのブロックをクリックしながらマウスポインターを動かし、もう一方に近づけてつなげましょう。

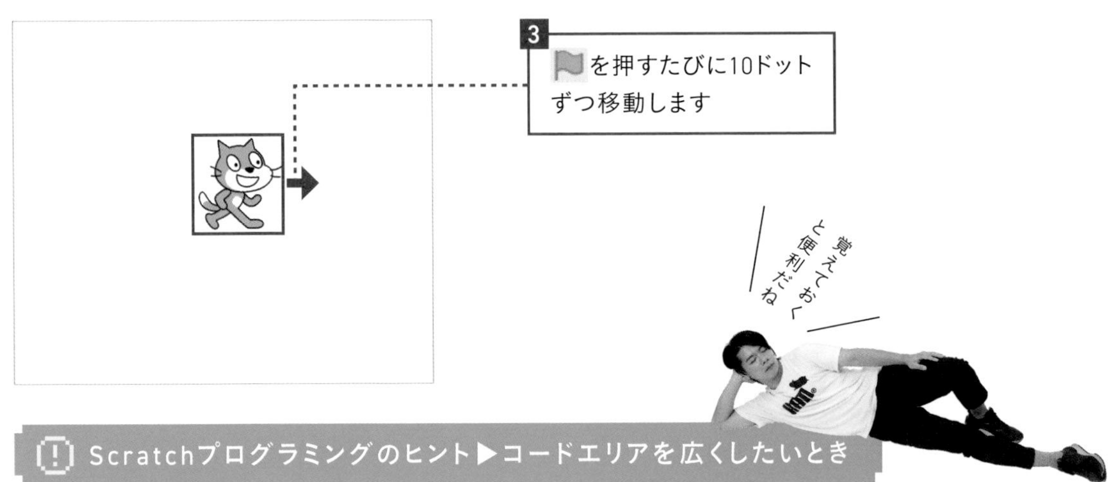

Scratchプログラミングのヒント▶コードエリアを広くしたいとき

ステージの上にある をクリックすると、ステージを小さくし、コードエリアを広くすることができます。元の大きさに戻すには をクリックします。また をクリックすると、ステージを最大の大きさにすることができます。完成したゲームをプレイするときに大画面にすると迫力があり、ゲームをより楽しめるはずです。

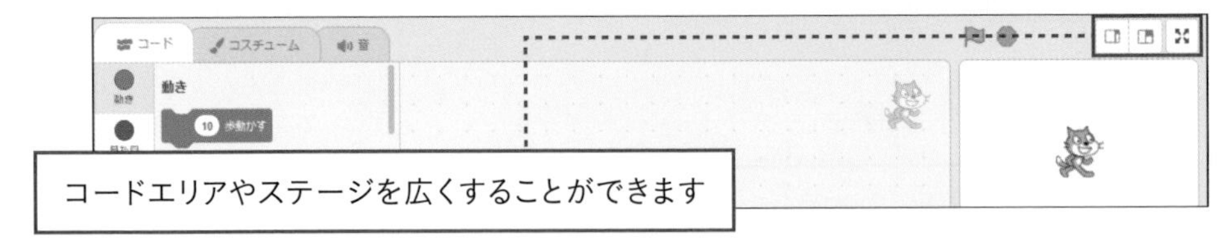

ここではスクラッチキャットだけを動かしましたが、複数のスプライトをステージに配置し、それらに個別の動作をさせることができます。また背景を好きな画像に変えることもできます。Chapter 1のゲーム制作の中で解説します。

スクラッチキャットが動いただけでも「おおっ！」となりますね。Scratchの基本、もっと教えてください！

Lesson 6

ファイルを保存する、ファイルを読み込む

Scratchで作ったゲームやアニメーションを**プロジェクト**といいます。ここではパソコンにプロジェクトを保存する方法と、保存したプロジェクトを読み込む方法を説明します。

ネットワーク上にプロジェクトを保管する方法もあり、その方法はLesson 7で説明します。

■パソコンにダウンロードして保存する

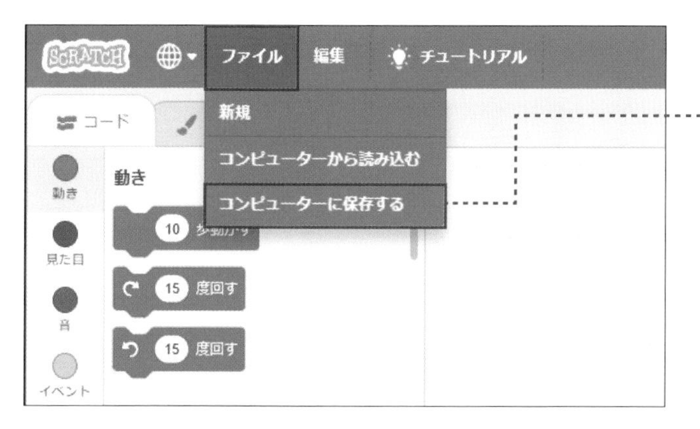

1 [ファイル]をクリックし、[コンピューターに保存する]を選びます

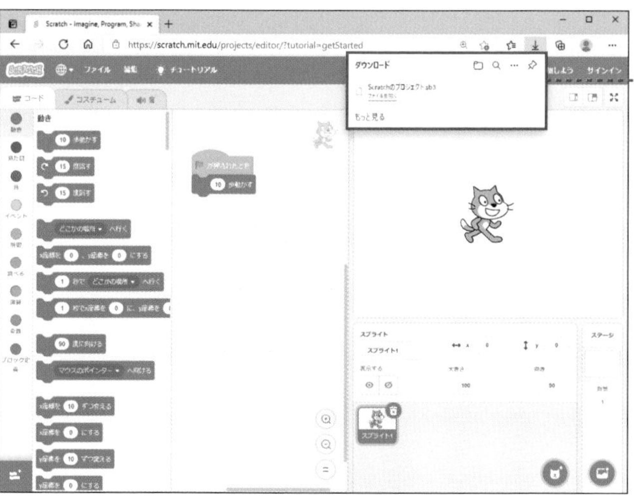

2 ファイルがダウンロードされます

ダウンロードの表示は、ブラウザの種類やバージョンによって異なります。

ファイル名と拡張子について

パソコンに保存したファイルは、Windowsパソコン、Macともにダウンロードフォルダに入ります。Scratchに参加していない場合、ダウンロードしたファイル名は「Scratchのプロジェクト.sb3」になります。拡張子を表示していないパソコンでは「.sb3」の部分は表示されません。

■パソコンにあるファイルを読み込む

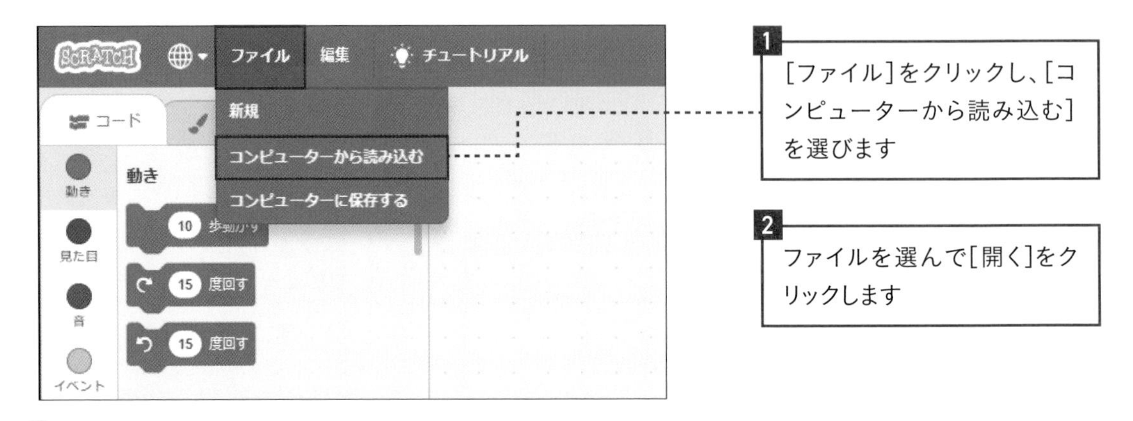

コラム ファイルの拡張子

拡張子とはファイル名に付く、ファイルの種類を示す文字列のことです。ファイル名と拡張子はドット(.)で区切られます。

図0-9 ファイルの拡張子

Scratchのプロジェクト.sb3

ファイル名　拡張子

Scratchでゲーム制作をするときに拡張子を表示する必要はありませんが、ほかのプログラミング言語でソフトウェアを開発するときは一般的に拡張子を表示します。なぜなら**拡張子を表示するといろいろなファイルを管理しやすい**からです。
WindowsとMac、それぞれの拡張子の表示方法は次の通りです。必要と思われる人は拡張子を表示しましょう。

■Windowsで拡張子を表示する

フォルダを開く→［表示］タブをクリック→［ファイル名拡張子］にチェックマークをつけます。

■Macで拡張子を表示する

Finderの［環境設定］→［詳細］タブの［すべてのファイル名拡張子を表示］にチェックマークをつけます。

Lesson 7

プロジェクトを管理する

ここではLesson 5で作ったプロジェクトに名前をつけて、ネットワーク上に保管する方法を解説します。

ネットワーク上に保管するには

プロジェクトをネットワーク上に保管するにはScratchに参加する必要があります。Scratchのトップページを表示したとき、右上にユーザー名が出ていないなら、登録したユーザー名とパスワードでサインインしましょう。

図0-10 サインイン画面

■プロジェクトをネットワーク上に保存する

1 ここにプロジェクト名「Chapter0」を入力します

2 Scratchに参加しているパソコンでは、プロジェクトが自動的にネットワーク上に保存されます

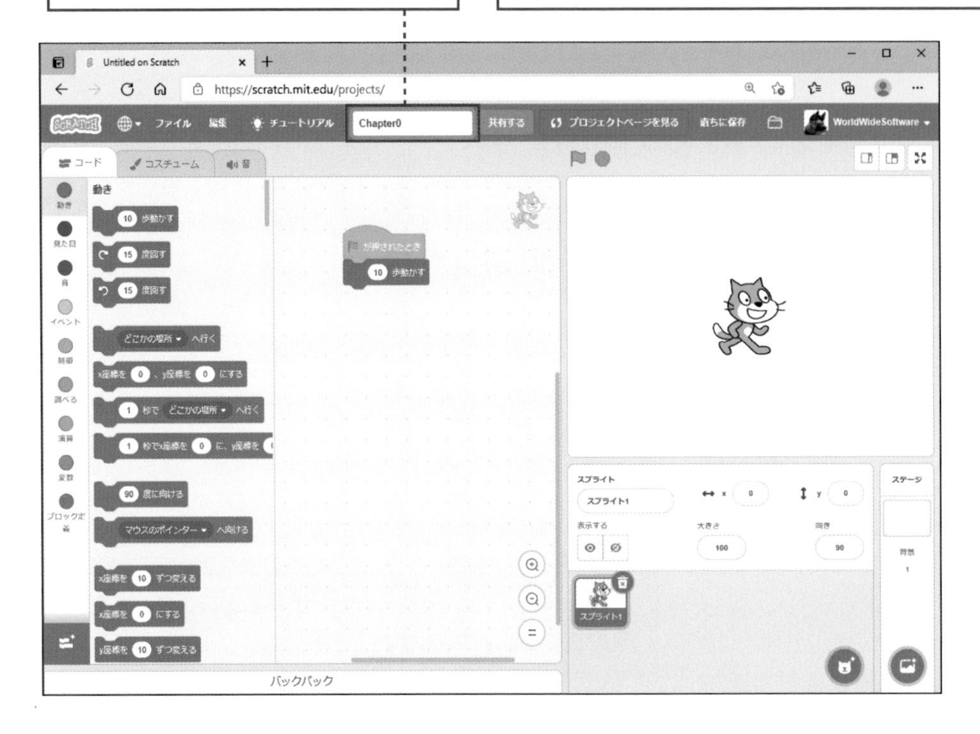

ヒント

プロジェクト名は好きな名称をつけることができます。アルファベットだけでなく、ひらがなや漢字も使えます。

ブロックを置いた後などに、すぐに保存したいときは[直ちに保存]をクリックします。

複数のプロジェクトを管理するには

ネットワーク上に保管したプロジェクトを確認するには、右上のユーザー名をクリックし、[私の作品]を選択すると、プロジェクトの一覧が表示されます。[中を見る]をクリックすると、その作品を編集できます。この画面では新しいプロジェクトを作ったり、不要になったプロジェクトを削除したり、作品を並べ替えることができます。

■プロジェクトを確認する

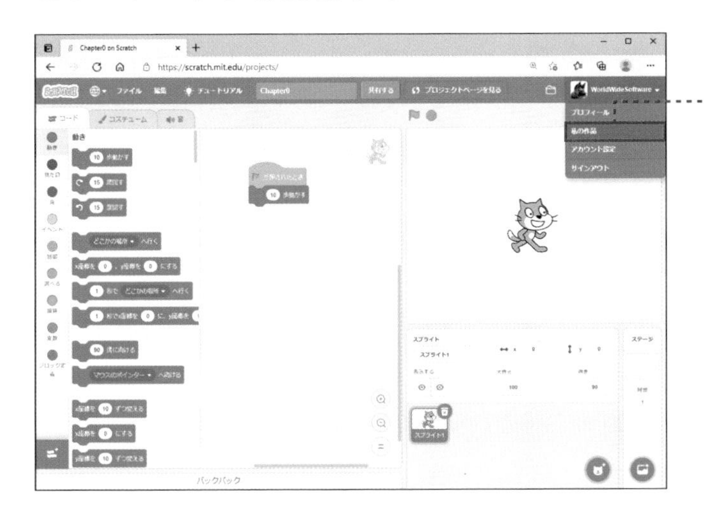

1 ユーザー名をクリックし、[私の作品]を選択します

2 プロジェクトの一覧が表示されます

Lesson 8

リミックスについて知ろう

ほかの人が作ったプロジェクトを改良して自分の作品にすることを**リミックス**といいます。ここではリミックスの方法を解説します。リミックスを行うにはScratchに参加する必要があります。

好きなキーワードで検索できる

世界中のユーザーがさまざまな作品をScratchで発表しており、それらをキーワードで検索することができます。ここでは「アクションゲーム」で検索してみます。

■ほかの人の作品を検索する

■プロジェクトを引き継ぐ

表示された作品から、好きなものをクリックして選びます。作品がたくさんあるときは、[もっと読み込む]をクリックして、好みの作品を探しましょう。

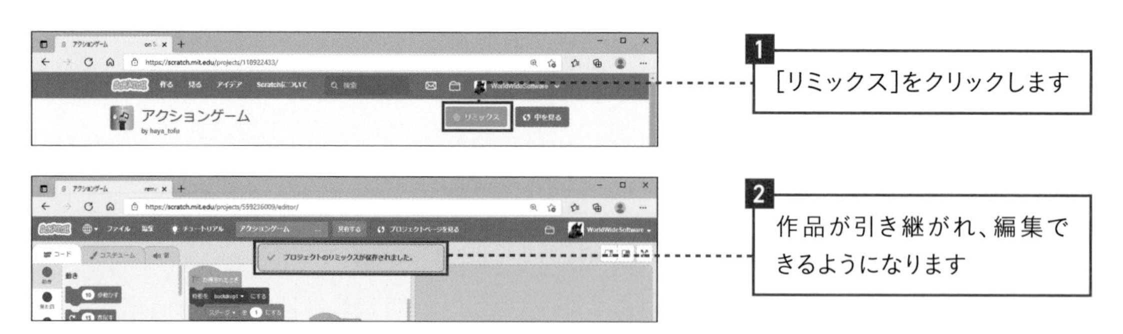

ほかの人がどんなふうにゲームを作っているのかを見てみると、参考になることが多いものです。Scratchの使い方に慣れてきたら、自分の開発力を伸ばすためにもリミックスを活用しましょう。

本書のゲームもすべてリミックスできる

https://scratch.mit.edu/users/nodakuribon/ にアクセスすると、本書で作るすべてのゲームを見ることができます。もちろんリミックスも可能です。

Chapter 1

ゲームを作ろう初級編

～この章でのゲーム制作の流れ～

Lesson 9	この章で作るゲームの内容
Lesson 10	背景画像をアップロードしよう
Lesson 11	プレーヤーが操る剣の処理を作ろう
Lesson 12	剣の演出を作ろう
Lesson 13	魔物の画像をアップロードしよう
Lesson 14	魔物の動きを作ろう
Lesson 15	魔物の動きを改良しよう
Lesson 16	魔物を倒せるようにしよう
Lesson 17	魔物を倒したときにスコアを増やそう
Lesson 18	タイムを組み込もう
Lesson 19	タイムがなくなったらゲームを終了させよう
Lesson 20	タイトルロゴを組み込もう
Lesson 21	姫のコメントを組み込もう
Lesson 22	BGMとSEを入れて完成させよう

このゲームの完成版を次のURLで確認できます。

→ https://scratch.mit.edu/users/nodakuribon/

まずはScratchのゲームプログラミングに慣れるため、マウスで操作するシンプルなアクションゲームを作ってみます。

基本のゲームですね。しっかり学びます！

Lesson 9

この章で作るゲームの内容

この章で作るゲームの内容を説明します。

ストーリー

あなたは伝説の勇者ノダック。あらゆる願いを叶えるという7つの宝玉を探す旅の途中、見目麗しい女性と出会いました。その女性はどこかの城の姫君のようで、父が治める土地に魔物が現れ困っているので助けてほしいと言います。あなたは姫に導かれ、魔物が現れる場所におもむきました。すると彼女の言う通り、草むらから怪しい生物が、ぬっと顔を出したのです。魔物たちを追い払うべく、あなたは腰に携えた剣を抜きました。

ゲーム内容

マウスで剣を動かし、魔物をクリックして退治するアクションゲームです。

図1-1 ゲーム画面

操作方法

・旗をクリックしてゲームを開始。
・画面に表示された剣をマウスで動かします（マウスポインターの位置に剣が移動）。
・敵の魔物をクリックして倒します。

ゲームルール

・スタートするとタイムが減っていきます。
・クリックして敵を倒すと、別の魔物が現れます。
・タイムが0になるとゲーム終了です。

この章の制作に用いる素材

このゲームは次の画像と音楽の素材を用いて制作します。

図1-2 この章で用いる素材

battle.mp3　sword.mp3　bg.png　monster1.png　monster2.png

monster3.png　princess.png　sword.png　title.png

ヒント

これらの素材は、書籍サポートページ https://book.impress.co.jp/books/1120101185 からダウンロードできるzipファイルに入っています。

Lesson 10

背景画像をアップロードしよう

Scratchにサインインして、新しいプロジェクトを作り、ゲーム制作をはじめます。本書では複数のゲームを制作するので、それぞれのプロジェクトをネットワーク上で管理すると便利です。Lesson 7を参考にサインインしておきましょう。

■新しいプロジェクトを作る

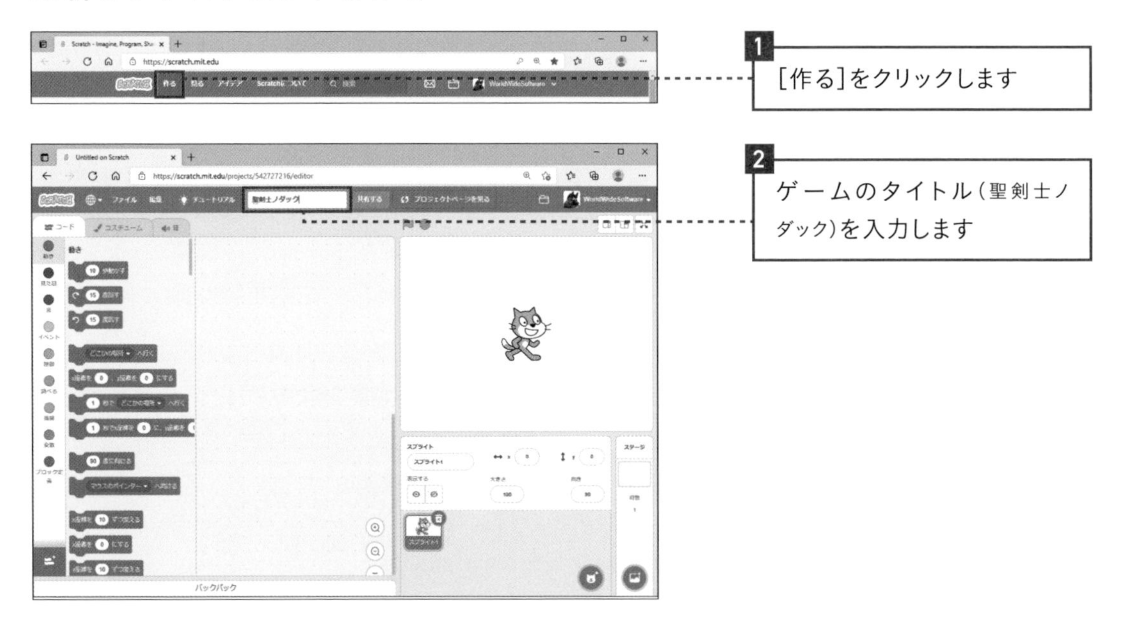

■スクラッチキャットを削除する

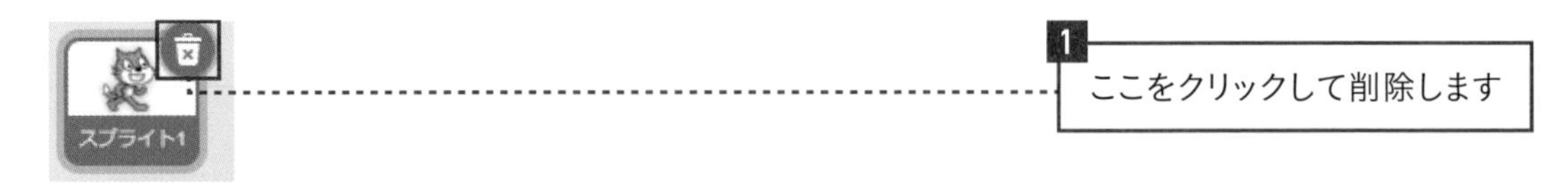

スクラッチキャットは使わないので、あらかじめ削除しておきましょう。

次にゲームの背景となる画像をアップロードします。サンプルのzipファイル内の、Chapter 1フォルダにあるbg.pngが背景画像です。

■背景をアップロードする

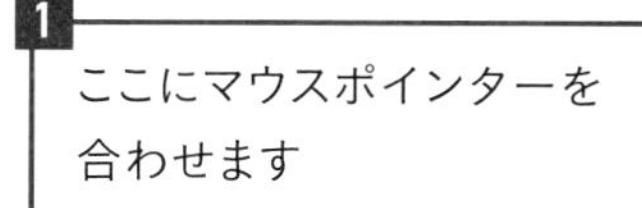

1 ここにマウスポインターを合わせます

2 マウスポインターを動かして[背景をアップロード]を選びます

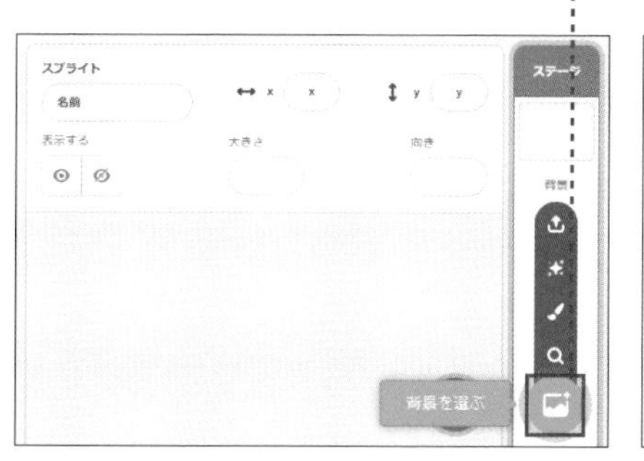

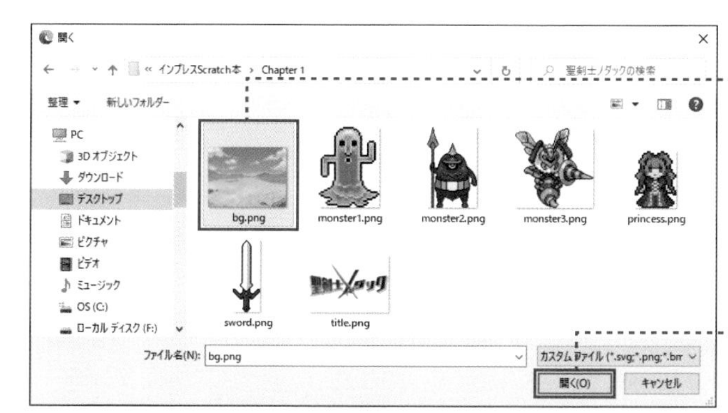

3 bg.pngを選びます

4 [開く]をクリックします

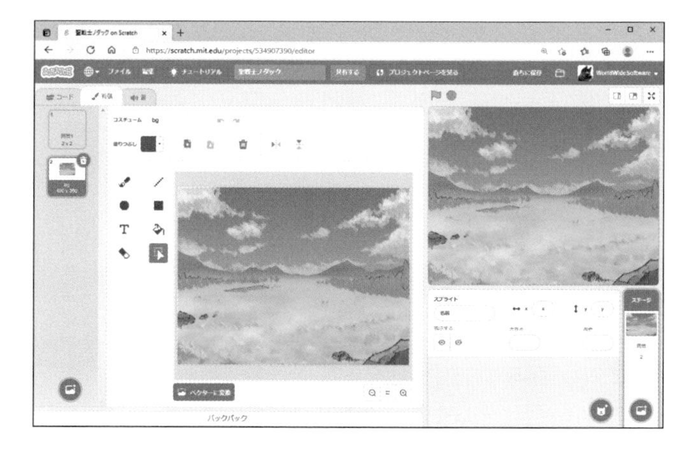

5 ステージに背景が設定されました

Scratchプログラミングのヒント▶背景の変更

上の図の左側に並ぶ背景の一覧をクリックして背景を変更することができます。また、どの背景を表示するかを指定するブロックを使って変更することもできます。今回は背景を変更しませんが、複数の画像を切り替えて使えることを覚えておくと、本格的なゲームを作るときに役に立ちます。なお背景は、複数の画像をアップロードしてもステージに表示できるのはどれか1枚です。

Lesson 11

プレーヤーが操る剣の処理を作ろう

このゲームは、画面に表示される剣をマウスで動かし、敵をクリックして倒す内容です。ここではプレーヤーが操作する剣の画像をアップロードし、剣を動かす処理を作ります。Chapter 1フォルダにあるsword.pngが、プレーヤーが操作する剣の画像です。

■スプライトをアップロードする

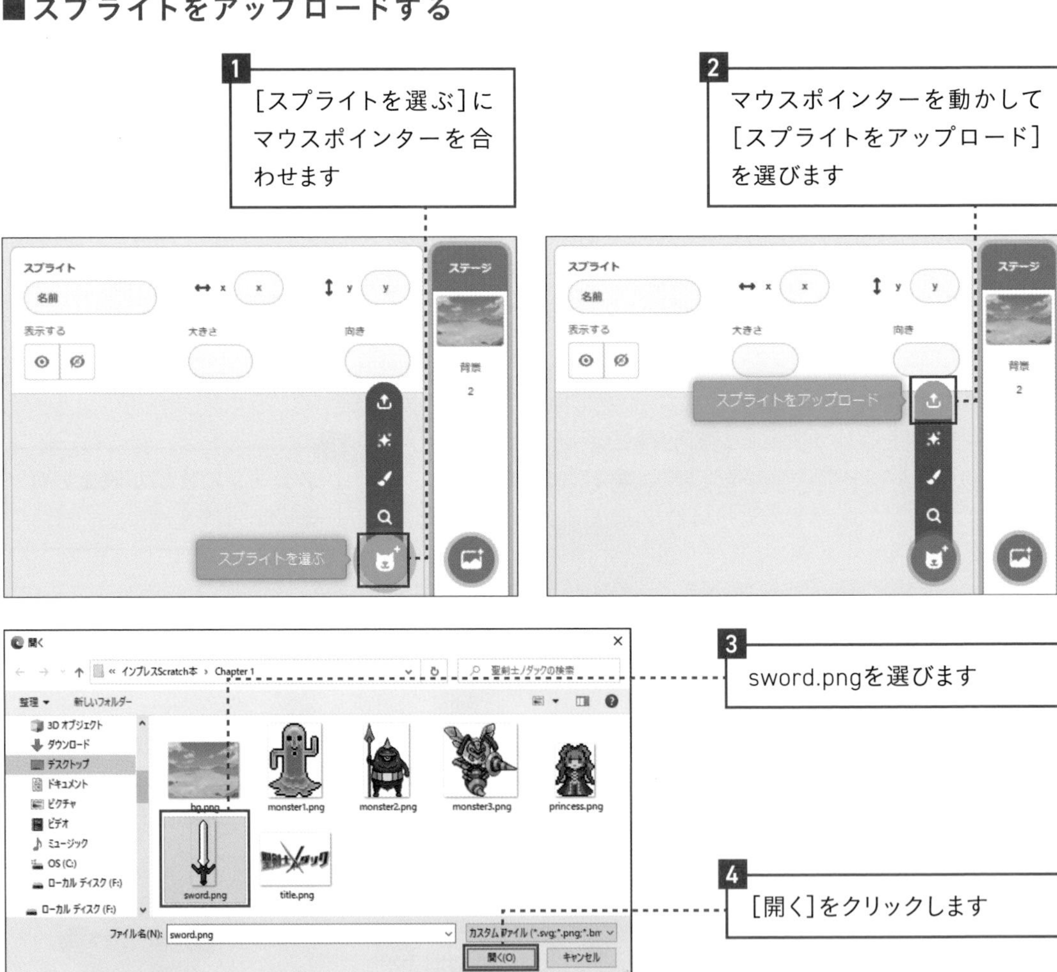

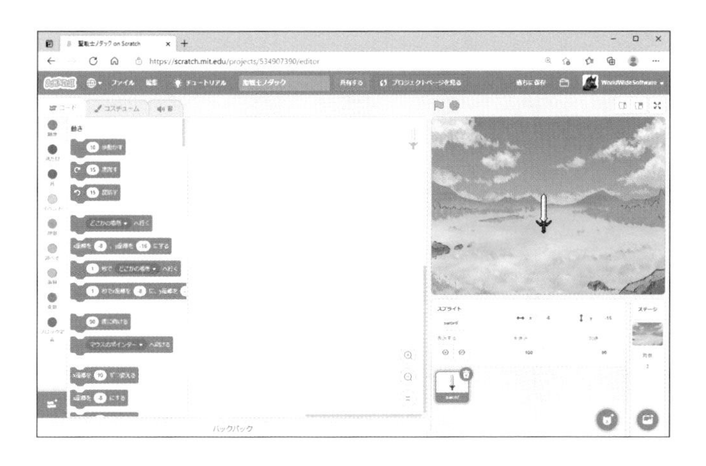

5 スプライトがアップロードされました

Scratchプログラミングのヒント▶スプライトを選ぶ

ここからは剣の処理を作るので、**剣のスプライトが選ばれた状態**でなければなりません。剣を選んでいるときは、と表示されています。

■ブロックを組み合わせて処理を作る

1 [イベント]をクリックします

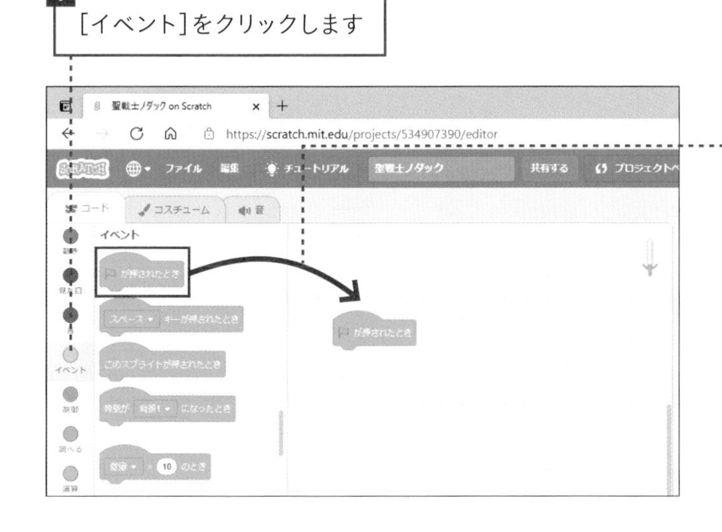

2 [が押されたとき]をドラッグ&ドロップします

3 [制御]をクリックします

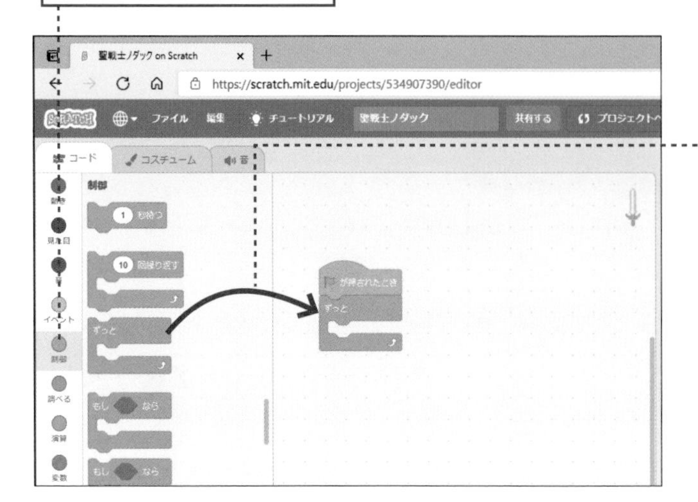

4 [ずっと]を[が押されたとき]の下にドラッグ&ドロップします

5 [動き]をクリックします

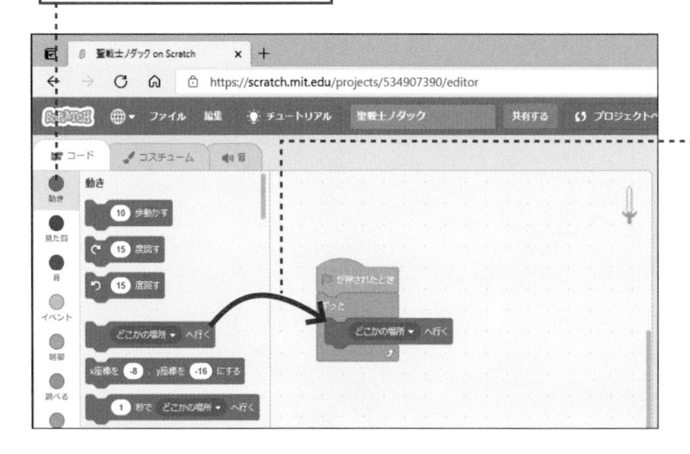

6 [どこかの場所へ行く]を[ずっと]の中に組み込みます

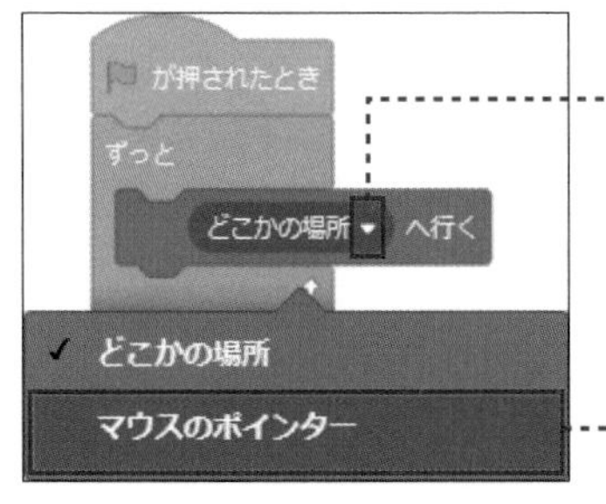

7 ここをクリックします

8 [マウスのポインター]をクリックします

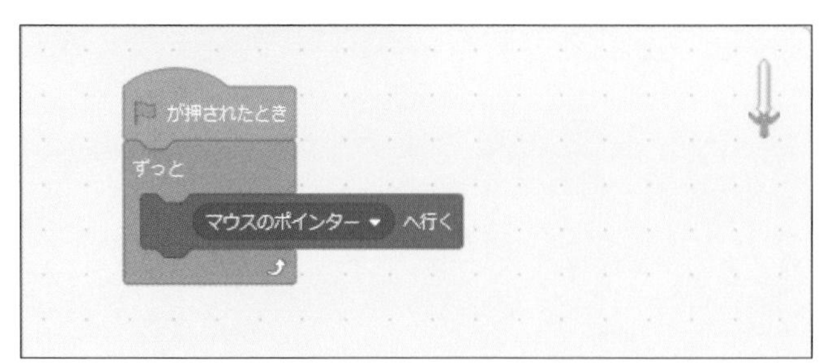

9 [マウスのポインター]が選択されました

■動作の確認

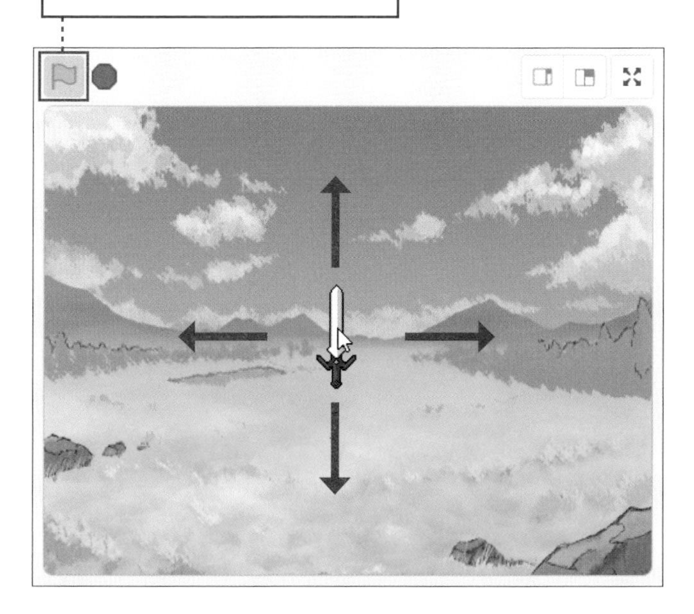

2
マウスポインターの動きに
合わせて剣が移動します

コードの説明

ここで組み込んだコードの内容を説明します。

［ が押されたとき］のブロックで、旗をクリックしたときに処理を開始します。そして［ずっと］で、［マウスのポインターへ行く］ことを、実行し続けています。処理を止めるときは をクリックします。

3つのブロックだけで剣を移動する処理を作ることができました！

このように短いコードでプログラミングできるところが、Scratchの優れた特徴です。

Scratchプログラミングのヒント▶繰り返し

コンピュータに処理を繰り返させることを、プログラミング用語で**繰り返し**といいます。Scratchでは［ずっと］や［10回繰り返す］のブロックで繰り返し処理を行います。

Scratchは気軽にプログラムを作れることをおわかりいただけたでしょうか？

あっという間に剣を動かせるようになりました。次のLessonでは剣が回転する演出を作ります。

Lesson 12

剣の演出を作ろう

ステージの上でマウスをクリックすると、剣が回転する演出をプログラミングします。

剣を回す理由

このゲームは魔物を剣でクリックして倒す内容です。剣で倒すイメージが伝わりやすいように、クリックしたときに回転させます。

■クリックしたときに剣を回転させる

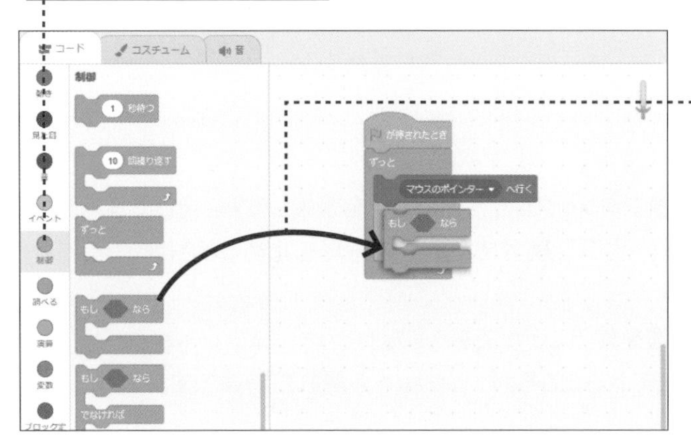

2
[もし〜なら]を[マウスのポインターへ行く]の下に組み込みます

3
[調べる]をクリックします

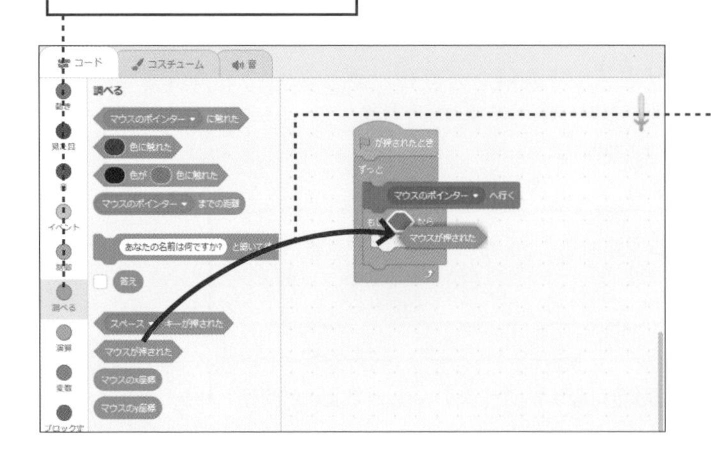

4
[マウスが押された]を[もし〜なら]の六角形の枠に組み込みます

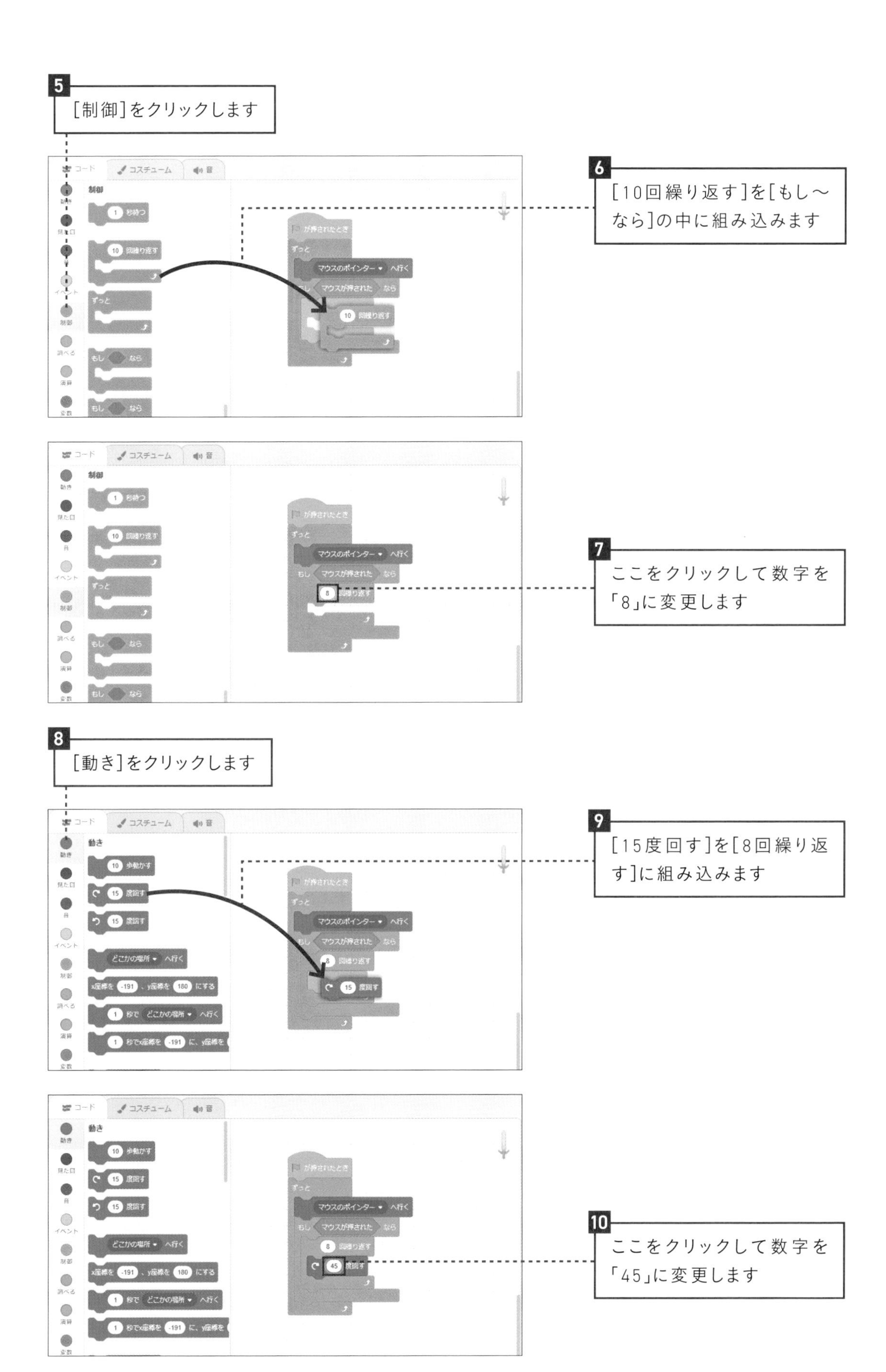
5
[制御]をクリックします
6
[10回繰り返す]を[もし〜なら]の中に組み込みます
7
ここをクリックして数字を「8」に変更します
8
[動き]をクリックします
9
[15度回す]を[8回繰り返す]に組み込みます
10
ここをクリックして数字を「45」に変更します

■剣が回ることを確認する

1 ここをクリックして実行します

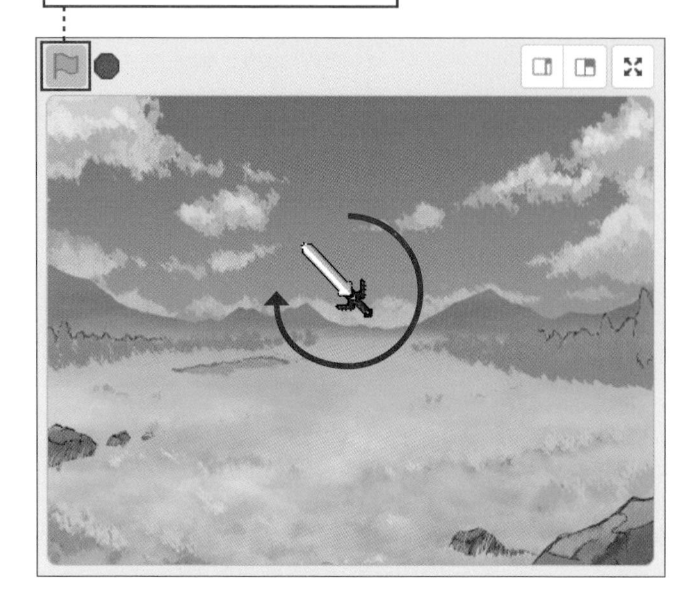

2 ステージ上でマウスをクリックすると剣が回転します

コードの説明

ここで組み込んだコードの内容を説明します。

［もし〜なら］と［マウスが押された］を組み合わせ、マウスが押されたか（クリックしたか）を判定しています。クリックしたときは、繰り返しの［8回繰り返す］と、スプライトを回す［45度回す］で、剣を45度×8=360度回し、1回転させています。

Scratchプログラミングのヒント▶条件分岐

コンピュータのプログラムで、ある条件が成り立ったときに処理を分岐させることを、**条件分岐**といいます。条件分岐をわかりやすい言葉にすると「もし、ある条件が成立するならこの処理をしろと、コンピュータに命じること」です。

ゲームソフトは、

・もし↑キーが押されたら、キャラクターを上に移動しろ
・もし↓キーが押されたら、キャラクターを下に移動しろ
・もし敵に触れたら、体力を減らせ
・もし体力回復アイテムに触れたら、体力を増やせ
・もし体力が0になったら、ゲームオーバーの処理に移れ
・もしゴールに着いたら、ステージクリアの処理に移れ

など、いろいろな条件分岐を記述して、キャラクターの動きやゲームルールを組み立てていきます。

Lesson 13

魔物の画像をアップロードしよう

ここでは敵となる魔物の画像をアップロードします。

敵を3種類用意する

Chapter 1フォルダにあるmonster1.png、monster2.png、monster3.pngが魔物の画像です。このゲームでは、これら3種類の敵が順番に登場するようにします。

■スプライトをアップロードする

1 Lesson 11を参考に、monster1.pngをアップロードしておきます

monster2.pngとmonster3.pngは、monster1.pngのコスチュームとしてアップロードします。

コスチュームとは

コスチュームはスプライトの見た目を変更するScratchの機能です。1つのスプライトに複数のコスチュームを割り当て、キャラクターの動きを表現する、キャラクターを別の物に変化させるなどを行うことができます。

例えば、新規にプロジェクトを作ったときに表示されるスクラッチキャットには、次のようなコスチュームが用意されています。

図1-3　スプライトキャットのコスチューム

■コスチュームをアップロードする

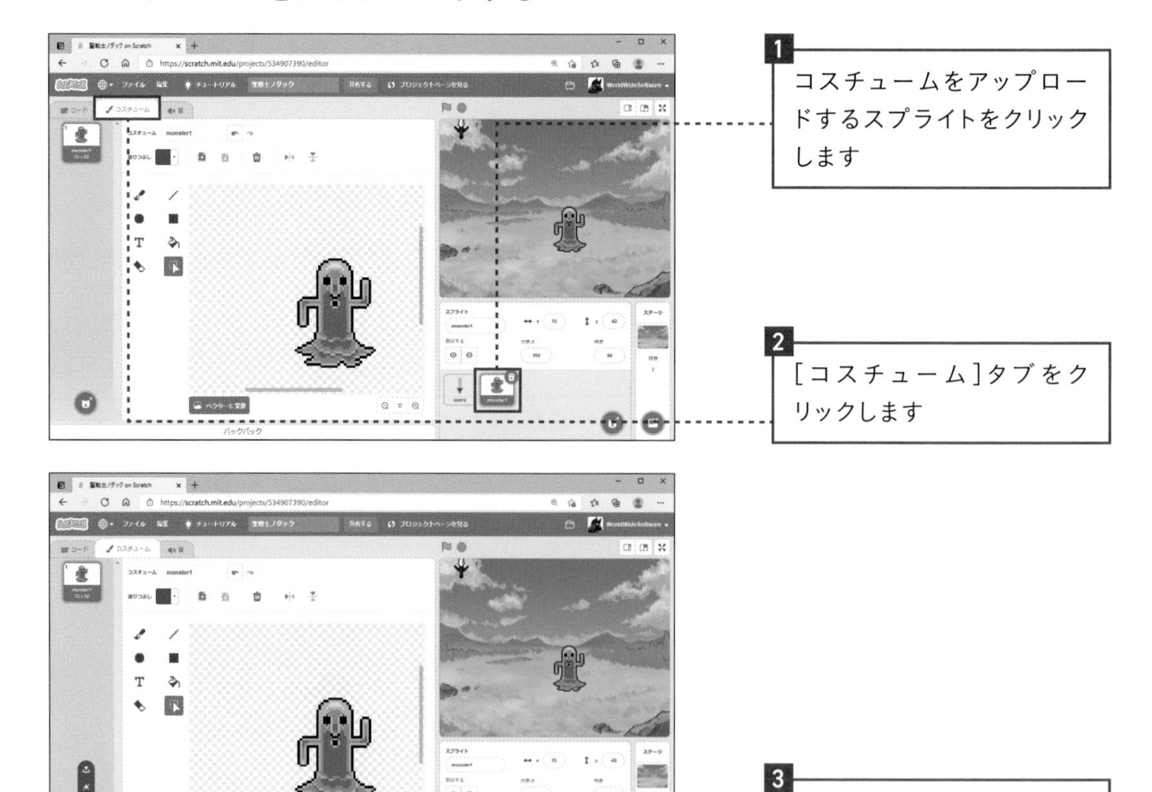

コスチュームの変更について

コスチュームは画面左の一覧をクリックして変更できます。

図1-4 コスチュームの変更画面

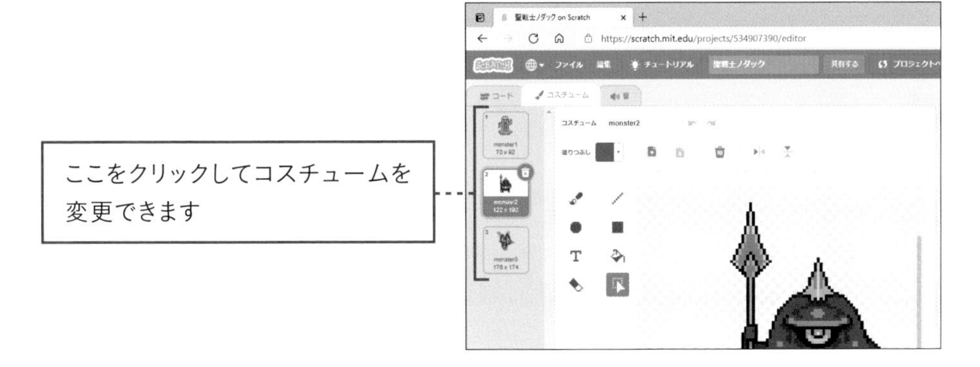

また［コード］タブの［●見た目］にある［コスチュームを～にする］や［次のコスチュームにする］で、コスチュームを変更できます。コスチュームの変更はLesson 16で行います。ここではコスチュームを自由に変更できることを覚えておきましょう。

Lesson 14

魔物の動きを作ろう

ここでは敵キャラである魔物の動きを作ります。[が押されたとき] [ずっと] [10歩動かす] [もし端に着いたら、跳（は）ね返る] の4つのブロックで魔物の動きをプログラミングします。

■動きをプログラミングする

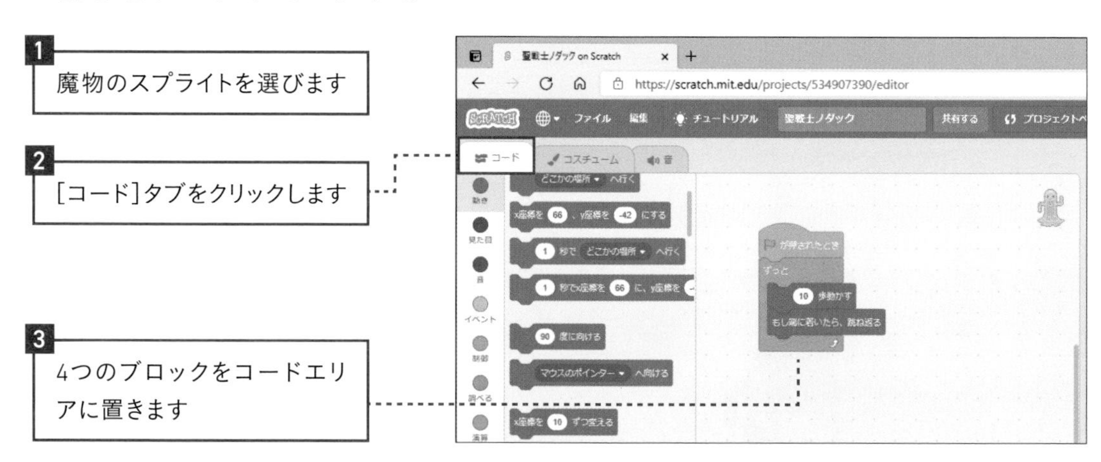

■動作の確認

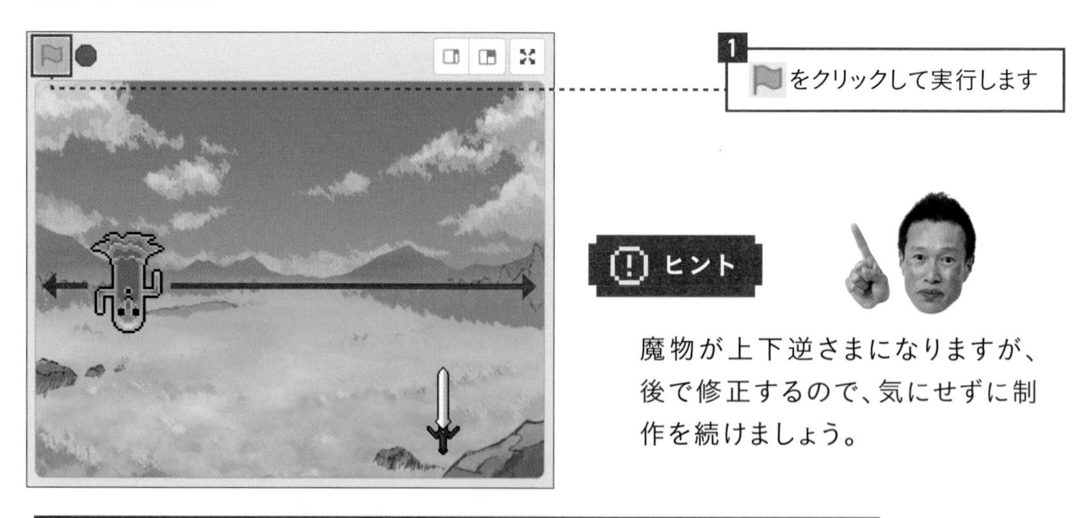

Scratchプログラミングのヒント▶ブロックの色とカテゴリー

黄色のブロックの[が押されたとき]は[●イベント]にあります。オレンジ色の[ずっと]は[●制御]にあります。青の[10歩動かす]と[もし端に着いたら、跳ね返る]は[●動き]にあります。ブロックの色を確認すれば、コードからすぐに選び出せます。

コードの説明

ここで組み込んだコードは、［10歩動かす］でスプライトを10ドット移動し、［もし端に着いたら、跳ね返る］でステージの端に触れたら反対向きに進むようにしています。それを［ずっと］で繰り返しています。

スプライトの進む向きについて

Scratchにはスプライトの進む向き（角度）に次のような決まりがあります。はじめの状態では右（90度）に進むように設定されています。

図1-5 スプライトの進む向き

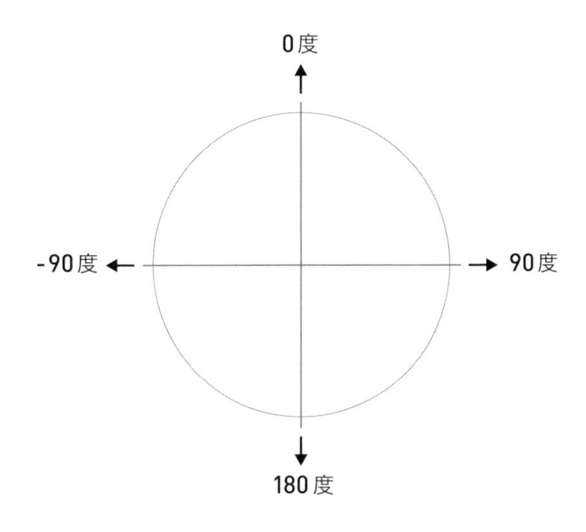

この角度は［●動き］にある［90度に向ける］のブロックで変更できます。試しに［90度に向ける］の90をクリックしてください。次のように向きが表示されます。キーボードから角度を入力するか、矢印をマウスで動かして角度を変更できます。

図1-6 「90」をクリックすると向きが表示される

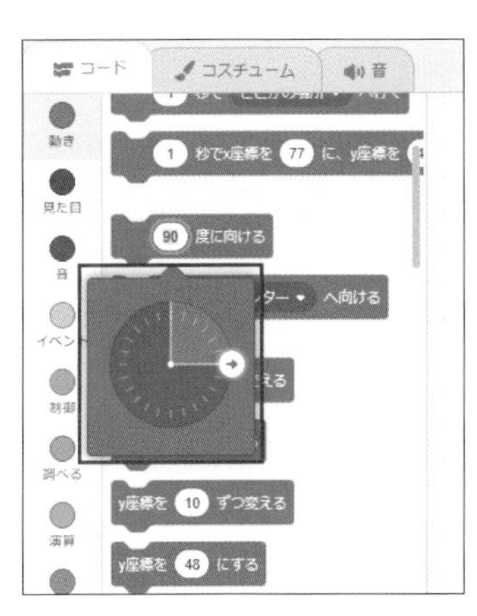

Lesson 15

魔物の動きを改良しよう

前のLessonで組み込んだ魔物の動きを改良し、ステージ全体を動き回るようにします。

動きを改良する

ゲームとして楽しくなるように、魔物がステージのあちこちを移動するようにします。また跳ね返るとき、画像が逆さまにならないようにします。魔物が動いているなら●をクリックして、プログラミングを続けます。魔物が逆さまになっていたら、ブロックパレットにある［90度に向ける］をクリックして元の向きに戻しておきましょう。

■コードの追加

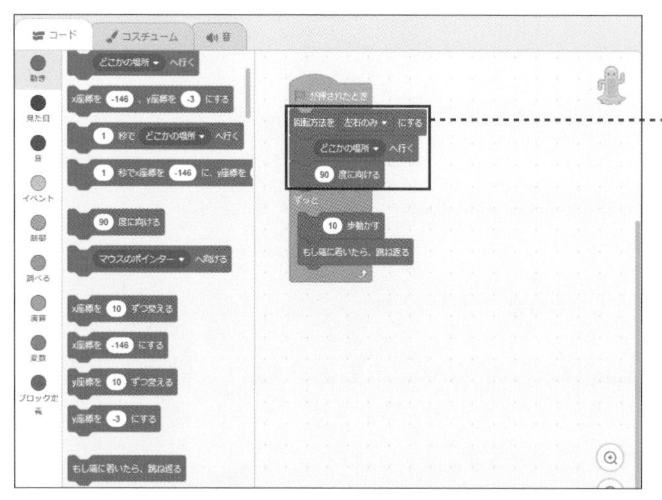

1 Lesson 14のコードに[回転方法を左右のみにする][どこかの場所へ行く][90度に向ける]を追加します

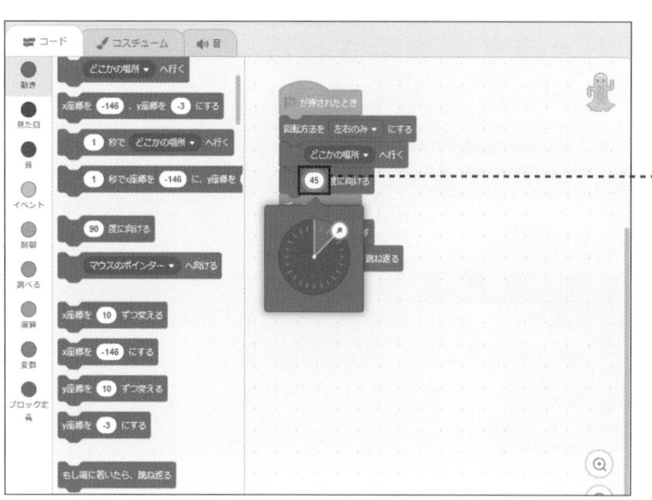

2 ここをクリックして数字を「45」に変更します

90をクリックすると表示される矢印をマウスで動かし、45度に向けてもかまいません。

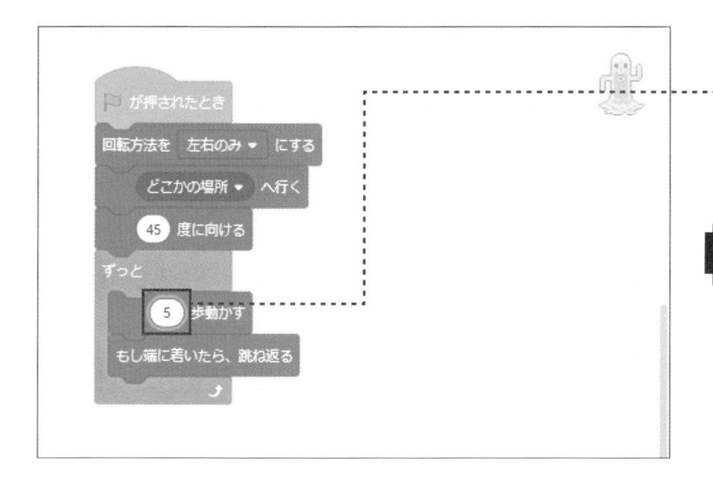

3 ここをクリックして数字を「5」に変更します

ヒント

これは魔物が動く速さの調整です。数は半角文字で入力することに注意しましょう。

■動作の確認

1 をクリックして実行します

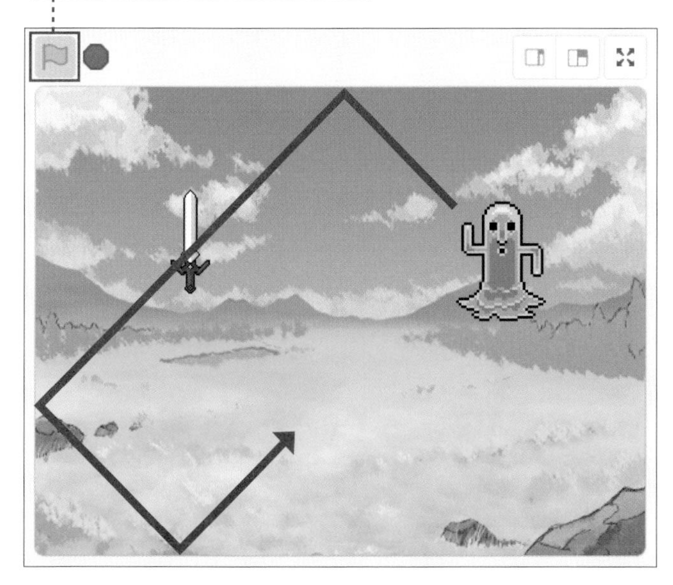

2 ステージのどこかに現れた魔物が画面内を動き続けます

コードの説明

ここで組み込んだコードの内容を説明します。［回転方法を左右のみにする］で魔物が逆さまにならないようにしています。プログラムの動作を開始したとき、［どこかの場所へ行く］でステージ内のランダムな位置に魔物を出現させています。魔物の進む向きは［45度に向ける］で、右上方向に進みはじめるようにしています。

Lesson 16

魔物を倒せるようにしよう

魔物をクリックして倒す処理を組み込みます。

■クリックして倒す

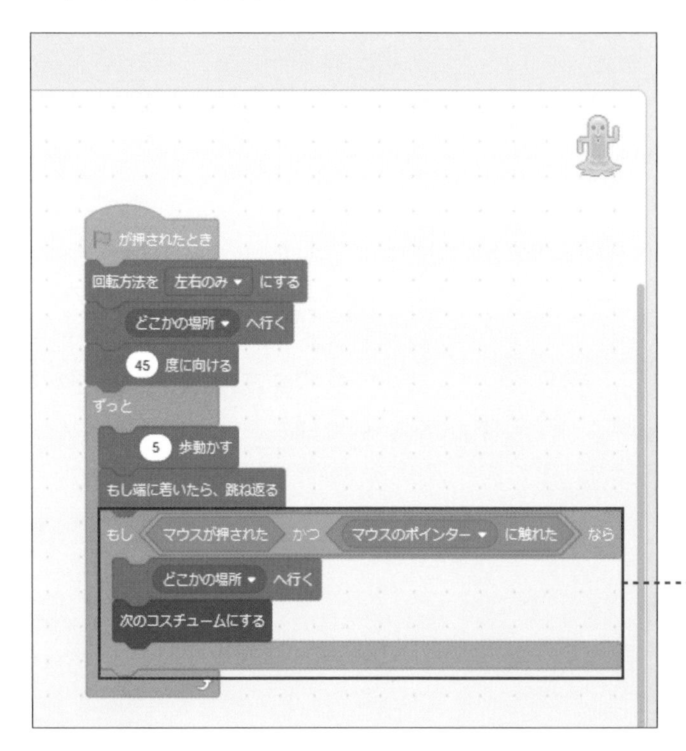

1 魔物が動いている状態なら、をクリックして動作を止めます

2 Lesson 15のコードに[もし～なら][かつ][マウスが押された][マウスのポインターに触れた][どこかの場所へ行く][次のコスチュームにする]を追加します

図1-7 ブロックの組み合わせ方

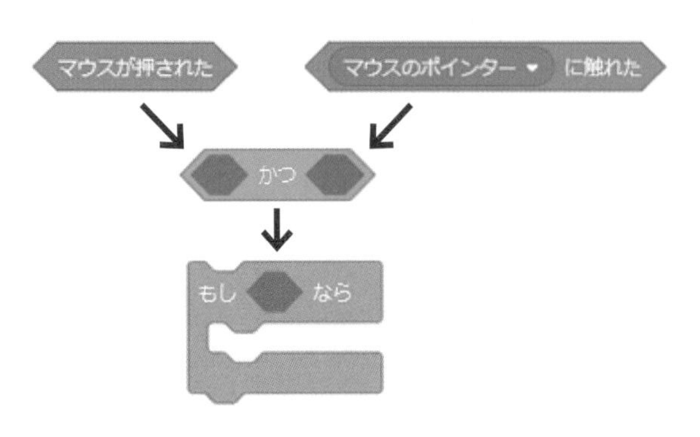

■これらのブロックで「マウスポインターを魔物に合わせてクリックしたか？」を判定する

■動作の確認

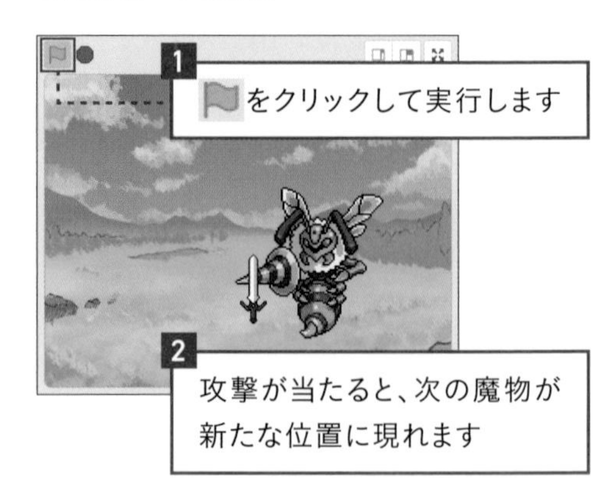

1 をクリックして実行します

2 攻撃が当たると、次の魔物が新たな位置に現れます

■魔物を消す演出を加える

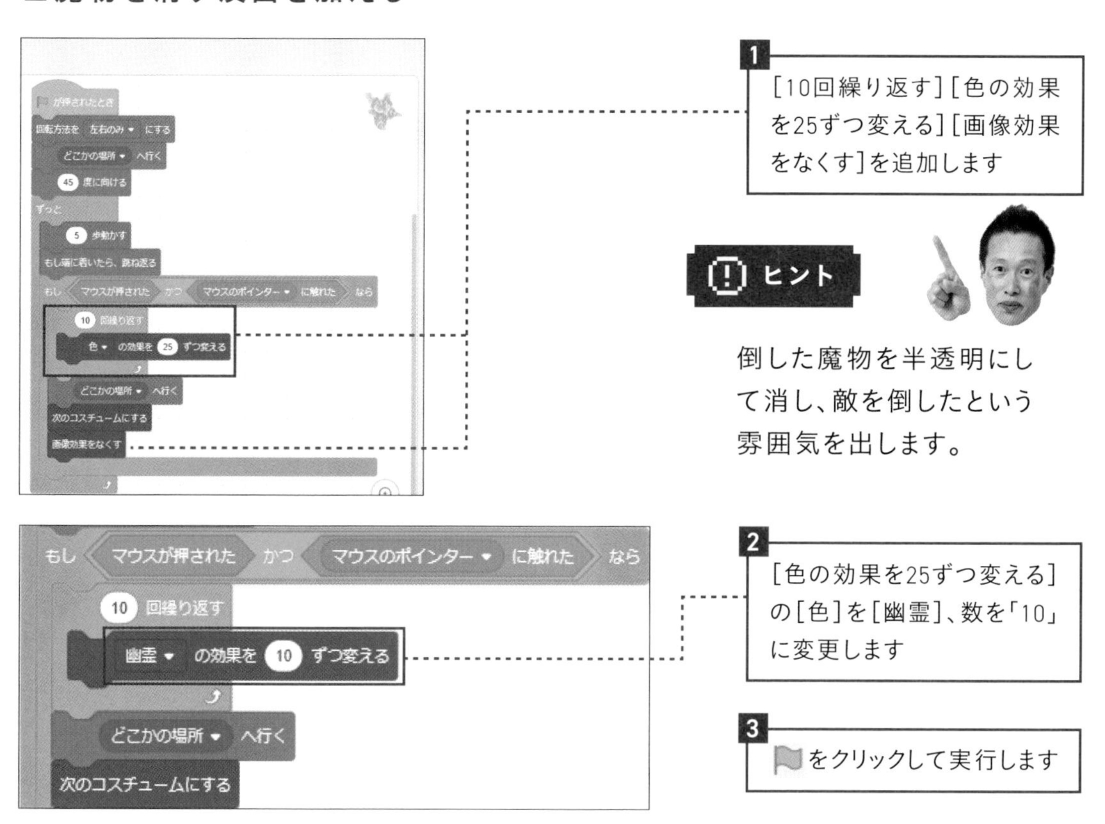

1 [10回繰り返す][色の効果を25ずつ変える][画像効果をなくす]を追加します

ヒント

倒した魔物を半透明にして消し、敵を倒したという雰囲気を出します。

2 [色の効果を25ずつ変える]の[色]を[幽霊]、数を「10」に変更します

3 をクリックして実行します

ヒント

魔物に攻撃を当てると、透明になって消えることを確認しましょう。実行画面は省略します。

Scratchプログラミングのヒント▶スプライトの演出

[色の効果を25ずつ変える]のブロックで、スプライトにいろいろな演出を施すことができます。

効果	どのように変化するか
色	色が変わる
魚眼レンズ	スプライトの中央からふくれ上がる
渦巻き	渦を巻いたようになる
ピクセル化	ドットが荒くなる
モザイク	複数の小さな画像に分裂する
明るさ	明るく、あるいは、暗くなる（マイナスの値で暗くなる）
幽霊	透明になる

Lesson 17

魔物を倒したときにスコアを増やそう

スコアを代入する変数を用意し、魔物を倒したときにスコアを増やします。

変数を理解する

変数は、数や文字列などのデータを入れるものです。ゲームソフトでは、スコアやタイムを変数に入れて扱ったり、キャラクターの座標・能力値・名前などを変数に入れて管理します。

■スコアを入れる変数を作る

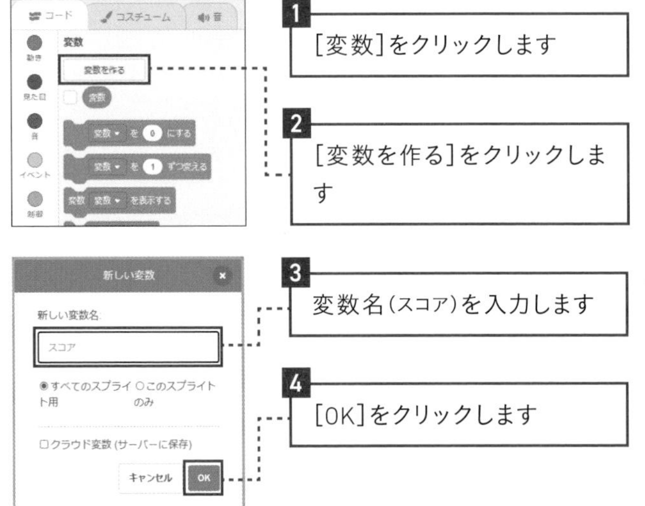

ヒント

Scratchでは変数名を、半角、全角、あらゆる文字で、好きな名称にできます。

ふむふむ、なるほど

新しい変数を作る画面で、[すべてのスプライト用]か[このスプライトのみ]を選ぶことができます。[すべてのスプライト用]を選ぶと、どのスプライトでも、その変数の値を調べたり変更したりできるようになります。また[クラウド変数(サーバーに保存)]というチェックボックスがあり、そこにチェックマークをつけると、その変数の値がサーバーに保存されます。

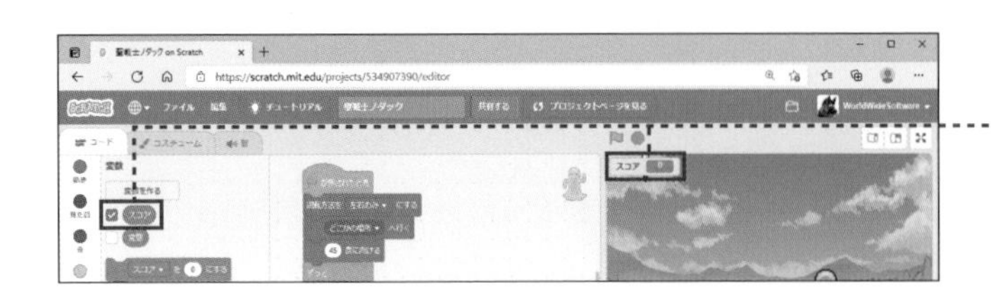

5 [スコア]変数が作られ、ステージに値が表示されました

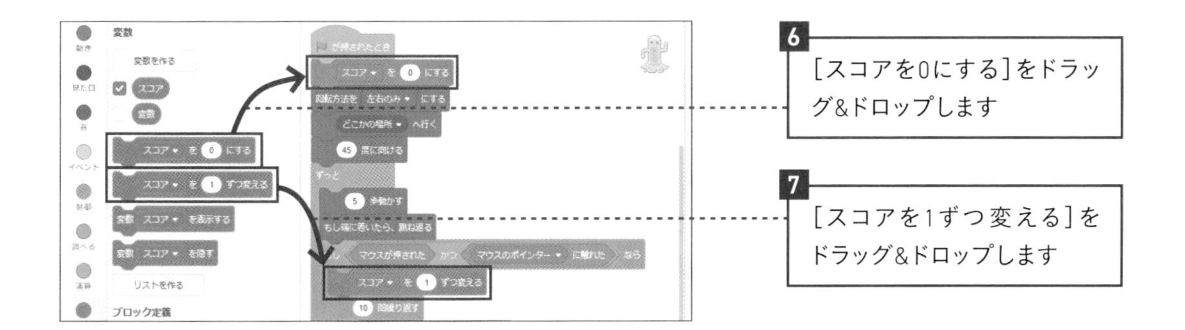

■スコアが増えることを確認する

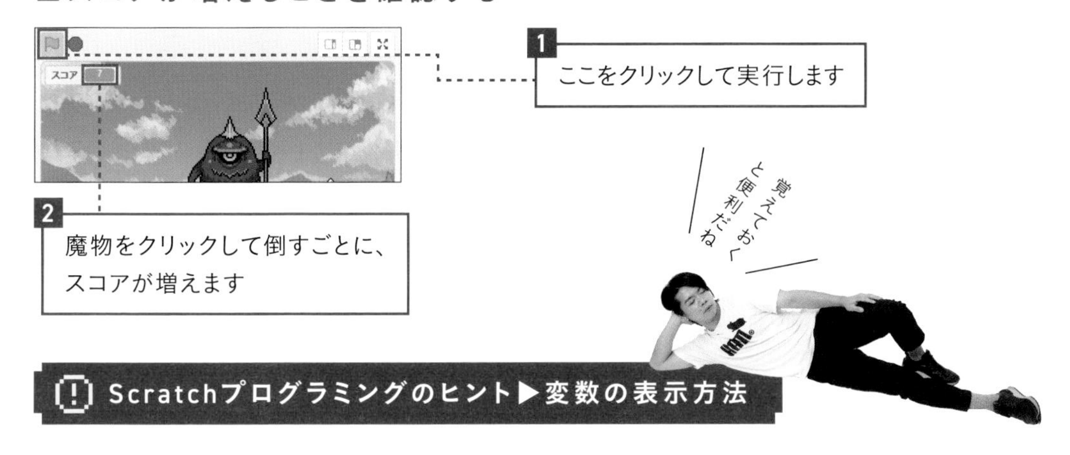

Scratchプログラミングのヒント▶変数の表示方法

変数の表示方法は変えることができます。

■変数名の左にあるチェックマークをはずす

図1-8 ステージに変数名が表示されなくなる

■ステージ上で変更する

図1-9 ステージの変数の上で右クリックする

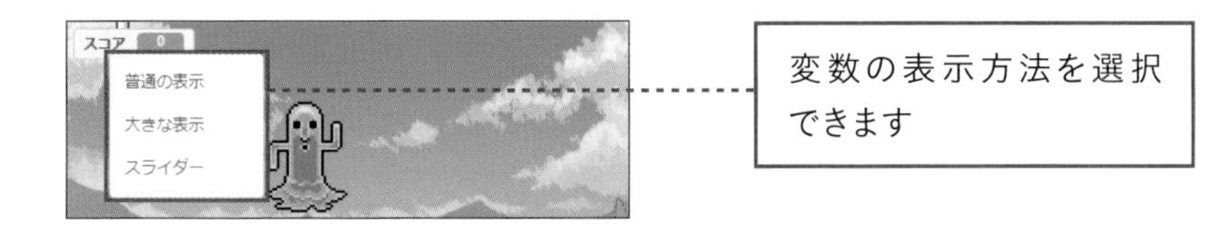

Lesson 18

タイムを組み込もう

ここではタイム（ゲームの残り時間）を管理する変数を用意します。

コンピュータゲームのルール

コンピュータゲームにはいろいろなルールがありますが、ステージが終了したり、ゲームオーバーになる主なルールとして、次のようなものがあります。

①時間がなくなるまでプレイできる**タイム制**（時間制）

②プレーヤーの操作するキャラクター（主人公）の体力がなくなるまでプレイできる**ライフ制**

③プレーヤーの操作するキャラクター（自機）のストックがなくなるまでプレイできる**残機制**

ライフがなくなるとストックが1つ減るライフ＋残機制のゲームや、①〜③すべてのルールが入っているゲームもあります。

本章のゲームはタイム制とし、一定時間プレイして魔物を何体倒せるかを競います。ゲームの残り時間を代入する「タイム」という変数を用意します。Lesson 17でスコアという変数を用意したのと同じ手順で、タイムという変数を作りましょう。

■タイム制を組み込む

1 Lesson 17を参考に[タイム]変数を作成します

2 ステージ上に表示された[タイム]をドラッグ&ドロップで右上に移動します

ヒント

タイムの処理は剣のスプライトに組み込みます。次の手順に進む前に、スプライトリストの剣をクリックしておきましょう。

■タイムの計算を組み込む

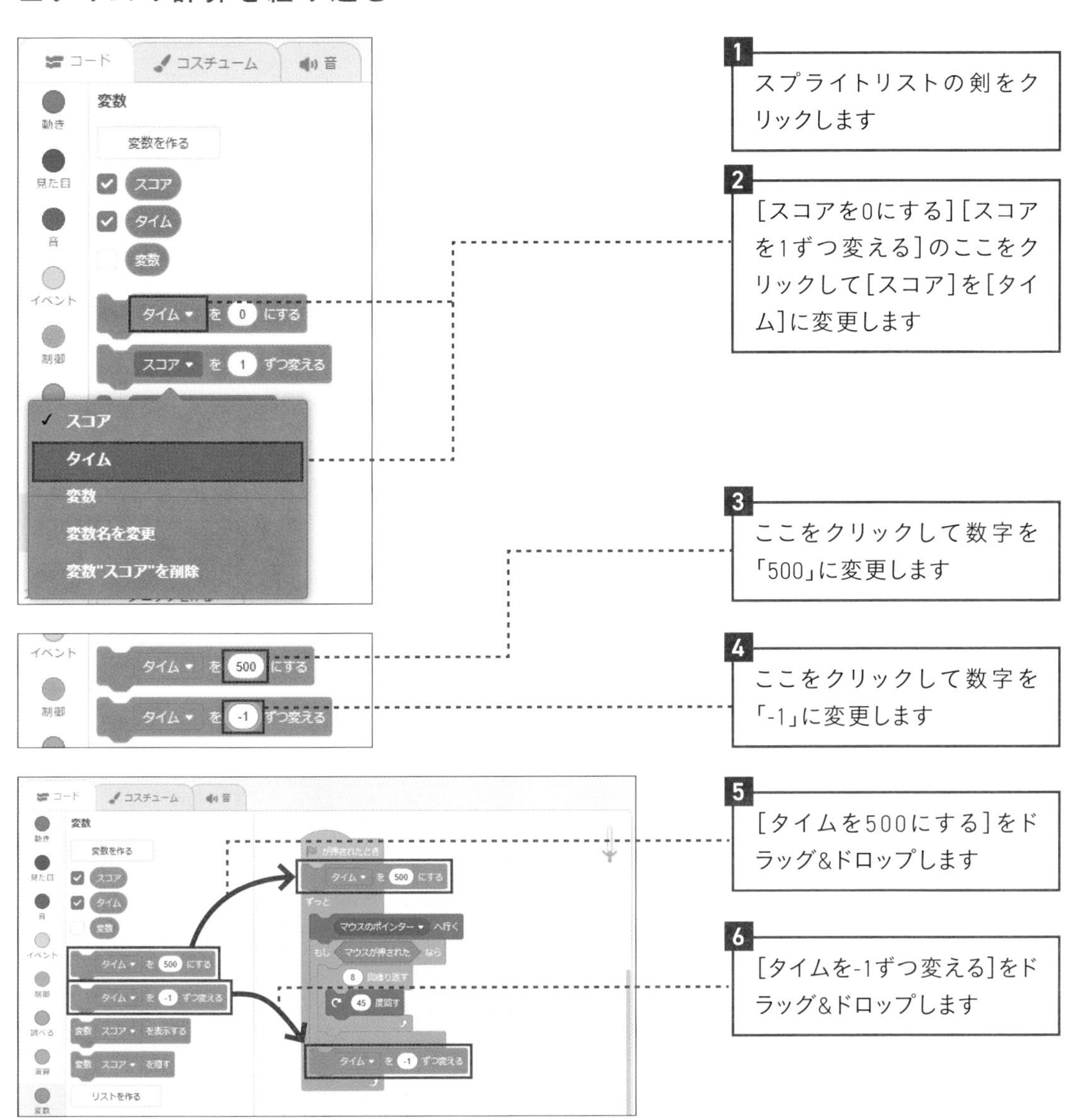

■タイムが減ることを確認する

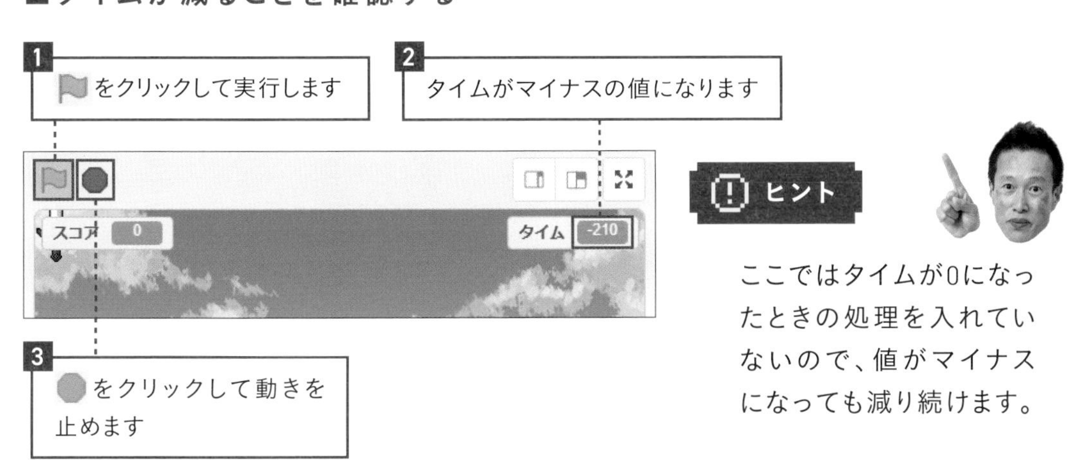

ヒント

ここではタイムが0になったときの処理を入れていないので、値がマイナスになっても減り続けます。

Lesson 19

タイムがなくなったらゲームを終了させよう

タイムが0になったらゲームを終了する処理を組み込みます。[制御] カテゴリーの [もし〜なら] [すべてを止める]、[演算] カテゴリーの [[ ]=50]、[変数] カテゴリーの [タイム] を剣に組み込みます。

■タイムがなくなったらゲームを終了させる

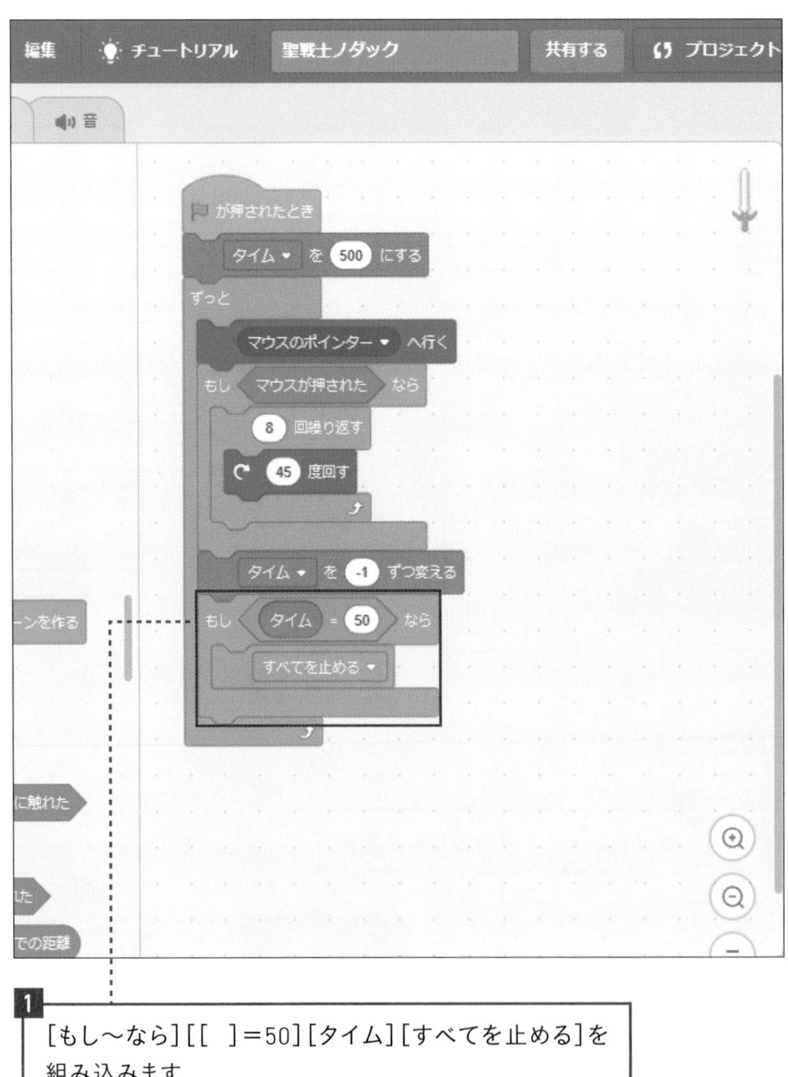

1 [もし〜なら][[ ]=50][タイム][すべてを止める]を組み込みます

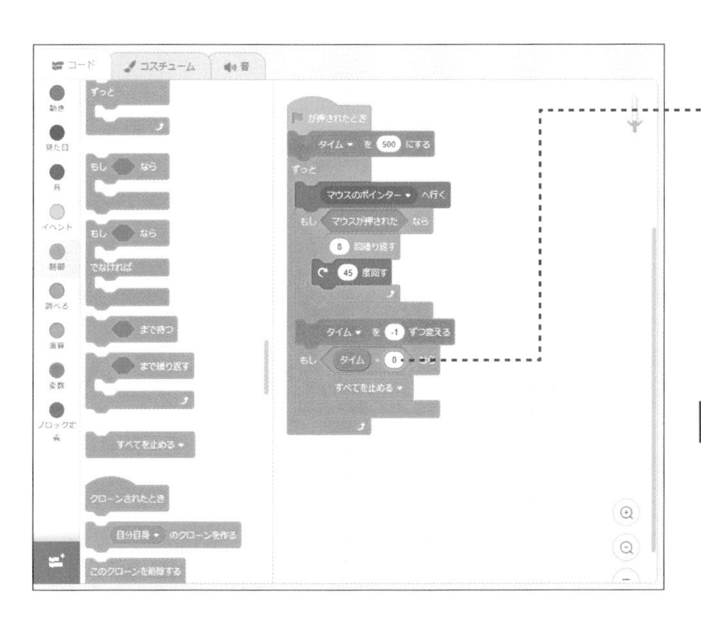

2 ここをクリックして数字を「0」に変更します

3 をクリックして実行します

ヒント

をクリックして実行し、タイムが0になると、剣と敵の動作が止まることを確認しましょう。実行画面は省略します。

コードの説明

ここで組み込んだのは、[もし～なら] [[ ] ＝0] [タイム] の3つのブロックを組み合わせて、「もしタイムが0になったら」という条件を判定する処理です。その条件が成立したとき、[すべてを止める] ですべてのスプライトの処理を止めています。

覚えておくと便利だね

Scratchプログラミングのヒント▶変数を使いこなそう

Lesson 17～19でスコアとタイムという2つの変数を用意し、それらを扱う方法を学びました。このゲームはシンプルな内容なので、変数を2つだけを用いて制作を進めますが、高度なゲームを作るにはいろいろな変数を用意する必要があります。変数の使い方にできるだけ慣れておきましょう。

少し難しかったかもしれませんが、まずは気楽に読み進め、ゲームを作る中で知識を増やしていきましょう。

変数の使い方は何度も出てくるので、ここで難しいと感じても、立ち止まる必要はありません。

Lesson 20

タイトルロゴを組み込もう

ゲームのタイトル画面を組み込みます。Chapter 1フォルダにあるtitle.pngが、タイトルロゴの画像です。この画像をスプライトとしてアップロードします。アップロードしたら、タイトルロゴのxとyの値を、どちらも0にしましょう。このxとyはスプライトが表示されるステージ上の位置です。

ステージの座標について

Scratchのステージの座標は次のようになっています。本格的なゲームを作るには、この座標を理解する必要があり、Chapter 2であらためて解説します。ここではスプライトのxとyの値を0にすると、ステージのちょうど中央に画像が表示されることを覚えておきましょう。

図1-11 ステージの座標

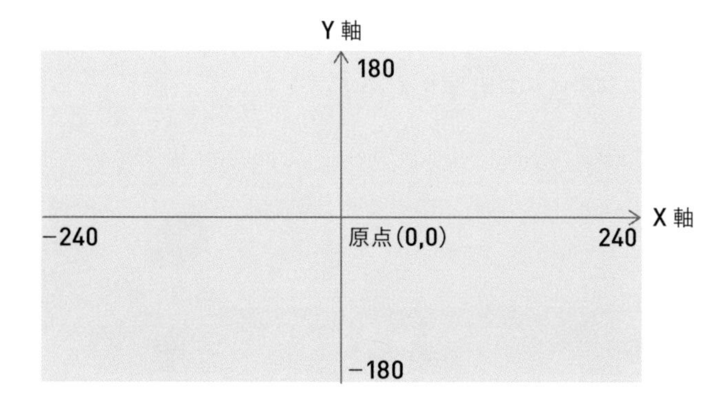

■スプライトにタイトルロゴを追加し、座標を設定する

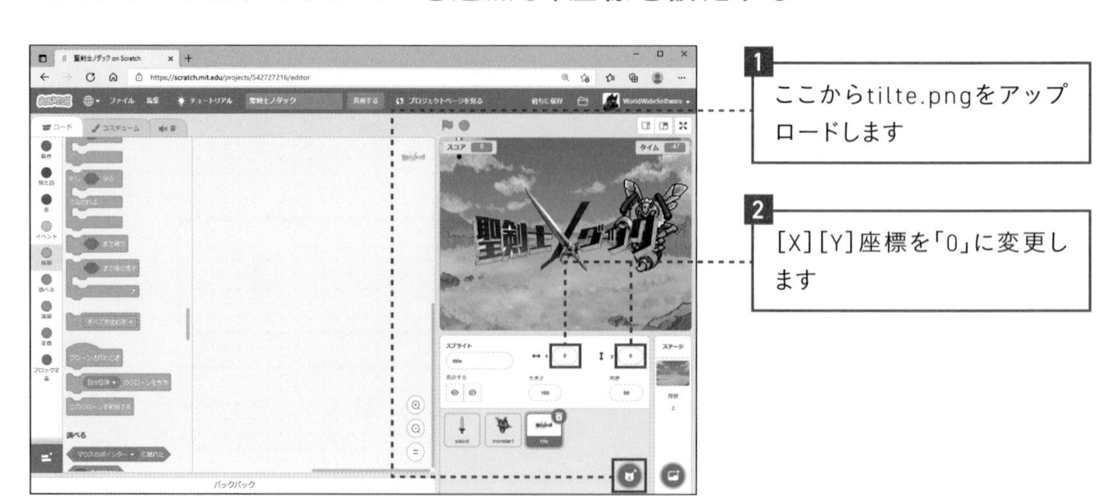

コードを組み込む

タイトルロゴはゲームを開始する前に表示しておき、ゲーム中は消しておきます。そしてゲームが終了したら、再び表示するようにします。［イベント］カテゴリーの［🏳が押されたとき］［メッセージ1を受け取ったとき］、［見た目］カテゴリーの［隠す］［表示する］を次の手順で組み込みます。

■タイトルロゴのスプライトのコードに組み込む

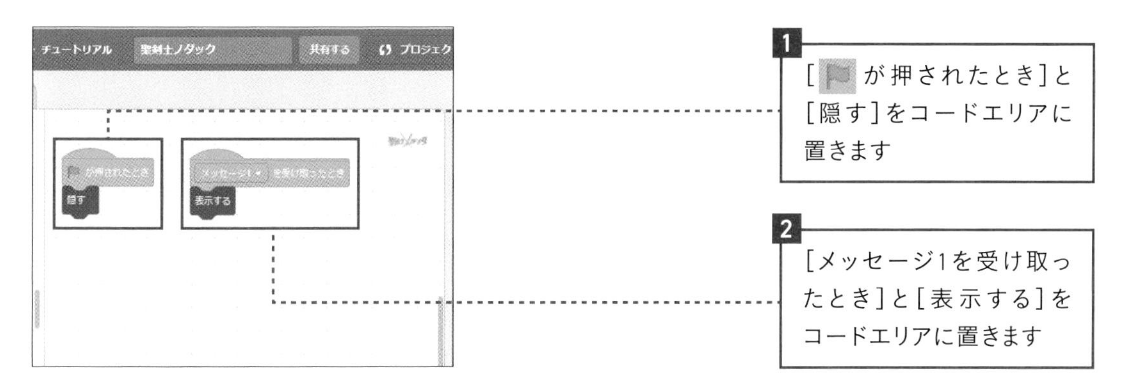

■剣のスプライトにコードを組み込む

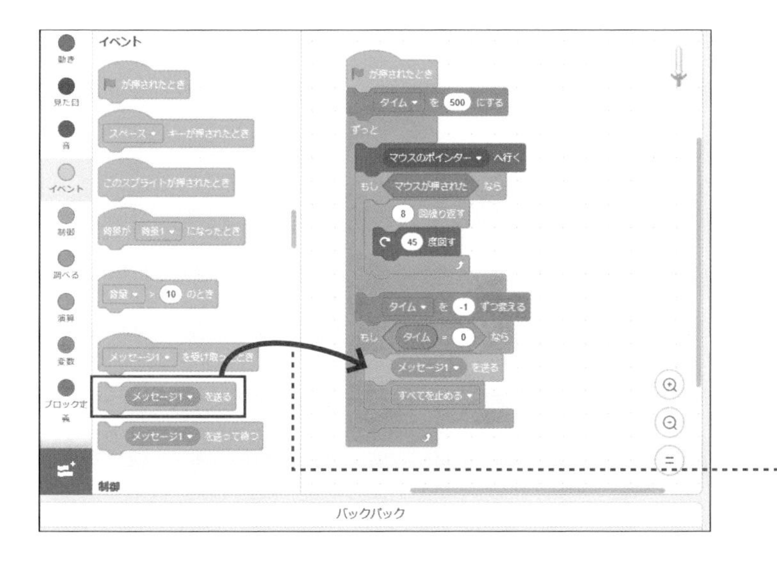

1 スプライトリストの剣をクリックします

2 [メッセージ1を送る]をドラッグ&ドロップします

ヒント

🏳をクリックして実行し、動作を確認しましょう。ゲーム開始とともにタイトルが消え、タイムが0になりゲームが終了すると、再びタイトルが表示されます。実行画面は省略します。

Scratchプログラミングのヒント▶スプライトの間でメッセージをやりとりする

[メッセージ1を送る]と[メッセージ1を受け取ったときは]はセットで使います。これら2つのブロックで、**スプライトからメッセージを送り、別のスプライトでそれを受け取ったときに、何らかの処理を行う**ことができます。

図1-12　メッセージを送り、ほかのスプライトがメッセージを受け取る

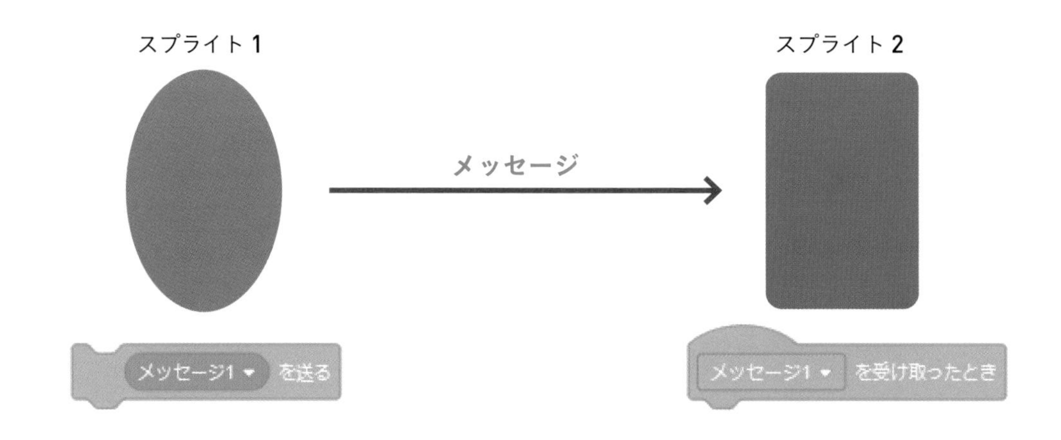

今回はブロックにはじめから記述されている［メッセージ1］のまま使いますが、メッセージを新しい名称で用意することができます。その場合は［メッセージ1］をクリックし、新しいメッセージを入力します。送られたメッセージは、送り手のスプライト自身も受け取るので、自分にメッセージを送って何らかの処理をさせる使い方もできます。

メッセージを上手に使うと、複雑な処理が作れるようになりますね。

この先もメッセージを使って、いろいろな処理を作っていきます。

Lesson 21

姫のコメントを組み込もう

お姫様のキャラクターが、ゲーム中にプレーヤーを応援する言葉、ゲーム終了時にねぎらう言葉を発するようにします。Chapter 1フォルダにあるprincess.pngが、お姫様の画像です。この画像をスプライトにアップロードし、お姫様がステージの左下に位置するようにします。

■スプライトにお姫様を追加し、座標を設定する

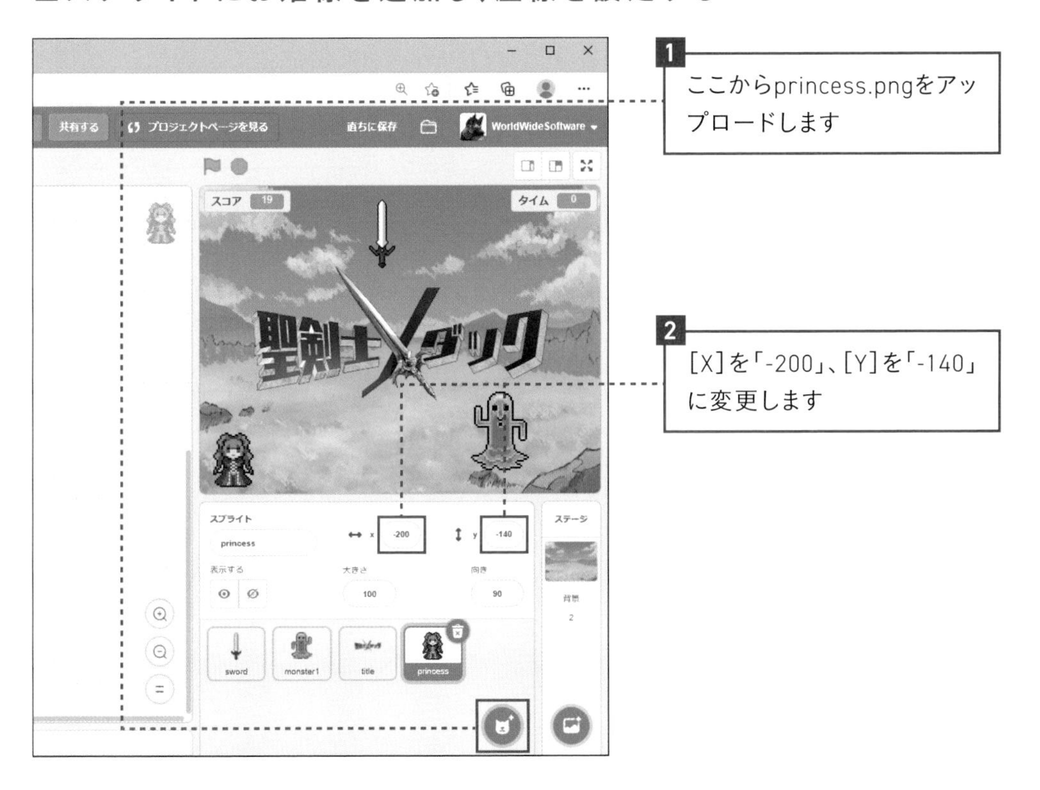

1 ここからprincess.pngをアップロードします

2 [X]を「-200」、[Y]を「-140」に変更します

コードを組み込む

次に、2つの処理を組み込みます。

・ゲーム中、お姫様が「敵をクリックして!」と「がんばって!」というメッセージを交互に表示

・ゲーム終了時に「お疲れさま」と表示

[イベント] カテゴリーの [が押されたとき] [メッセージ1を受け取ったとき]、[制御] カテゴリーの [ずっと]、[見た目] カテゴリーの [こんにちは!と2秒言う] ×2個、[こんにちは!と言う] を次の手順で組み込みます。

■お姫様のコメントを表示する

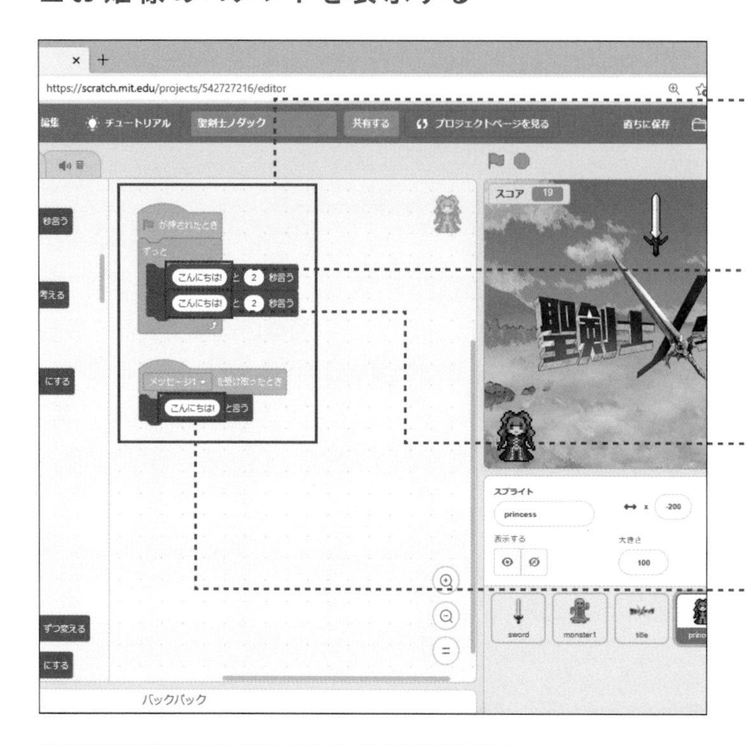

1 6個のブロックをコードエリアに置きます

2 [こんにちは!]をクリックして[魔物をクリックして!]に変更します

3 [こんにちは!]をクリックして[がんばって!]に変更します

4 [こんにちは!]をクリックして[お疲れさま]に変更します

5 🏳をクリックして動作を確認します

ヒント

ゲームを開始すると、お姫様が「魔物をクリックして!」と「がんばって!」を交互にしゃべります。ゲームが終了すると「お疲れさま」と言います。

メッセージがあると「お姫様のためにがんばるぞ」という気持ちが高まりますね。

Lesson 22

BGMとSEを入れて完成させよう

ゲーム中に流れるBGMと、剣で攻撃するときのSE（効果音）を組み込みます。これでゲームが完成します。

サウンドファイル

書籍サポートページからダウンロードした素材データの、Chapter 1フォルダにあるbattle.mp3がBGMのファイル、sword.mp3が剣の効果音のファイルです。**battle.mp3をタイトルロゴの音として、sword.mp3を剣のスプライトの音としてアップロードします。**

■BGMをアップロードする

1 タイトルロゴのスプライトを選びます

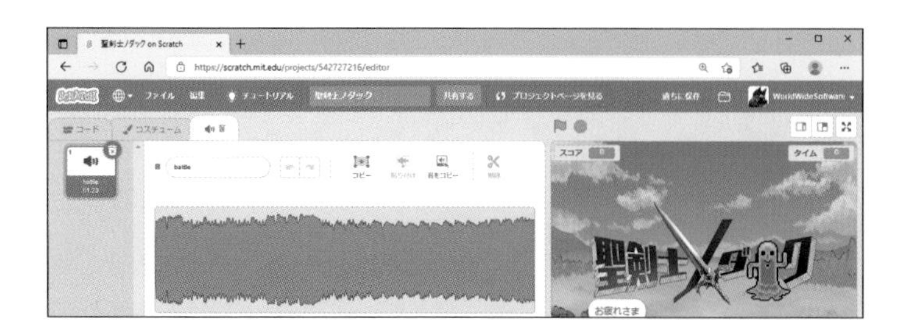

6 音がアップロードされます

■BGMを流すコードを組み込む

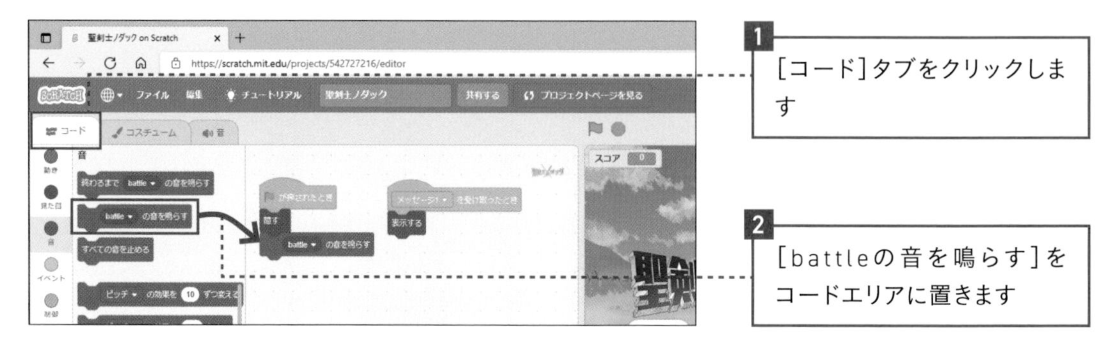

ヒント

効果音は、剣のスプライトの音としてアップロードするので、スプライトリストで剣を選びます。そしてBGMと同じように、sword.mp3をアップロードします。

■SEを鳴らすコードを組み込む

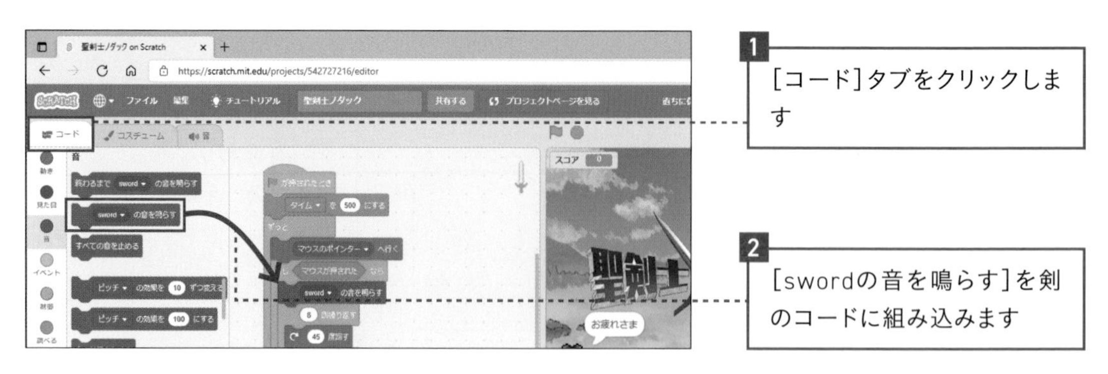

ゲームの完成！

をクリックして動作を確認しましょう。BGMとSEが流れれば成功です。これでこのゲームが完成しました！ 音が出ないときは、サウンドファイルのアップロード手順や、組み込むブロックを確認しましょう。パソコンの音量の設定も確認してください。

Chapter 2

ゲームを作ろう中級編

～この章でのゲーム制作の流れ～

Lesson 23	この章で作るゲームの内容
Lesson 24	道路の画像をアップロードしよう
Lesson 25	道路をスクロールさせよう
Lesson 26	プレーヤーの車を左右に動かそう
Lesson 27	アクセルとブレーキの処理を作ろう
Lesson 28	道路をスクロールする速さを変えよう
Lesson 29	スコアと燃料の計算を入れよう
Lesson 30	タイトルロゴとGAME OVERの表示を入れよう
Lesson 31	敵の車を走らせよう
Lesson 32	敵の車にぶつかったときの処理を作ろう
Lesson 33	敵の車の種類を増やそう
Lesson 34	敵の車の出現位置をランダムに変えよう
Lesson 35	燃料が増えるアイテムを出そう
Lesson 36	BGMとSEを組み込んで完成させよう

このゲームの完成版を次のURLで確認できます。
→ https://scratch.mit.edu/users/nodakuribon/

お父さんお母さん世代が子どもの頃に遊んだタイプのレースゲームを作ります。

懐かしいですね、レースゲーム大好きです！

Lesson 23

この章で作るゲームの内容

この章で作るゲームの内容を説明します。

ストーリー

オレは伝説のスーパードライバー、クリスタル☆ノダ。今日も湾岸の高速ハイウェイをぶっ飛ばす。アクセルを踏み込むと、1日の疲れがバックミラーの向こうに置き去りになる。この道路の最高速度は300。もちろんそれを守るぜ。しまった、燃料が少ない！ だが安心しろ、道路に落ちているFマークを取ればいいんだ。ハンドルを切ってトラックをすり抜け、Fマークをゲットした。よし、燃料が増えた。オレはまだ走れる！

ゲーム内容

上空から見下ろした構図の2D（二次元）のカーレースゲームです。

図2-1 ゲーム画面

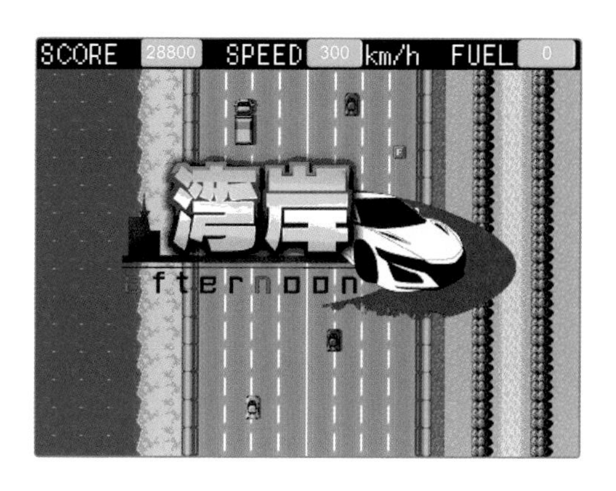

操作方法

- 左右のカーソルキーで赤い車を左右に動かします。
- Aキーがアクセル（スピードアップ）、Zキーがブレーキ（スピードダウン）です。

ゲームルール

- ほかの車を避けながら走り続けます。
- スピードが速いほどスコアが多く増えます。
- 燃料（FUEL）が減っていくので、Fマークのアイテムを取って増やします。
- ほかの車に接触すると燃料が大きく減ります。
- 燃料がなくなるとゲームオーバー。

制作に用いる素材

このゲームは次の画像と音の素材を用いて制作します。

図2-2 この章で用いる素材

bgm.mp3

item.mp3

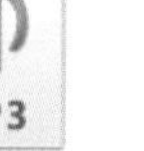

car_blue.png car_red.png car_yellow.png fuel.png

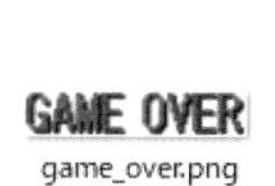
game_over.png

road.png

score.png

title.png

truck.png

ヒント

これらの素材は、書籍サポートページ https://book.impress.co.jp/books/1120101185 からダウンロードできるzipファイルに入っています。素材のダウンロード方法はP.8で確認できます。

Lesson 24

道路の画像をアップロードしよう

レースゲームの制作をはじめます。新しいプロジェクトを用意し、まず背景用の画像をスプライトとしてアップロードします。

新しいプロジェクトを作り、タイトルを入力する

Scratchのトップページを開いて右上にユーザー名が表示されていないときは、登録したユーザー名とパスワードでサインインします。サインインしたら［作る］をクリックし、新しいプロジェクトを用意してください。スクラッチキャットは使わないので削除します。

この章で作るゲームのタイトルは「湾岸afternoon」です。タイトルを入力欄に入力しましょう。

Scratchで画面をスクロールする方法

このレースゲームは縦にスクロールする道路を走ります。**Scratchで画面全体をスクロールするには、スクロール用の画像をステージの背景ではなくスプライトとします**。その理由は、ステージの背景は表示位置を変えることができないので、スクロールさせられないからです。

Scratchで画面をスクロールするにはいろいろな方法があります。このゲームは、同じ模様が繰り返し描かれた画像をずらして表示するテクニックを使ってスクロールさせます。

書籍サポートページからダウンロードしたzipファイル内の、Chapter 2フォルダにあるroad.pngが道路の画像です。

図2-3　ゲームの背景となる道路の画像

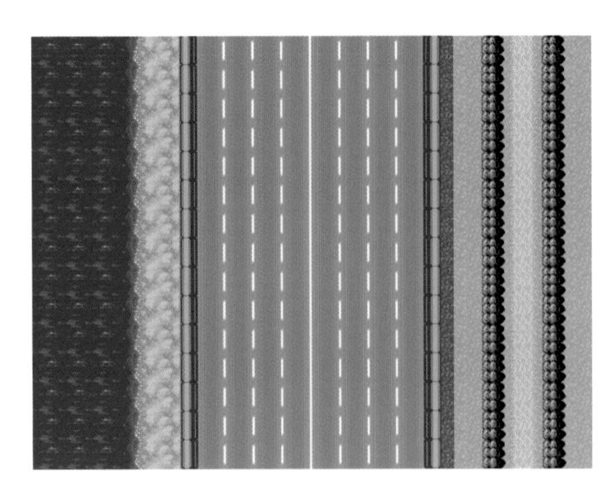

■道路の画像をアップロードする

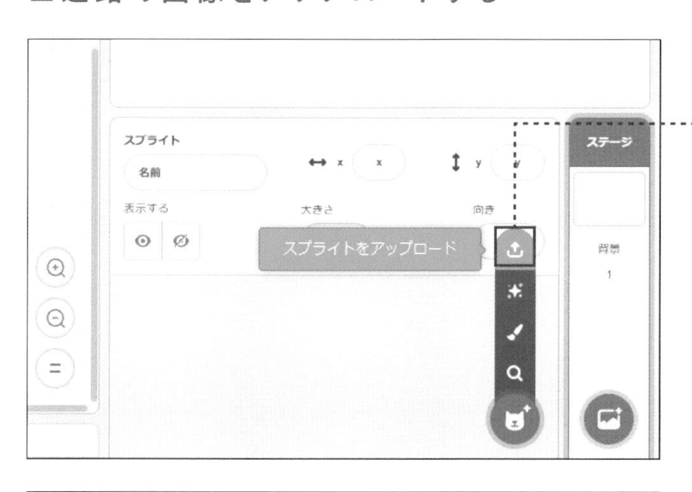

1 マウスポインターを動かして[スプライトをアップロード]を選びます

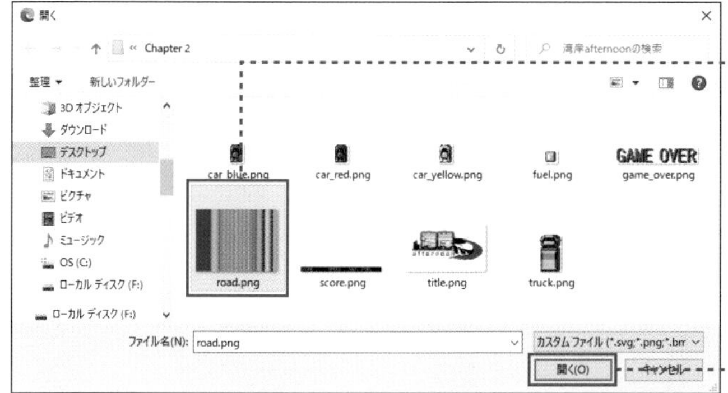

2 road.pngを選びます

3 [開く]をクリックします

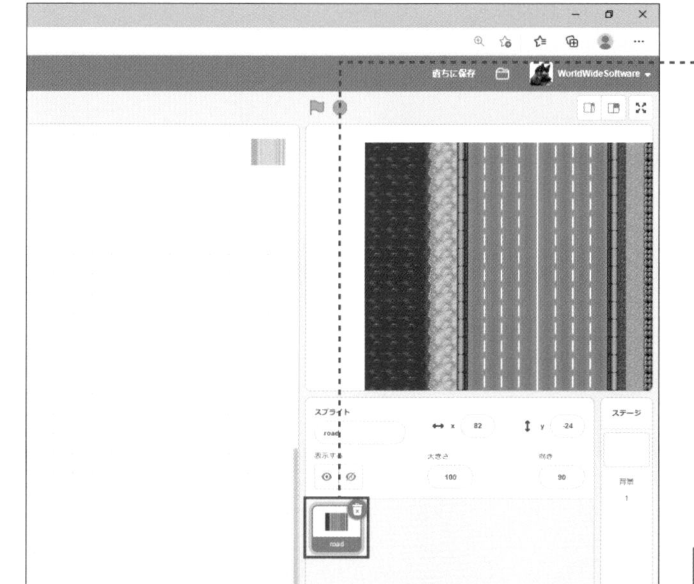

4 背景がスプライトリストに追加されます

次のLessonでは、この画像の表示位置をずらすことで画面全体をスクロールさせます。

Lesson 25

道路をスクロールさせよう

道路のスプライトを使って画面をスクロールさせるプログラムを作ります。

ステージの座標を覚えよう

画面をスクロールするプログラムを作る前に、Scratchのステージの座標について確認します。ステージは幅480ドット、高さ360ドットで座標は次のようになっています。ステージ中央が原点(0,0)です。横方向がx軸で、x座標の値は-240から240です。縦方向がy軸で、y座標の値は-180から180です。

図2-4 ステージの座標

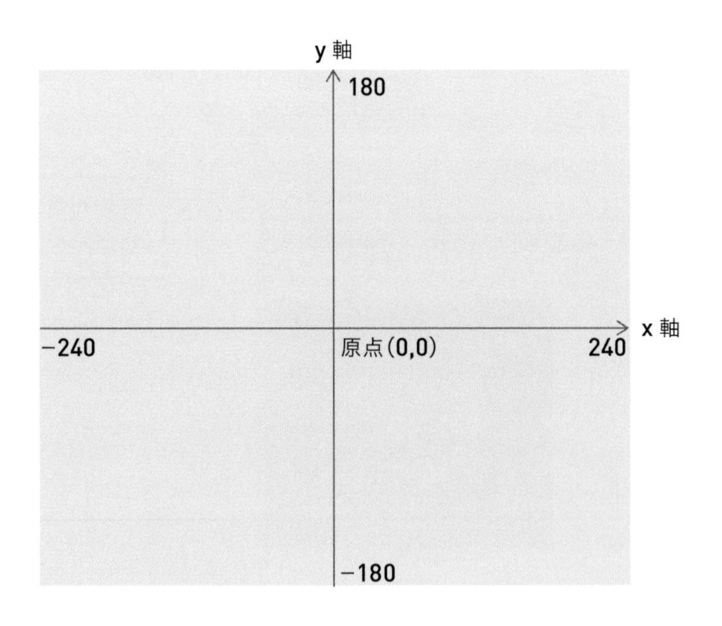

座標がわからなくなったときは、このページで再確認しましょう！

次のページでは、道路の画像のy座標を変化させるプログラムを作り、画面が上から下にスクロールする様子を表現します。

■ブロックでプログラムを作る

1 8個のブロックをコードエリアに置きます

2 それぞれの数字を変更します

3 をクリックして実行します

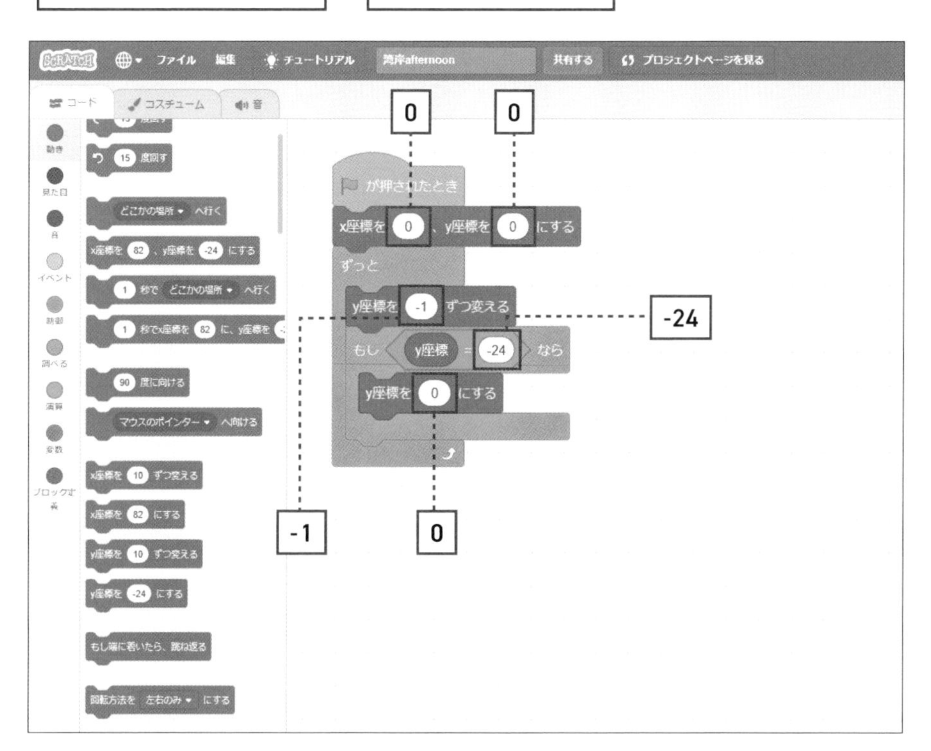

ヒント

[[ ]=50]は、左の○に[y座標]を組み込み、右の○の数値を「-24」にします。実行するとステージの上端が途切れますが、この後、修正します。●をクリックして動作を止め、次へ進みましょう。

スコアなどの表示部を重ねる

Chapter 2フォルダにあるscore.pngをステージに配置します。この画像もスプライトとしてアップロードします。アップロードしたらx座標を0、y座標を167にしてください。

図2-5 スコアなどの表示部の画像

SCORE SPEED km/h FUEL

図2-6　scoreをアップロードして座標を変更した画面

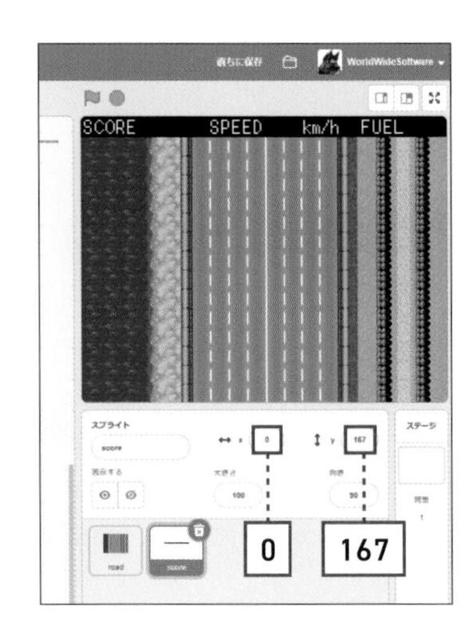

ヒント

をクリックして動作を確認しましょう。道路の途切れていた部分を隠すことで、スクロールする様子をきれいに表現できます。

うまくスクロールしないときは、ブロックを正しく置いたか、ブロックに入力する数値を正しく変更したか見直しましょう。

コードの説明

ここで組み込んだプログラムの内容を解説します。[y座標を-1ずつ変える]で道路の画像を1ドットずつ下に動かしています。[もし〜なら][y座標＝24][y座標を0にする]のコードのまとまりで、y座標が-24になったら0に戻しています。それを[ずっと]のブロックで繰り返しています。

道路は次のように、y軸方向に24ドットずつ、同じ模様が繰り返される画像になっています。画像の表示位置（y座標）をずらし、一定の値（24ドット）ずれたら元の位置に戻すことで、あたかも道路が延々と続くように見せています。

図2-7　道路はy軸方向に24ドットずつ繰り返される画像になっている

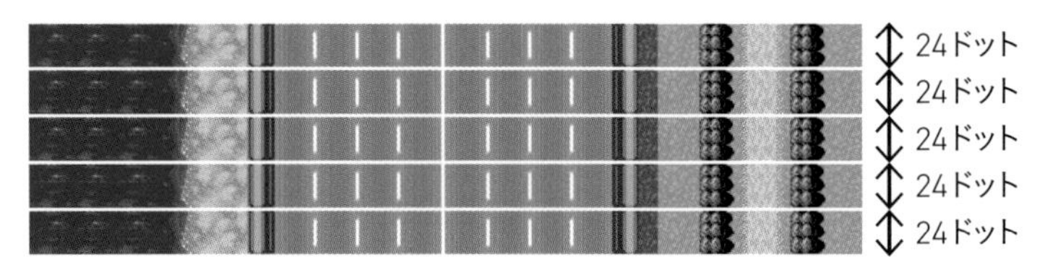

ふむふむ、
なるほど。

Scratchプログラミングのヒント▶スプライトの前後関係

score.pngを道路が途切れるのを隠すパーツとして使いました。この先のLessonで、この画像の上にスコアなどを表示します。もしscore.pngが道路の下に隠れてしまったら、スプライトリストでscoreを選び、「●見た目」にある[最前面へ移動する]をクリックして、最前面へ移動します。このブロックは[最前面]をクリックして[最背面]を選ぶことができます。スプライトの前後関係を変更できることを覚えておきましょう。

Lesson 26

プレーヤーの車を左右に動かそう

プレーヤーが操作する車のプログラムを作ります。ここでは左右のカーソルキーで車を左右に動かすところまでプログラミングします。プレーヤーの車はChapter 2フォルダにあるcar_red.pngです。この画像をスプライトとしてアップロードしましょう。

図2-8 プレーヤーの車の画像

図2-9 スプライトとしてアップロードする

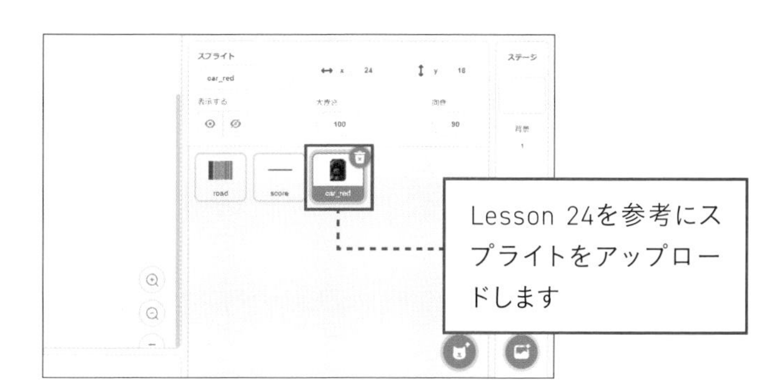

次に、左右のカーソルキーで車を動かせるようにします。各種のブロックを、次の図のようにコードエリアに置きましょう。ブロックを置いたら、ブロックの数値を、この図のように変更してください。

■車を左右に動かす

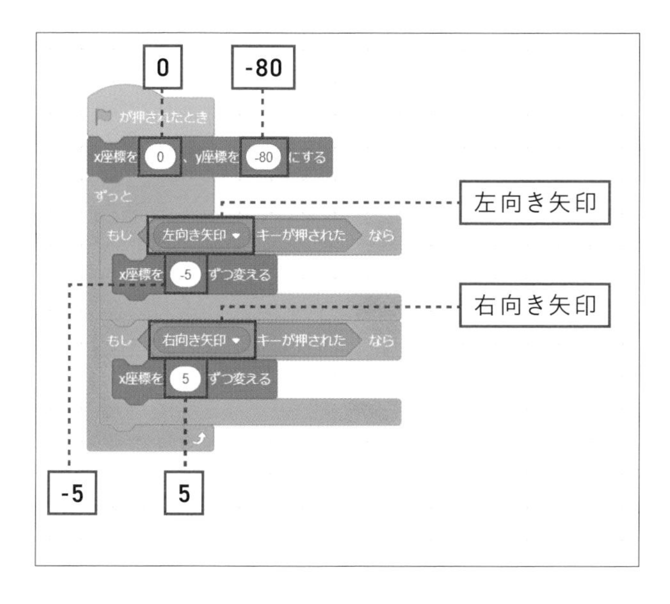

1 9個のブロックをコードエリアに置きます

2 それぞれの数字を変更します

ヒント

[もし〜なら][Spaceキーが押された][x座標を10ずつ変える]が1つのまとまりで、それが縦に2つ並びます。

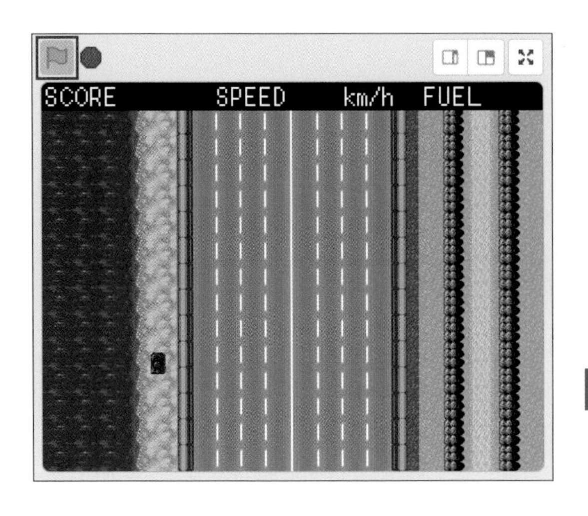

3 をクリックして実行します

4 動きを確認したら をクリックして動作を止めます

ヒント

ただし道路の外に出たことを判定していないので、キーを押し続けると道路から出ます。

■道路から出ないようにする

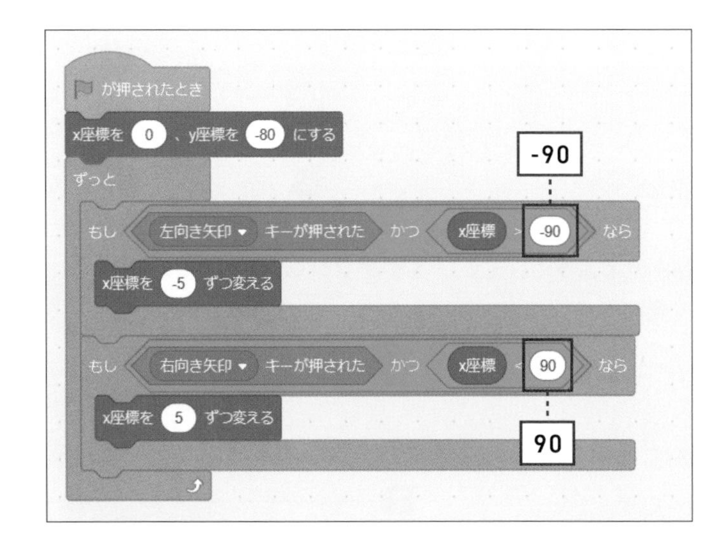

1 [〜かつ〜]2個、[[ ]>50][[ ]<50][x座標]2個をコードエリアに追加します

2 それぞれの数字を変更します

3 をクリックして実行します

ヒント

ブロックを組み合わせるとき、「>」と「<」の向きを間違えないようにしましょう。実行して左右キーで車を動かし、道路から出ないことを確認しましょう。

コードの説明

←キーで車を動かすコードは図2-10のようになっています。このコードで←キーが押され、かつ車のx座標が-90より大きいなら、x座標の値を5減らして左へ動かしています。x座標が-90以下なら座標を変更しないので、道路左端より外にはいきません。

図2-10　←キーで動かすコード

右に動かすときも同様に、図2-11のコードで→キーが押され、かつx座標が90より小さいなら、座標の値を5増やして右へ動かしています。

図2-11　→キーで動かすコード

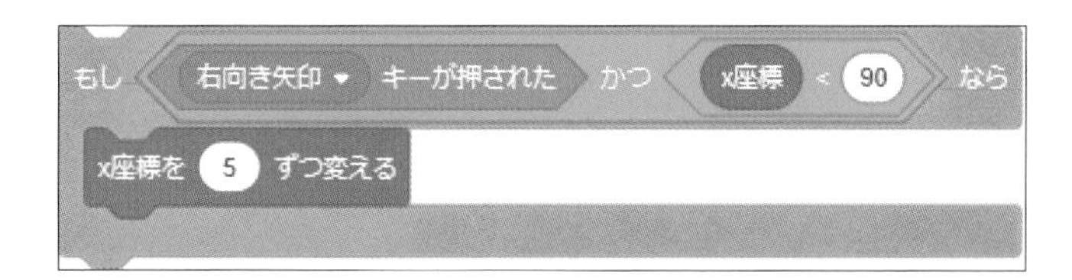

図2-12　ステージのx座標

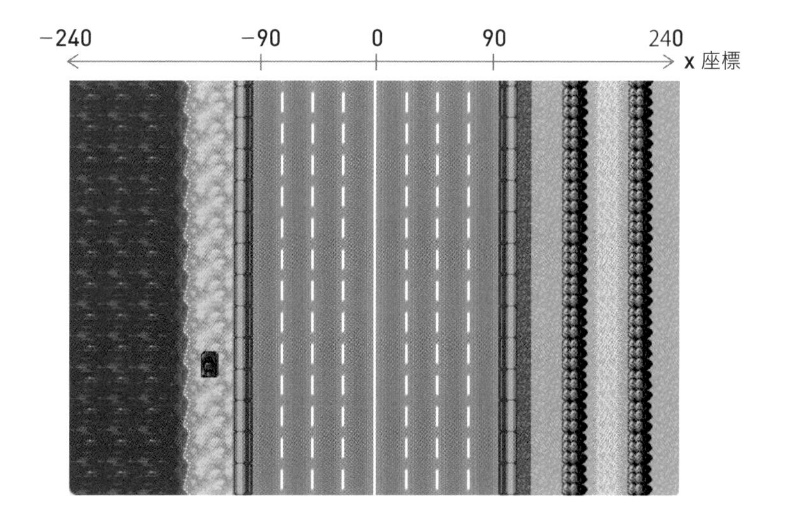

2つ以上の条件を同時に調べるとき、Scratchでは[～かつ～]や[～または～]のブロックで行います。AかつBはA・Bともに成り立つとき、AまたはBはA・Bのどちらか一方か、どちらとも成り立つときという意味です。

左右キーで車が動き、しかも道路からはみ出さないようになりました。

Lesson 27

アクセルとブレーキの処理を作ろう

Ⓐキーと Ⓩキーで車のスピードを上げ下げする処理を組み込みます。

車のスピードをどう表現するか？

私たちが車に乗るとき、車のスピードが上がれば景色はどんどん移り変わります。スピードが下がれば景色はゆっくりと進みます。コンピュータゲームでは、そのようなスピード感をスクロールする速さを変えて表現します。

このLessonではスピードの値を代入する変数を用意し、Ⓐキーと Ⓩキーでその値を変化させます。そして次のLessonで、変数の値に応じて道路をスクロールさせる速さを変えます。

■スピードを扱う変数を用意する

1 [変数]をクリックします

2 [変数を作る]をクリックします

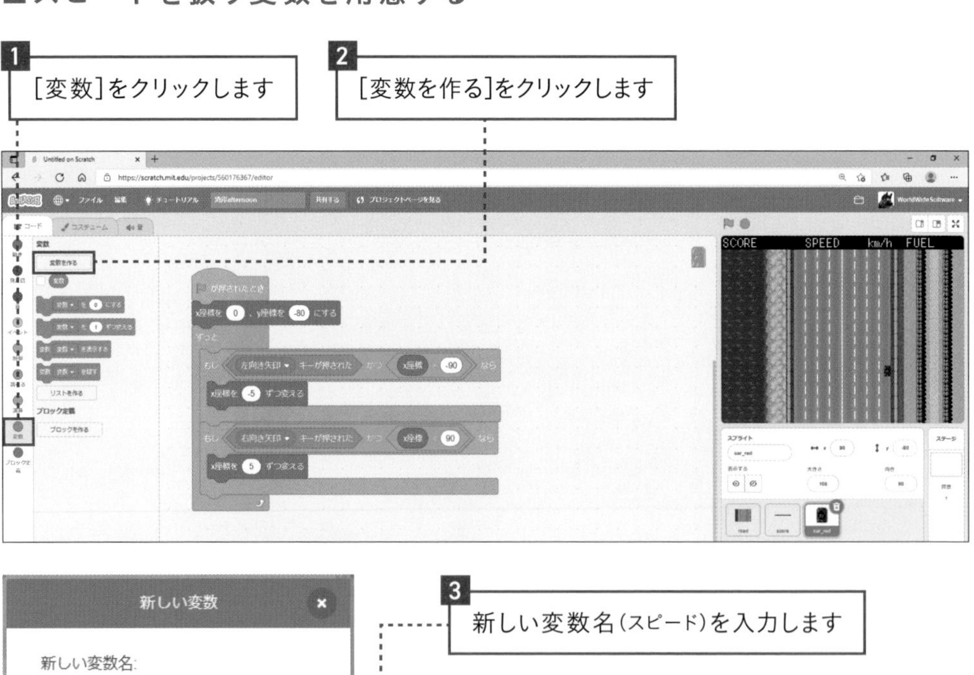

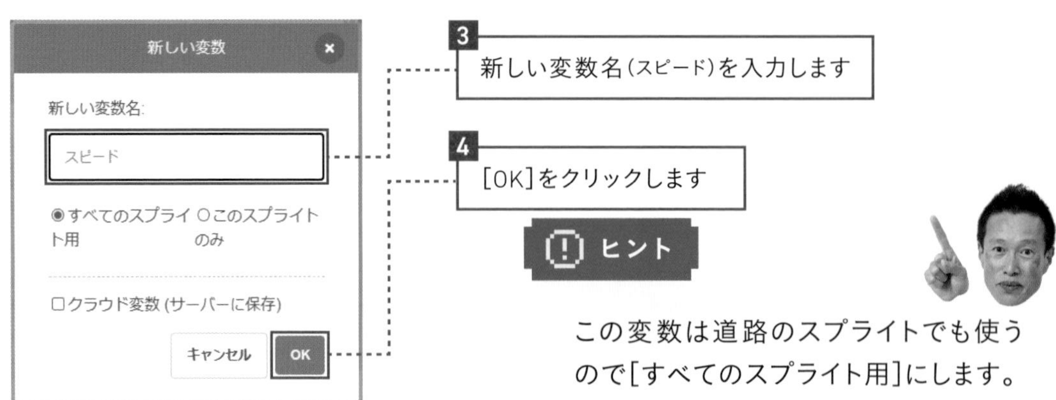

3 新しい変数名（スピード）を入力します

4 [OK]をクリックします

ヒント

この変数は道路のスプライトでも使うので[すべてのスプライト用]にします。

■変数の表示方法と位置

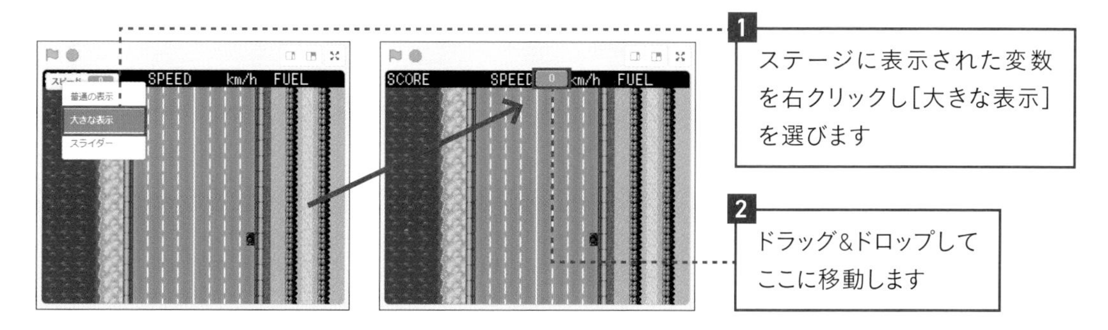

■スピードを上げ下げする

1 [もし〜なら][キーが押された][〜かつ〜][[ ]<50][[ ]>50][スピードを10秒ずつ変える][○秒待つ]をコードエリアに置きます

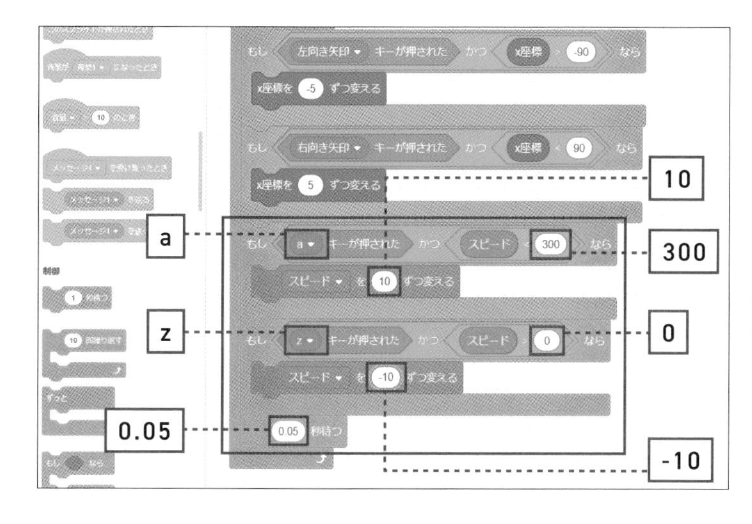

2 それぞれの数字を変更します

3 🏳をクリックして実行します

[A]キーでスピードが300まで上がり、[Z]キーで0まで下がることを確認しましょう。道路がスクロールする速さは変えていません。

コードの説明

ここでは「[A]キーが押され、かつ、スピードが300より小さいなら、スピードを10増やす」と「[Z]キーが押され、かつ、スピードが0より大きいなら、スピードを10減らす」というコードを追加しました。

また［○秒待つ］のブロックで、処理が進む時間を調整するようにしました。［0.05秒待つ］を入れないと、[A]キーを押したときにスピードが一気に300まで上がってしまいます。

ここで用いた[1秒待つ]のブロックで、処理を繰り返す時間的間隔を変えたり、次の処理へ進むタイミングを調整できます。

Lesson 28

道路をスクロールする速さを変えよう

車のスピードに応じてスクロールする速さが変わるようにします。変数［スピード］の値に合わせて、画面のスクロール速度が変化するプログラムを道路のスプライトに組み込みます。スプライトリストのroadをクリックしましょう。

■スクロールの速さを変える

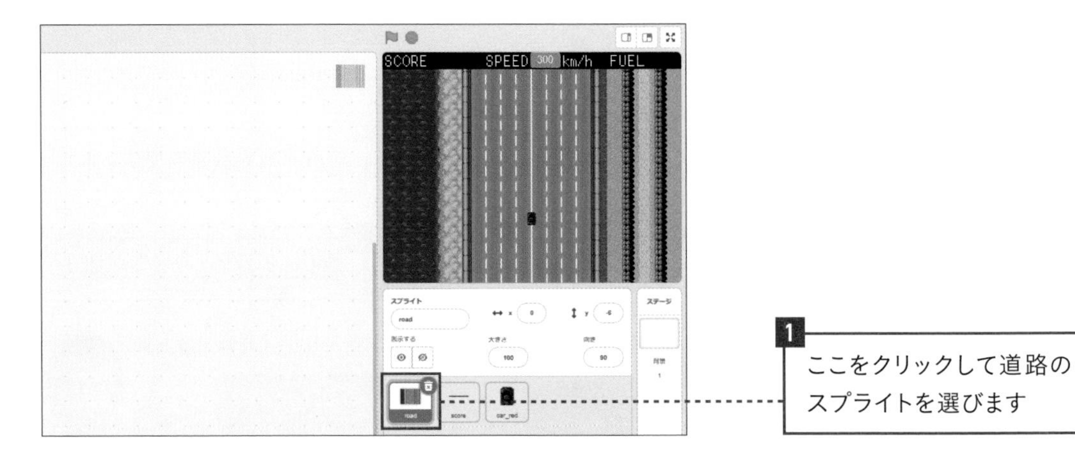

■コードを追加する

1 [[ ]+[ ]][[ ]/[ ]][スピード]をコードエリアで組み合わせます

2 それぞれの数字を変更します

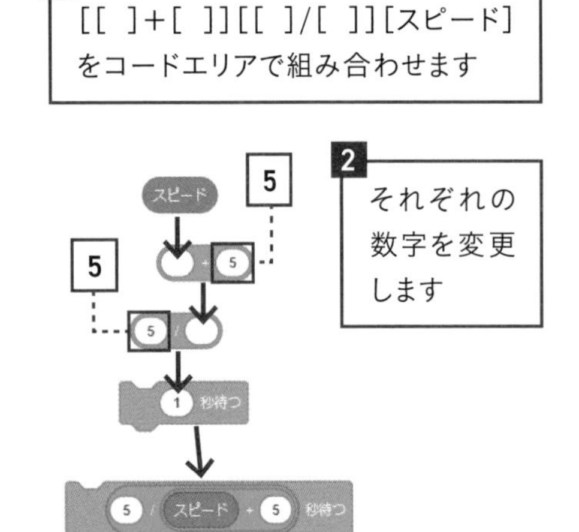

3 ここをクリックして数字を「-8」に変更します

4 1で作成したコードをここに組み込みます

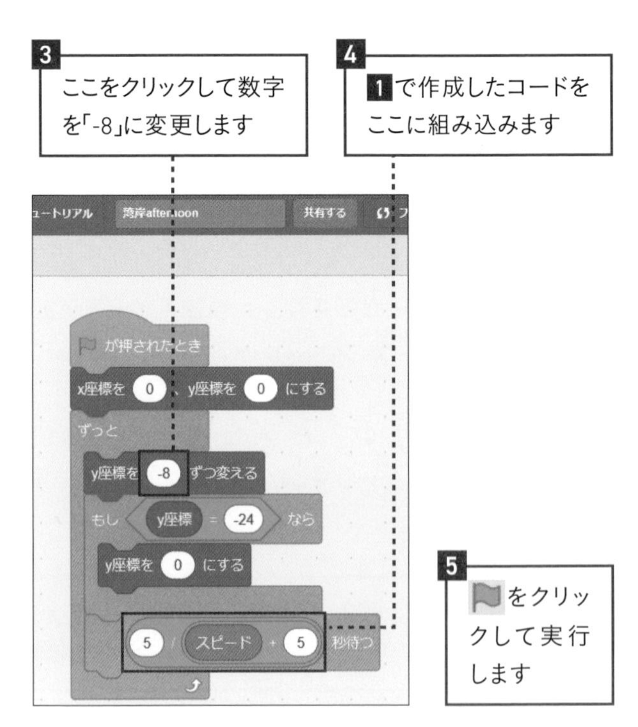

5 をクリックして実行します

Scratchでは足し算、引き算、掛け算、割り算を、「●演算」にある[+] [-] [*] [/]で行います。プログラムでは掛け算を「*」、割り算を「/」の記号で表します。「*」はアスタリスク、「/」はスラッシュといいます。

速さの変化を確認しよう

実行し、Aキーを押すとスクロールが速くなり、Zキーを押すとスクロールが遅くなることを確認しましょう。

これでアクセルとブレーキの処理ができました。このプログラムは、スピード0でもゆっくりとスクロールします。これは「(5÷(スピード+5)) 秒待つ」というコードでスクロールの時間間隔を決めており、スピード0でも1秒ごとに道路が動くからです。これはこのゲームの仕様とします。

コードの説明

前のLessonと合わせて大きな2つの処理を組み込み、アクセルとブレーキの操作ができるようにしました。

Lesson 27ではスピードという変数を用意し、Aキーと Zキーでスピードを上げ下げするコードを車のスプライトに組み込みました。このLessonでは、道路のスプライトにスピードの値に応じて一定時間待つコードを追加しました。「5÷(スピード+5) 秒待つ」という式の値は、次のようにスピードが大きいほど小さくなります。

・スピードが10のとき、この計算の答えは5÷15 = 約0.333
・スピードが100のとき、この計算の答えは5÷105 = 約0.047
・スピードが200のとき、この計算の答えは5÷205 = 約0.024
・スピードが300のとき、この計算の答えは5÷305 = 約0.016

スピードが速いほど道路を動かすまでの待ち時間が短くなり、速くスクロールする仕組みになっています。

算数や数学には0で割ってはいけない決まりがあります。プログラミングでも計算を行うときに0で割ってはダメですよ。

なぜならScratchでは0で割ると処理が止まります。ほかのプログラミング言語では0で割る計算をすると、最悪の場合、コンピュータが止まることがあります。**0で割らないルールはプログラミングでも大切**と覚えておきましょう。

Lesson 29

スコアと燃料の計算を入れよう

ここではスコアの値を代入する変数と、燃料の値を代入する変数を用意します。

このゲームのルールについて

このゲームは燃料がなくなるとゲームオーバーになるようにします。スコアはスピードが速いほど多く増えるようにします。

このLessonではスコアと燃料の値を管理する変数を用意し、それらの変数の値を変化させるプログラムを組み込みます。これまで変数を用意したのと同じ手順で、「スコア」「燃料」という2つの変数を作りましょう。どちらの変数も、すべてのスプライト用にします。

■2つの変数を用意する

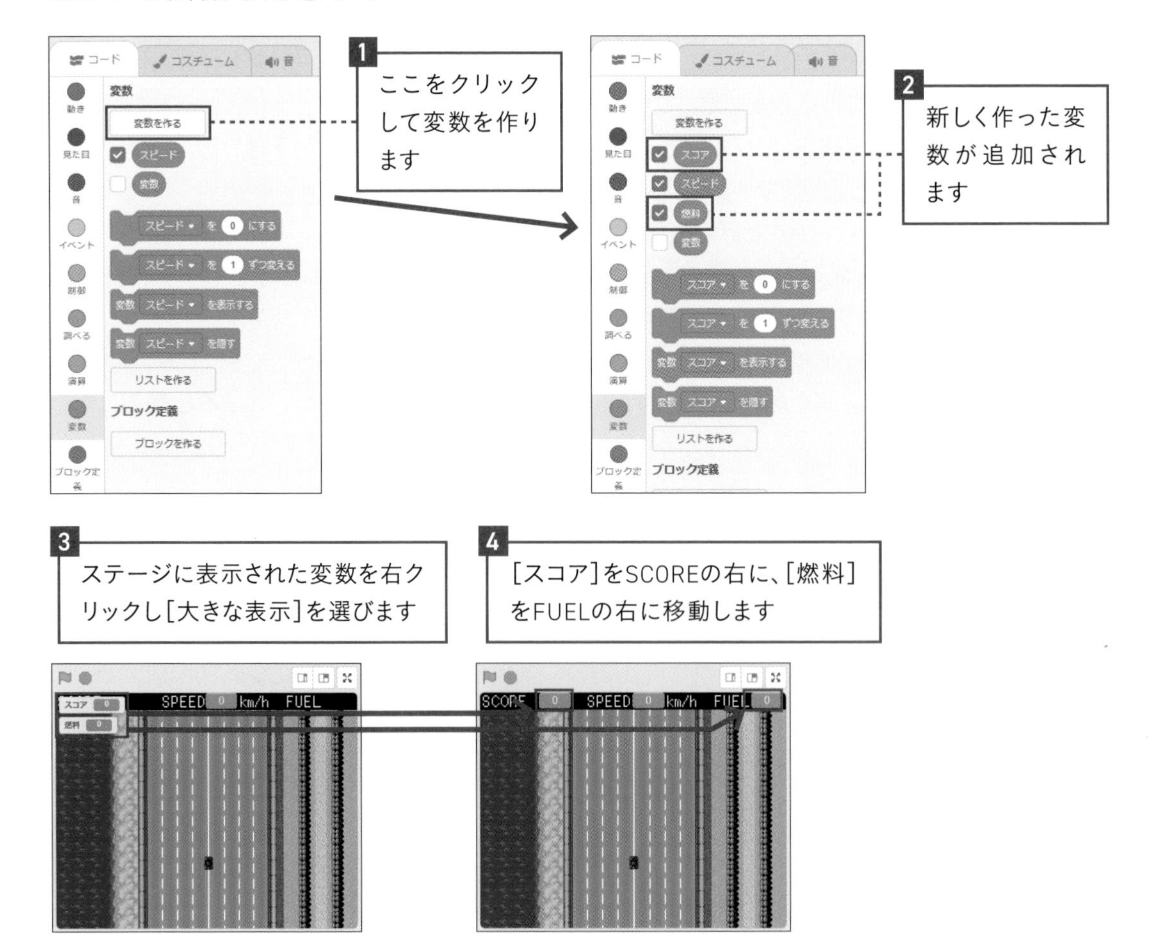

初期値とは

変数に最初に入れる値を、その変数の初期値といいます。スコアは初期値を0、燃料は初期値を500にします。またLesson 28で用意したスピードは初期値を0にします。それらの値を代入するブロックを、プレーヤーの車のスプライトに追加します。スプライトリストのcar_redをクリックしましょう。

■変数に初期値を代入する

1 車のスプライトを選びます

2 [スコアを0にする]を[が押されたとき]の下に3個追加します

3 それぞれの数字・文言を変更します

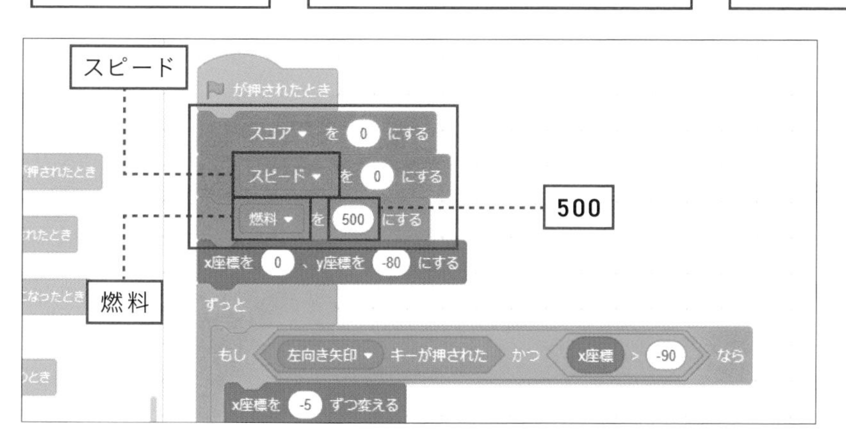

■スコアを増やし、燃料を減らす

1 [スコアを1ずつ変える]と[スピード]を追加します

2 [スコアを1ずつ変える]をもう1個追加し、[スコア]を[燃料]、[1]を[-1]に変更します

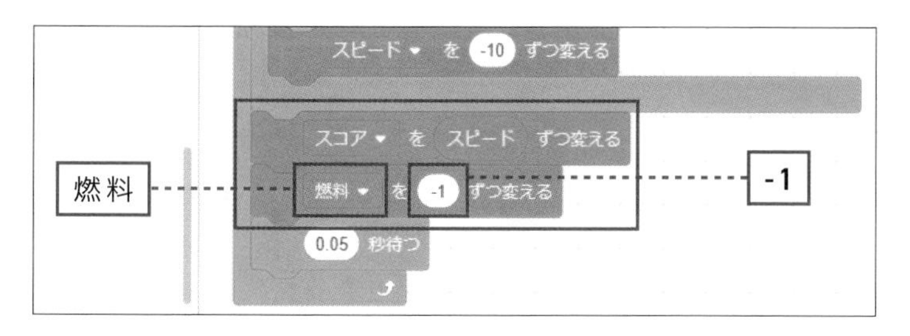

3 をクリックして実行します。Aキーでスピードを上げると、スコアが増えます。またFUEL(燃料)の値が減ります

ヒント

燃料がなくなったときの処理を入れていないので、燃料が0以下になっても走り続けます。次のLessonで燃料がなくなるとゲームオーバーになるようにします。をクリックして動作を止め、次のLessonへ進みましょう。

Lesson 30

タイトルロゴと GAME OVERの表示を入れよう

タイトルロゴとGAME OVERの表示を入れ、ゲーム開始から終了までの一連の流れを作ります。title.pngがタイトルロゴの画像です。

■タイトルロゴのスプライトをアップロードする

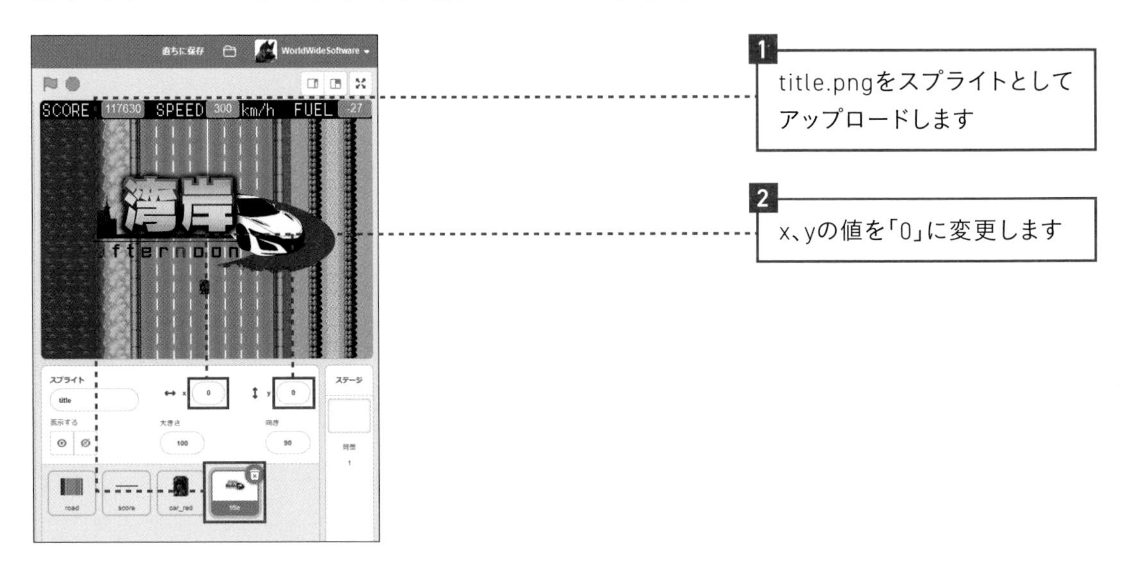

■GAME OVERをコスチュームにアップロードする

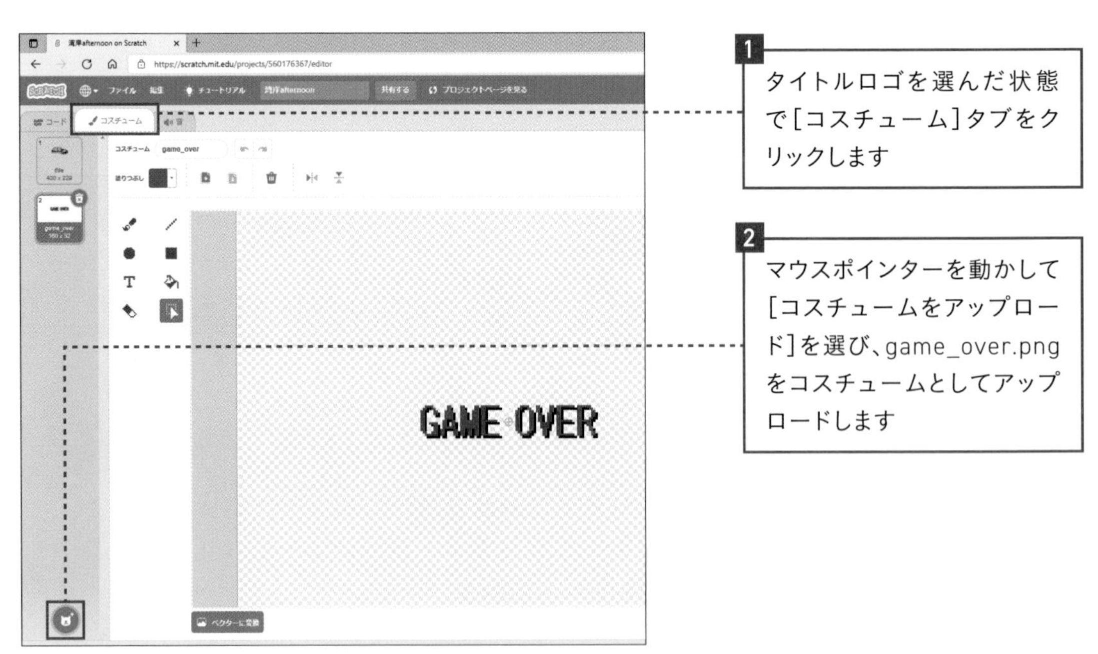

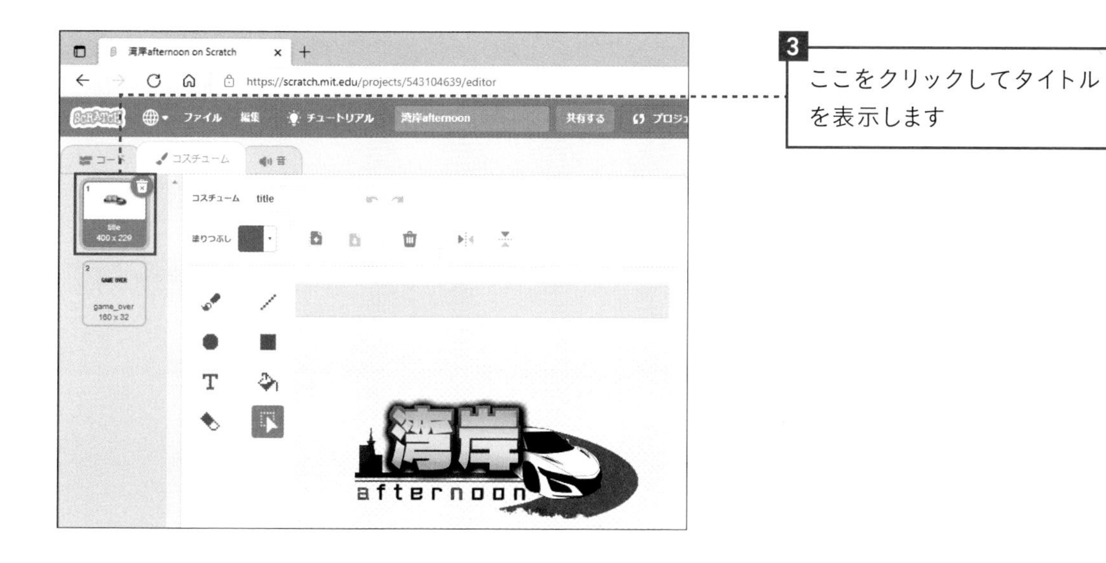

■ゲームを開始するとタイトルが消え、ゲームオーバーになるとGAME OVERを表示する

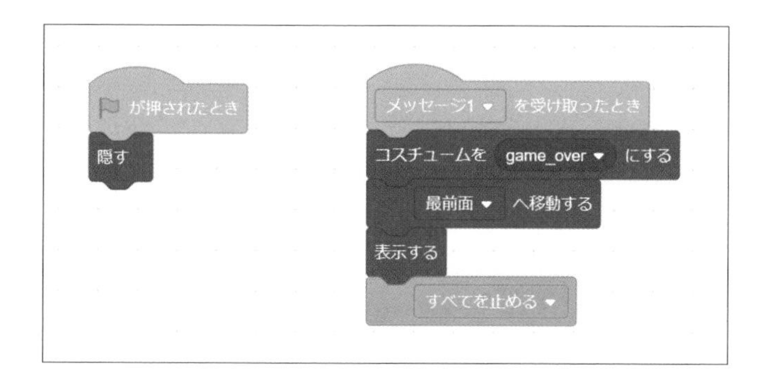

1 各ブロックをコードエリアに置きます

■スプライト間でメッセージをやりとりする

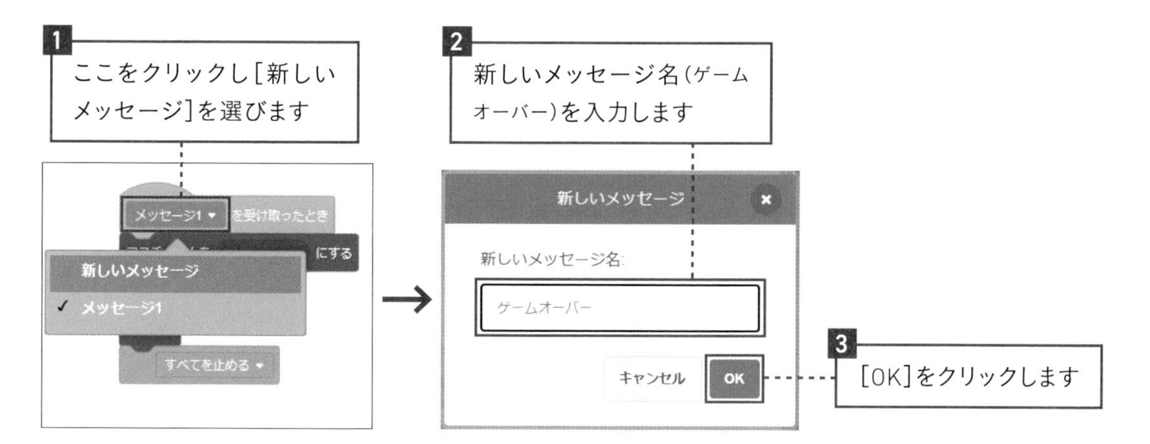

4

[ゲームオーバーを受け取ったとき]に変更されます

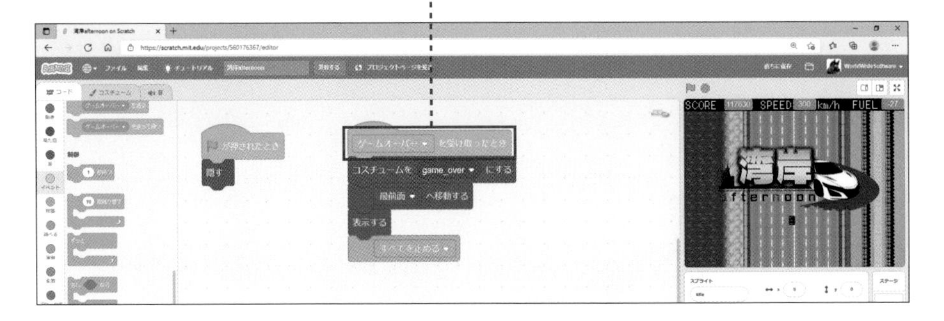

■プレーヤーの車にコードを組み込む

1

red_carをクリックします

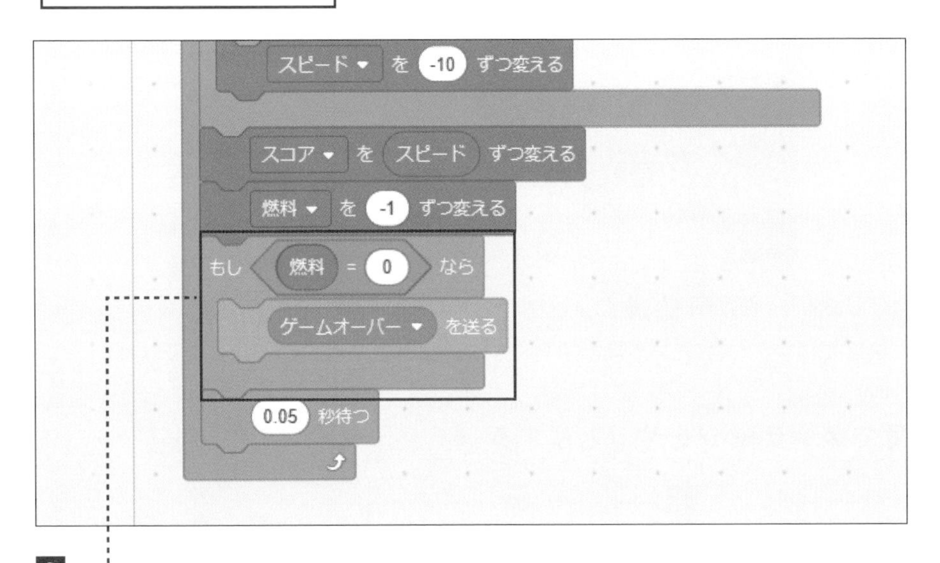

2

ブロックを追加します

ヒント

ブロックが組み込みにくいときは、いったん[0.05秒待つ]をコードのまとまりの外にドラッグ&ドロップしておき、ブロックを追加後、[0.05秒待つ]をコードに戻しましょう。

■GAME OVERが表示されることを確認する

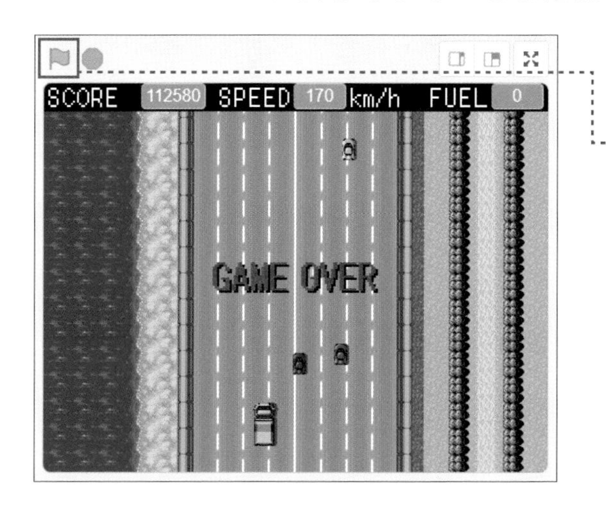

1 をクリックして実行します。燃料が0になるとGAME OVERと表示され、処理が止まります

コードの説明

このLessonでは、タイトルロゴをスプライトとしてアップロードし、そのコスチュームにGAME OVERの画像をアップロードしました。そしてタイトルロゴのコードで「ゲームオーバー」のメッセージを受け取ったら、GAME OVERと表示し、すべての処理を止めるようにしました。

プレーヤーの車のコードでは、燃料が0になったら「ゲームオーバー」のメッセージを送るようにしました。この仕組みにより、燃料がなくなったらGAME OVERと表示され、処理が止まってゲームが終了しました。

図2-13 メッセージを使って、スプライト間で処理を行う

燃料が0になると「ゲームオーバー」を送る

「ゲームオーバー」を受け取ったらコスチュームをGAME OVERに変えて表示する

これでゲームを止める処理ができました。次のLessonでは敵の車を走らせます。

Lesson 31

敵の車を走らせよう

ここでは敵となるトラックを動かすプログラムを作ります。ゲームを作る上でわかりやすいようにトラックを「敵」と呼びますが、トラックがプレーヤーに攻撃を仕掛けることはありません。このゲームでは敵＝障害物になります。

トラックの動きについて

トラックは道路を走り続けるようにします。プレーヤーの車がスピードを上げれば、トラックを追い抜き、スピードを下げればトラックに追い抜かれるようにします。トラックはステージの上から画面外に出たら、ステージの下から現れ、ステージの下から画面外に出たら、上から現れるようにします。

この処理はやや長いプログラムになるので、まずトラックが上に進み、ステージの外に出ると下から現れるようにします。truck.pngがトラックの画像です。

図2-14　トラックの画像

■スプライトをアップロードし、コードを組み込む

1 truck.pngをスプライトとしてアップロードします

2 各ブロックをコードエリアに置きます

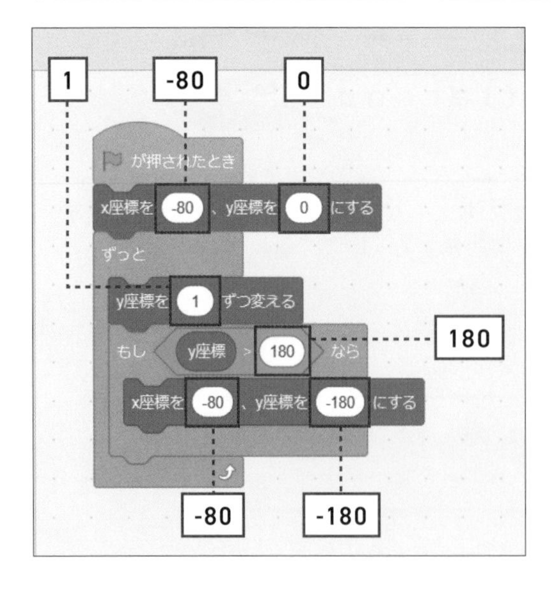

3 それぞれの数字を変更します

4 をクリックして実行します

ヒント

トラックがゆっくり上へと進み、ステージ上に達すると下から現れることを確認しましょう。

トラックの動きを調整する

図2-15のようにスコアやスピードの表示部の上にトラックが載るはずなので、修正しましょう。

図2-15 トラックがスピード表示の上に載っている

■スコアなどの表示を最前面にする

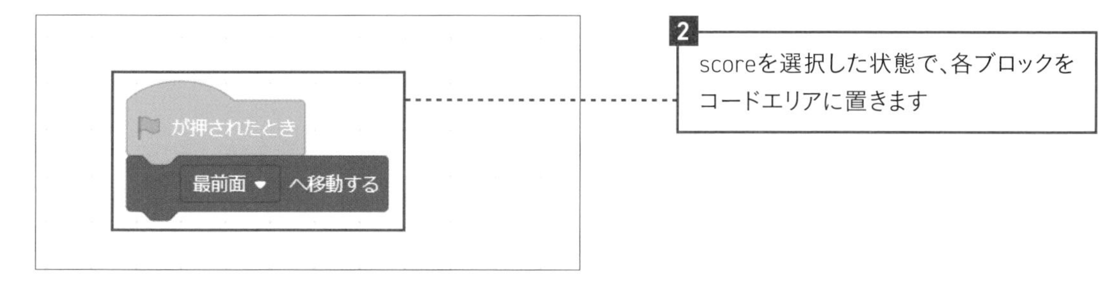

■トラックを下に移動する

1 truckをクリックします

2 truckを選択した状態で、各ブロックをコードエリアに追加します

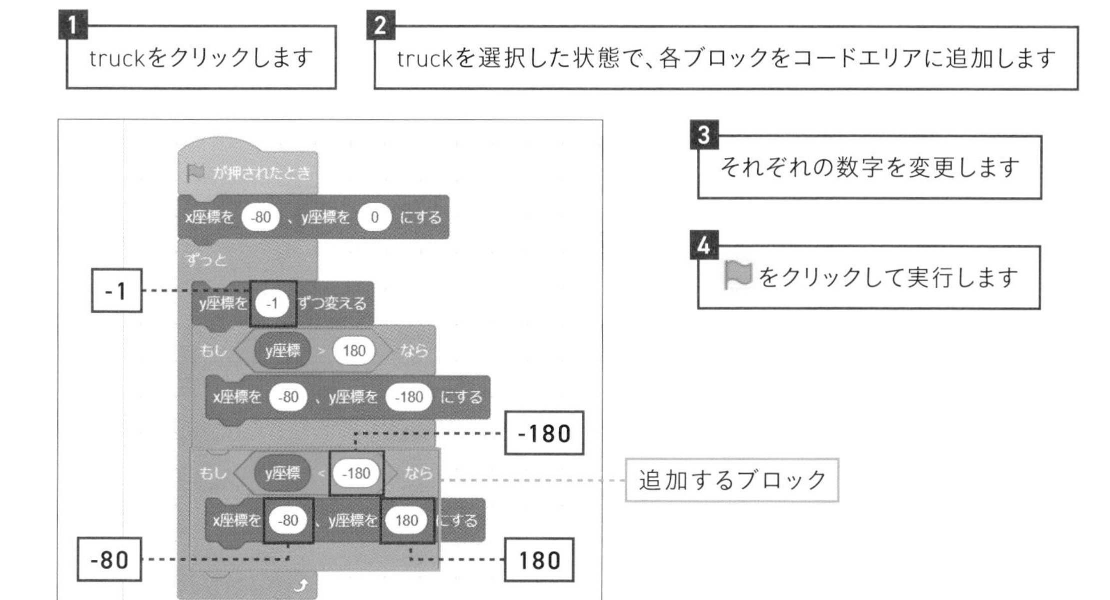

ヒント

緑色のブロックの「<」の向きに注意してください。実行してトラックがゆっくり下へと進み、ステージ下に達すると上から現れることを確認しましょう。

■相対速度の計算を入れる

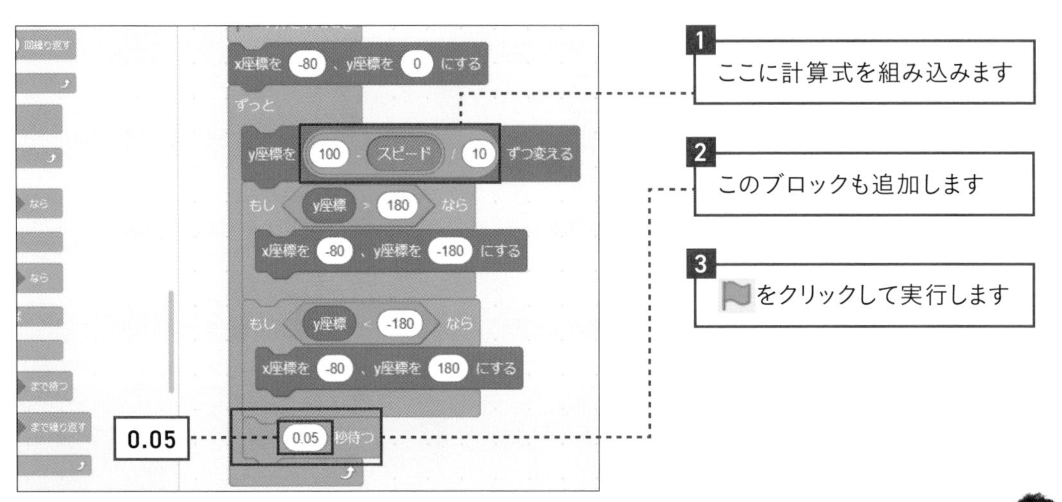

ヒント

Aキーと Zキーでスピードを変え、トラックを追い越したり、トラックに追い越されることを確認しましょう。トラックは100のスピードで走る計算になっています。プレーヤーの車のスピードを100にすると、トラックと赤い車は同じ速度で走ります。

コードの説明

トラックがy軸方向に動くドット数を［(100-スピード)/10］という計算で決めています。この（100-プレーヤーの車のスピード）÷10という式の値は次のようになります。

・プレーヤーの車のスピードが0のとき、ドット数は100÷10＝10
・プレーヤーの車のスピードが100のとき、ドット数は0÷10＝0
・プレーヤーの車のスピードが200のとき、ドット数は-100÷10＝-10
・プレーヤーの車のスピードが300のとき、ドット数は-200÷10＝-20

スピードが100未満なら、この式はプラスの値になり、トラックのy座標が増え、トラックは上に移動します。スピードが100を超えるとこの式はマイナスの値になり、トラックのy座標が減り、トラックは下に移動します。以上のような計算でトラックの座標を変え、トラックが走る様子を表現しています。

Lesson 32

敵の車にぶつかったときの処理を作ろう

プレーヤーの車がトラックと衝突したとき、車をスピン（回転）させる演出を作ります。

Scratchのヒットチェックについて

ゲームの中に出てくる物体が、ほかの物体に接触しているか調べることを**ヒットチェック**といいます。Scratchでは［●調べる］にある［〜に触れた］で、スプライトのヒットチェックを行うことができます。

ヒットチェックの手順

次の手順でトラックとプレーヤーの車のヒットチェックを行います。

・トラックのコードで［car_redに触れた］を使って、プレーヤーの車と触れたかを調べる
・触れたら、トラックから「クラッシュ」というメッセージを送る
・プレーヤーの車がそのメッセージを受け取ったら、車をスピンさせる

図2-16　ヒットチェックとメッセージの受け渡し

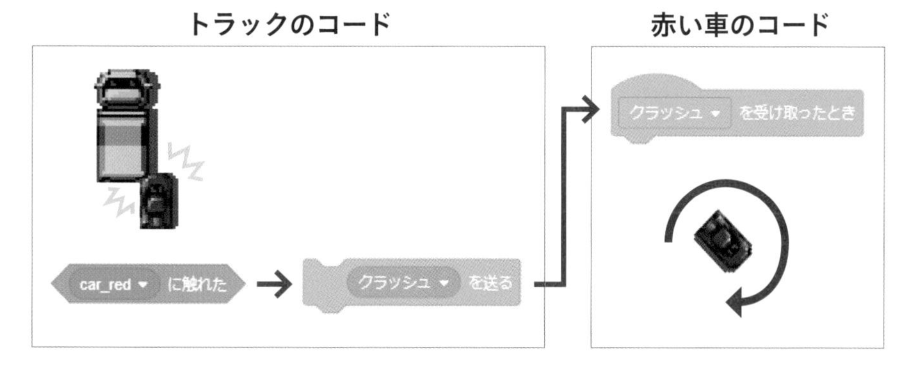

ヒットチェックを衝突(しょうとつ)判定や接触(せっしょく)判定、あるいは当たり判定ということもあります。

この手順でヒットチェックを行えば、例えば衝突したトラックを揺らす演出などが組み込みやすいです。今回はその演出は入れませんが、後々、改良しやすいプログラムの組み方があることを知っておきましょう。

■スピン演出を作る

1 red_carをクリックします

2 ブロックを2個追加します

3 「ドライブ」という新しいメッセージを作り、どちらも[ドライブ]に変更します

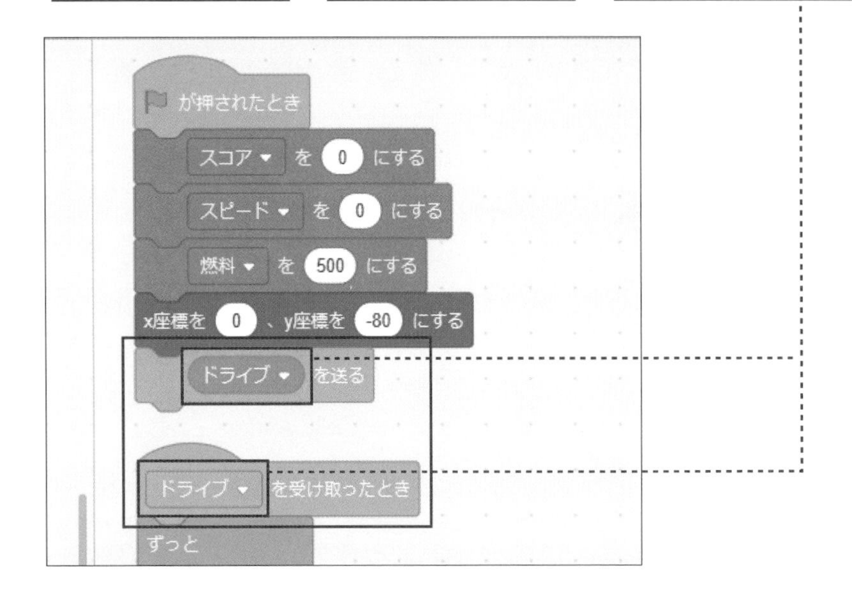

ヒント

2のブロックを追加するには、車のコードを2つに分ける必要があります。分け方は図2-17を参考にしましょう。

図2-17 ブロックの分け方

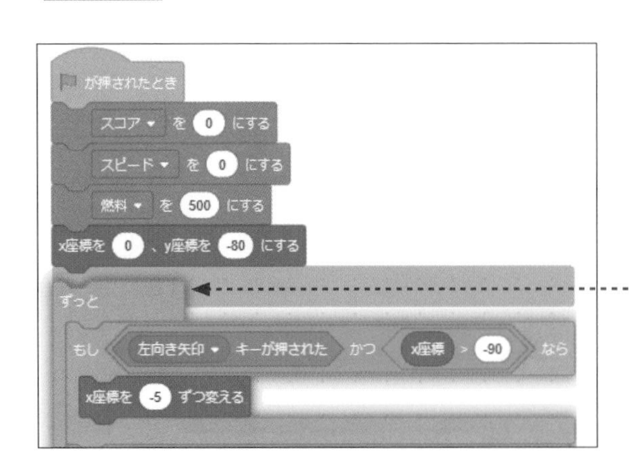

このブロックをクリックしながらマウスポインターを下に移動します

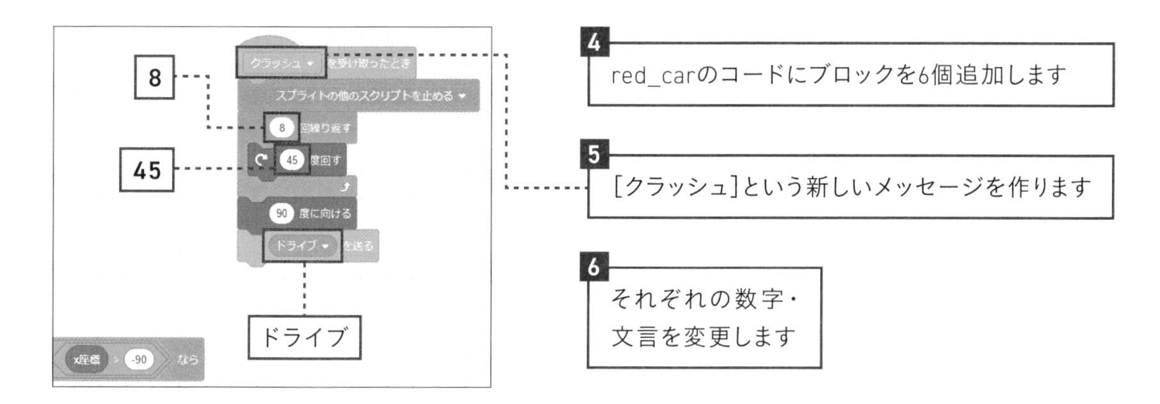

7 このブロックのまとまりをクリックすると動作を確認できます。車が1回転することを確認します

■トラックとの衝突を判定する

1 truckをクリックします

2 ブロックを3個追加します

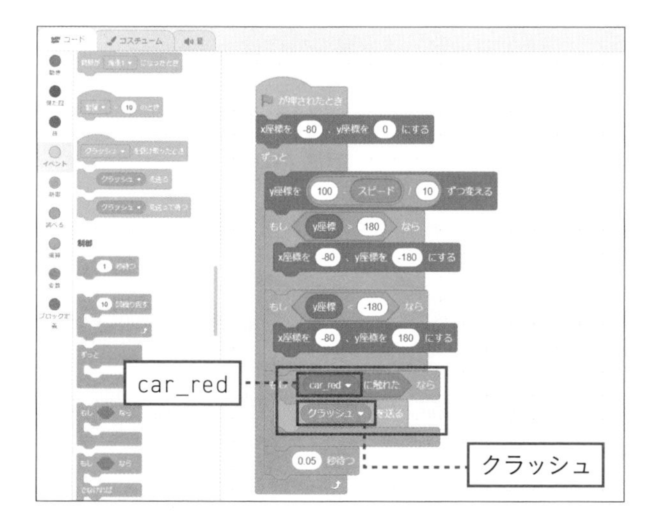

3 それぞれの数字・文言を変更します

4 をクリックして実行します

ヒント

ブロックを追加しにくいときは、「0.05秒待つ」をいったんはずしましょう。実行して車を操作し、トラックにぶつかるとスピンすることを確認しましょう。スピン中は車が制御不能になります。

コードの説明

このLessonではプレーヤーの車のコードに、次の追加を行いました。

・車のコードを2つに分け、「ドライブ」というメッセージを用意

・車がスピンするコードを追加（そのコードは「クラッシュ」を受け取ったら実行）

そしてトラックから「クラッシュ」のメッセージを送り、プレーヤーの車がスピンするようにしました。この処理の流れを図示します。

図2-18　処理の流れ

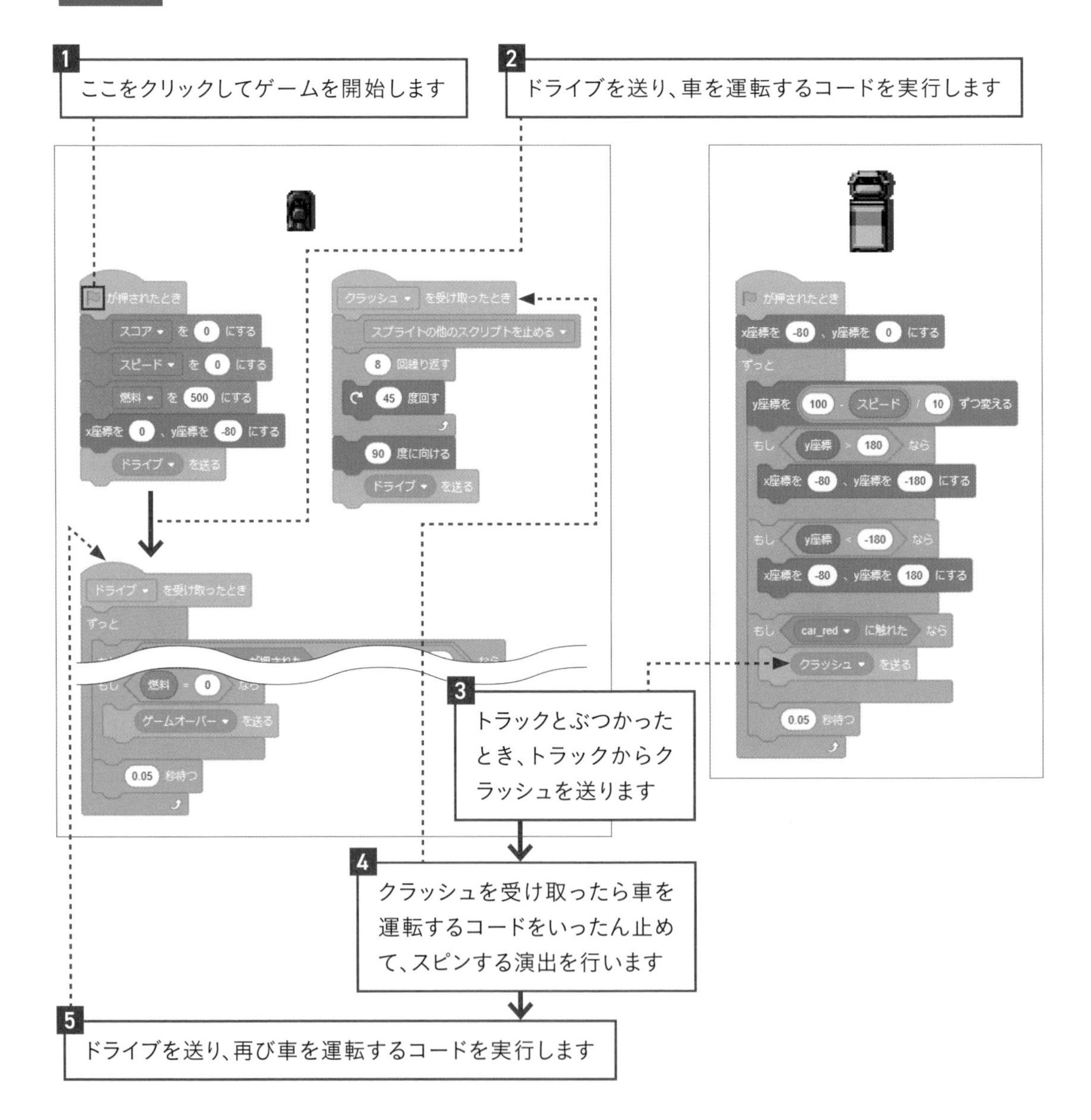

■衝突したら燃料を減らす

プレーヤーの車のコードにブロックを追加し、トラックに衝突したときに燃料を減らすようにします。

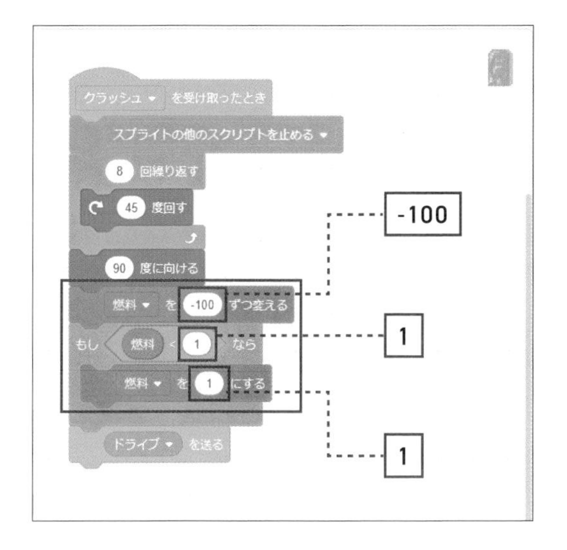

1 ブロックを5個追加します

2 それぞれの数字・文言を変更します

3 をクリックして実行します

実行して車を操作し、トラックにぶつかると燃料が大きく減ることを確認しましょう。

コードの説明

トラックにぶつかったときのスピン演出の後、「燃料を100減らし、もし1より小さくなったら、燃料を1にする」という処理を追加しました。燃料が1より小さいときに1にする理由は、「ドライブ」を送って車を操作するコードを再び実行しますが、そちらのコードで燃料を1減らし、0になったらゲームオーバーにするためです。

印象的な演出ができました。次のLessonでは敵の車の種類を増やします。

Lesson 33

敵の車の種類を増やそう

ここでは敵の車の種類を増やします。

緊張感というおもしろさ

みなさんは、コンピュータゲームのおもしろさとは何かを考えたことはありますか？

例えば次々と現れる敵を倒して進むゲームには、敵を倒す**爽快感**があります。途中に倒さなくてはならないボスキャラが現れ、見事、勝ったときには**達成感**や**安堵感**があります。ゲームの世界で隠されたものを見つけたときは**うれしい**と感じることでしょう。ゲームソフトのおもしろさは、そのようにいろいろな場面や要素で成り立っています。

おもしろさの1つに**緊張感**（スリル）があります。カーレースゲームでは、敵の車の数を増やすことで、ほかの車にぶつかってはいけないというスリルを持たせることができます。そこで敵の種類を増やします。car_blue.pngとcar_yellow.pngが追加する敵の車の画像です。

図2-19　敵の車

■青と黄色の車のスプライトをアップロードする

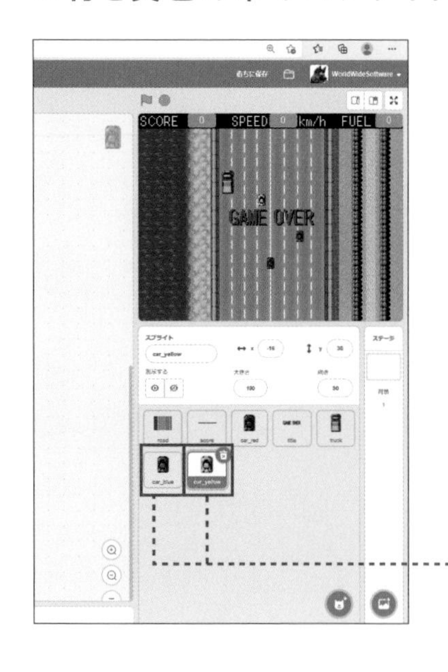

1 青と黄色の車をアップロードします

ほかのスプライトのコードを利用する

似たような処理を行うスプライトがあるときは、1つのスプライトで作ったコードをコピーして使うと、ブロックを置く手間が省けます。ここでは青と黄色の車に、トラックのコードをコピーして使います。次の手順でトラックのコードを、青い車にコピーしましょう。

■トラックのコードを青い車にコピーする

1 truckをクリックします

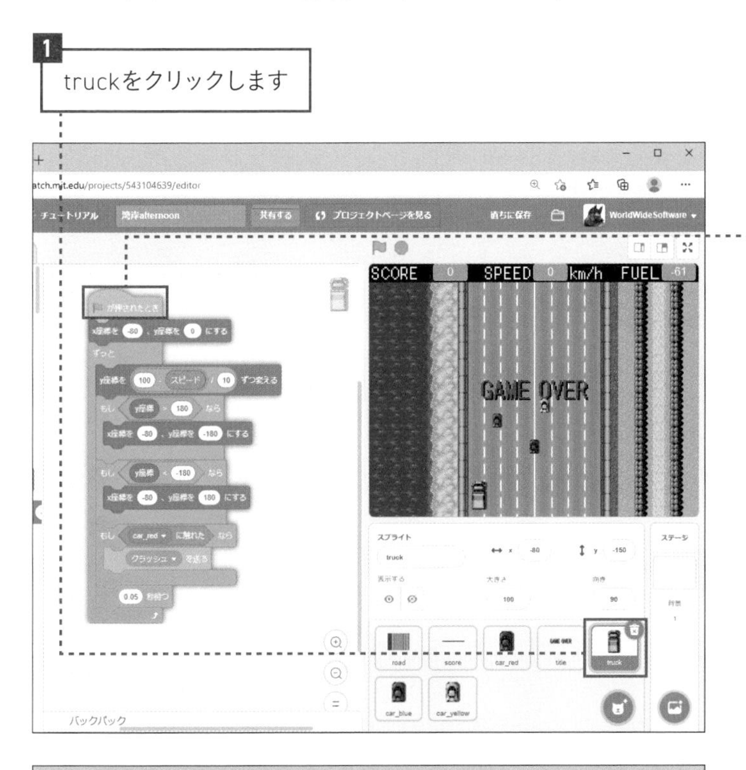

2 ここを長押しして、コード全体を選んだ状態にします

3 コードを選んだ状態で青い車の上までドラッグします

4 青い車がぶるっと揺れたらマウスボタンを離します

5 car_blueをクリックします

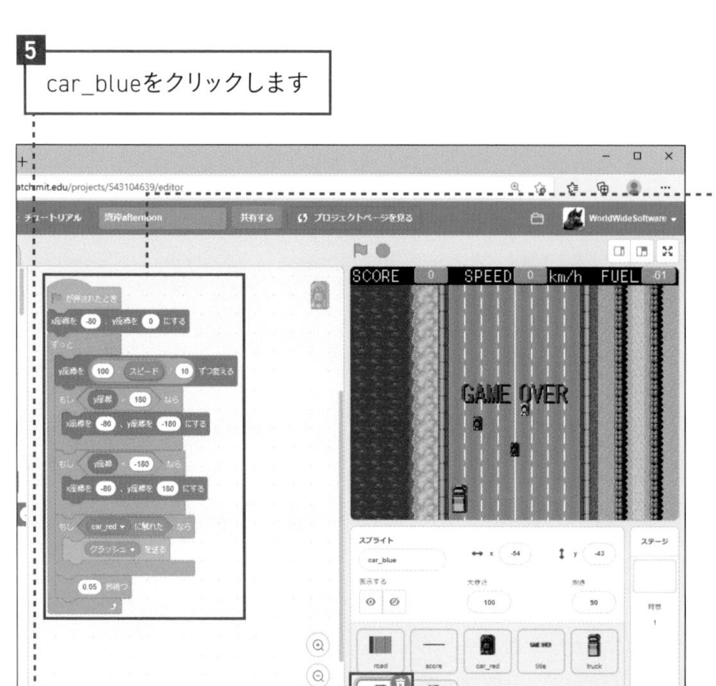

6 トラックのコードがコピーされています

青い車は160のスピード、黄色の車は220のスピードで走る計算に変えます。

■青い車のコードの数値を変更する

1 4か所の数字を変更し、青い車の出現位置のx座標とスピードを変えます

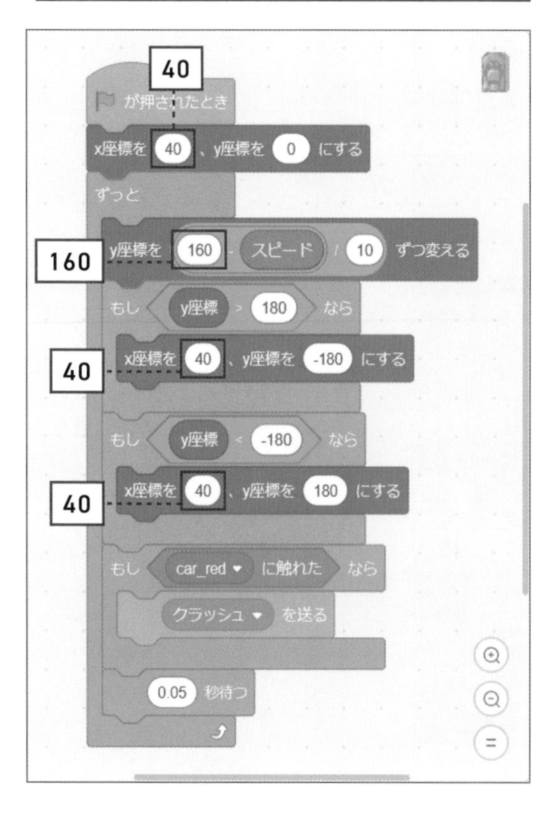

■黄色の車もコードをコピーする

1 同様に、黄色の車にもトラックのコードをコピーし、数字を変更します

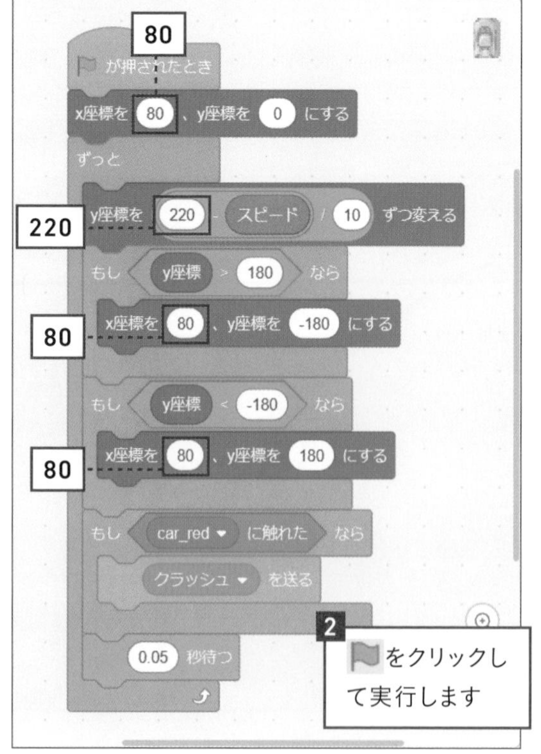

2 をクリックして実行します

Lesson 34

敵の車の出現位置をランダムに変えよう

トラック、青い車、黄色の車の出現位置をランダムに変えます。

乱数を使う

サイコロを振って出る目のような、無作為に選ばれる数のことを**乱数**といいます。Scratchでは［●演算］にある［1から10までの乱数］で、最小値と最大値を指定して乱数を発生させることができます。このブロックを使って、ステージの外に出た敵の車が再び現れる位置をランダムに変えます。

■トラック、青い車、黄色い車にコードを組み込む

1 トラックのコードに［1から10までの乱数］を組み込み、数字を変更します

2 トラックは道路の左側半分のどこかに現れます

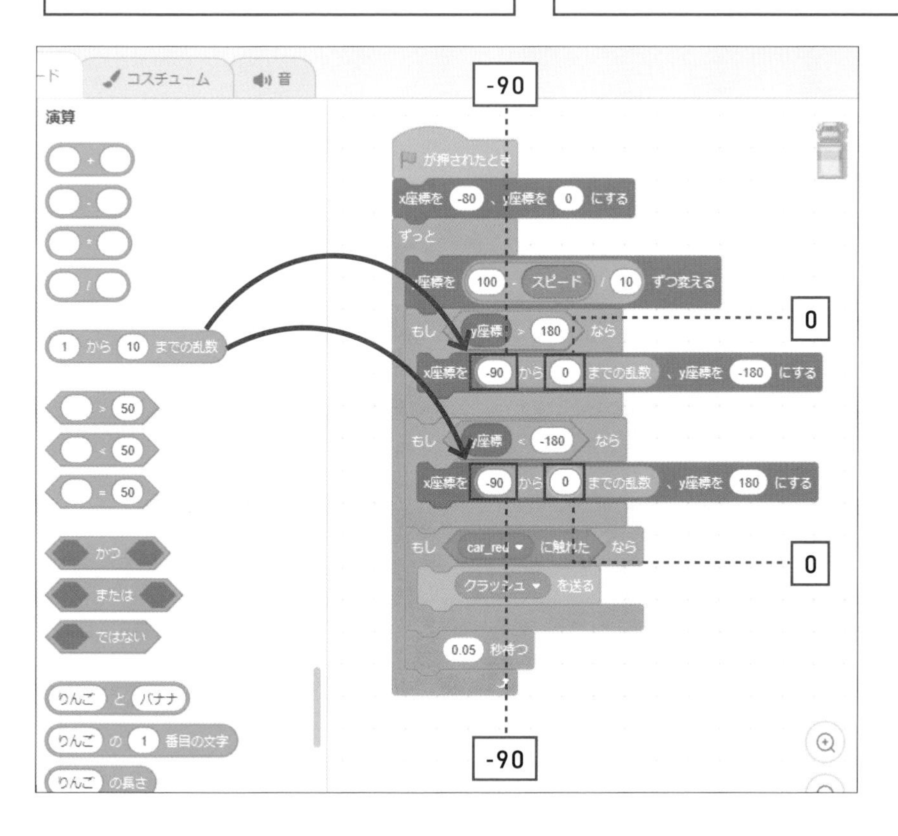

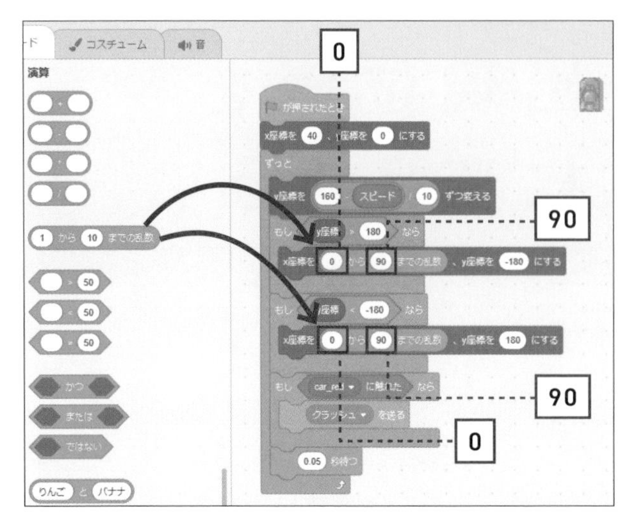

3
青い車のコードに[1から10までの乱数]を組み込み、数字を変更します

4
青い車は道路の右側半分のどこかに現れます

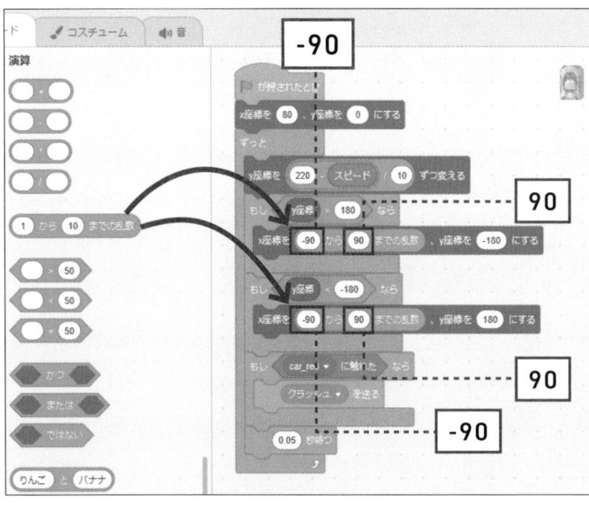

5
黄色い車のコードに[1から10までの乱数]を組み込み、数字を変更します

6
黄色い車は道路左端から右端までのどこかに現れます

■車の動きを確認する

🏁をクリックして実行し、ステージの外に出た車が、ランダムな位置に現れることを確認しましょう。

複数のキャラクターを効率よく出現させる別の方法

Scratchには「クローンを作る」という機能があります。それを使うと、1つのスプライトから「複数の分身」を作ることができます。例えば敵キャラ1体の処理を用意し、クローンで何体も登場させることができるのです。

このレースゲームはクローンを使わず、トラック・青い車・黄色の車の3種類の処理をそれぞれ作りましたが、次の章で作る格闘アクションゲームでは、クローンを使って複数の敵を登場させます。

[1から10までの乱数]のブロックで乱数を発生させる方法を学びました。ゲーム開発では乱数をよく使います。乱数を扱えるようになれば、ゲーム作りにだいぶ慣れてきたといえるでしょう。

Lesson 35

燃料が増えるアイテムを出そう

取ると燃料が増えるアイテムを出現させます。このゲームでは燃料が増えるアイテムを「燃料アイテム」と呼ぶことにします。fuel.pngが燃料アイテムの画像です。

図2-20 燃料アイテム

■アイテムのスプライトをアップロードしてコードを組み込む

1 fuel.pngをスプライトとしてアップロードします

2 16個のブロックをコードエリアに置きます

3 それぞれの数字・文言を変更します

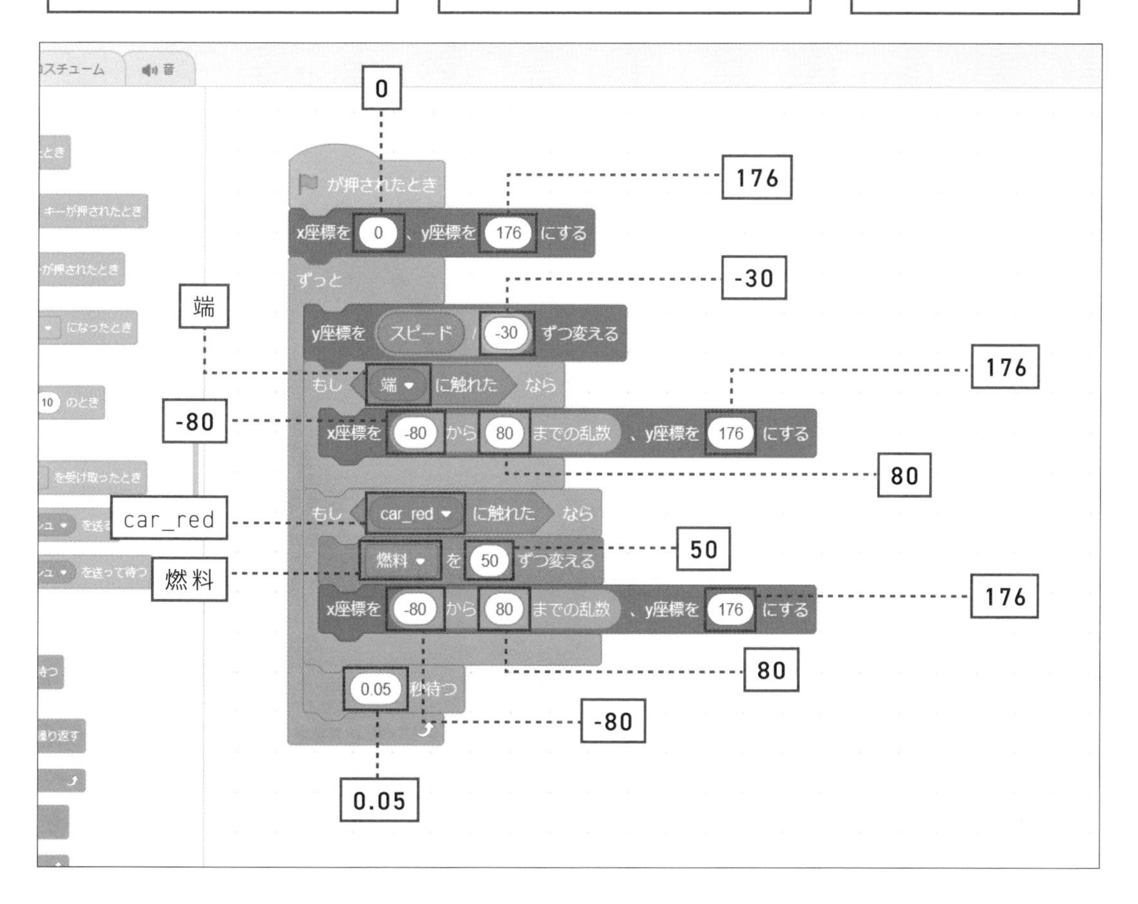

ブロックの種類が多いので、配置を間違えないように注意し、数値を入力するブロックには正しい値を入れましょう。

■燃料アイテムの動作を確認する

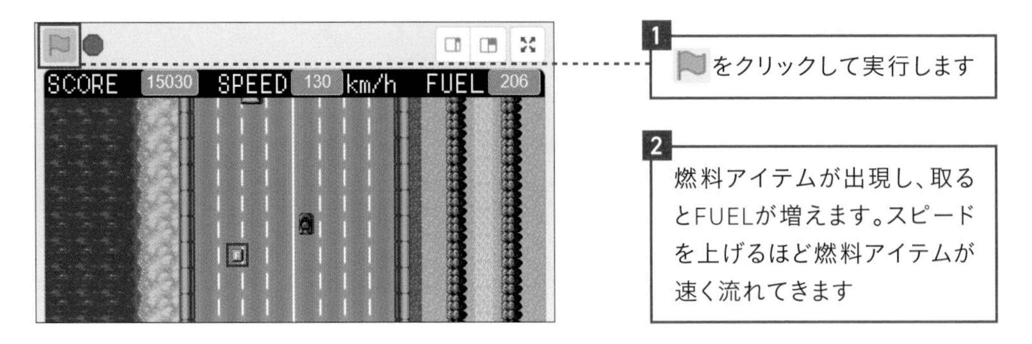

コードの説明

図2-22 組み込んだコード

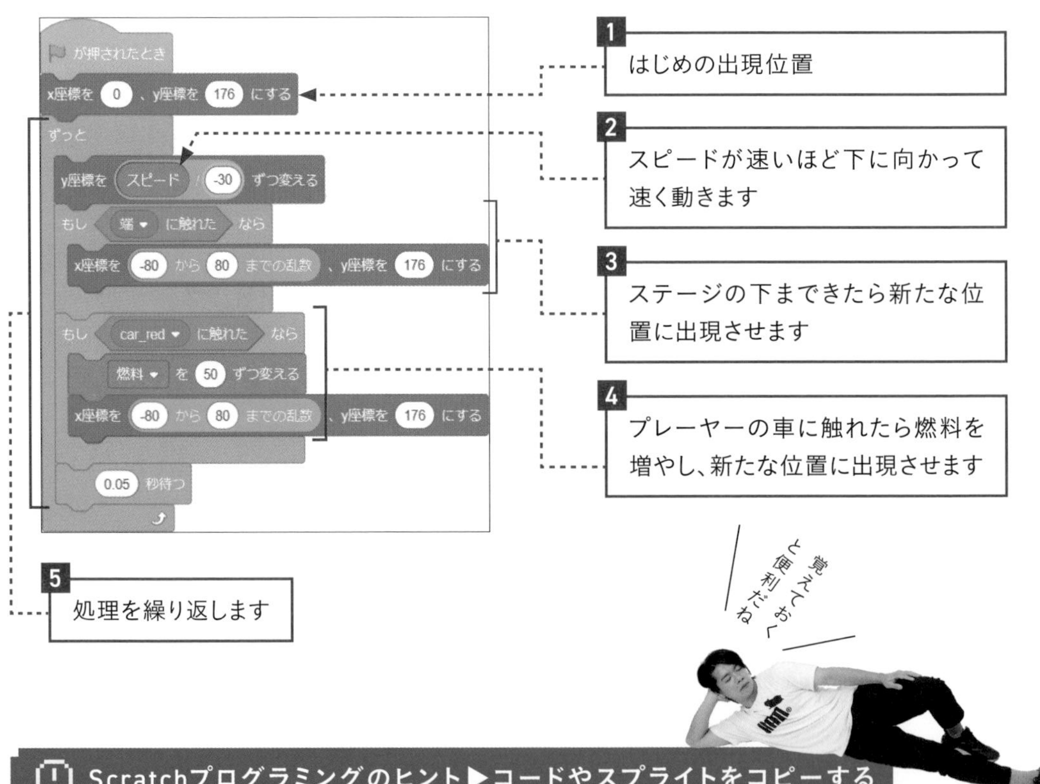

覚えておくと便利だね

Scratchプログラミングのヒント▶コードやスプライトをコピーする

トラックのコードのまとまりを**バックパック**に入れてコピーすることもできます。バックパックはScratchの画面の下のほうにある部分です。バックパックを用いると、スプライトをまるごとバックアップし、ほかのプロジェクトで使うこともできます。

図2-21 バックパック

バックパック

Lesson 36

BGMとSEを組み込んで完成させよう

ゲーム中に流れるBGMと、アイテムを取ったときのSEを組み込みます。これでゲームが完成します。bgm.mp3がBGM、item.mp3が燃料アイテムを取ったときのSE(効果音)です。次の手順で**BGMをタイトルロゴの音としてアップロード**します。Lesson 22を参考に、BGMをアップロードしましょう。

図2-23 サウンドファイル

bgm.mp3

item.mp3

■BGMをアップロードする

1 アップロードするとこの画面になります

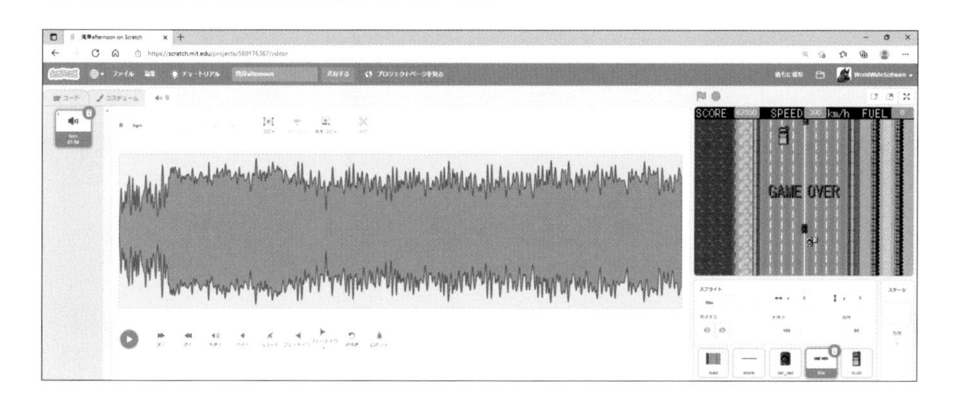

■BGMをループして鳴らす

1 [コード]タブをクリックします

2 ブロック2個を追加します

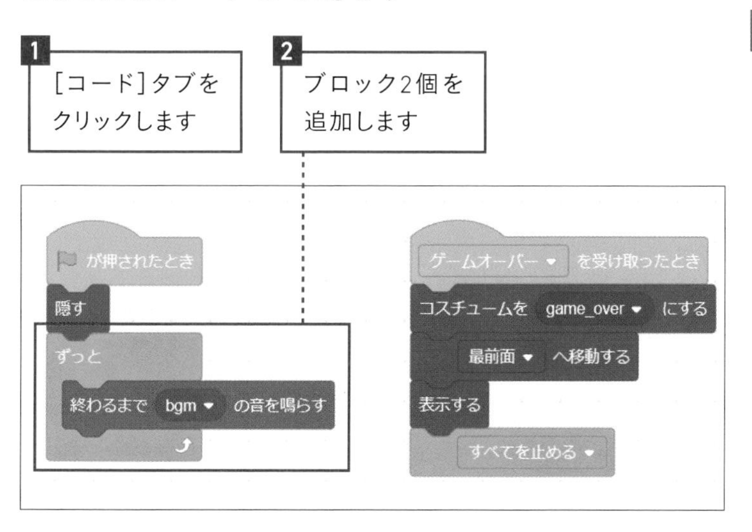

ヒント

このゲームは燃料アイテムを取り続ければ、プレイし続けることができるので、BGMをループ再生します。Scratchで音をループ再生するには、これら2つのブロックを用います。

■燃料アイテムを取ったときのSEをアップロードする

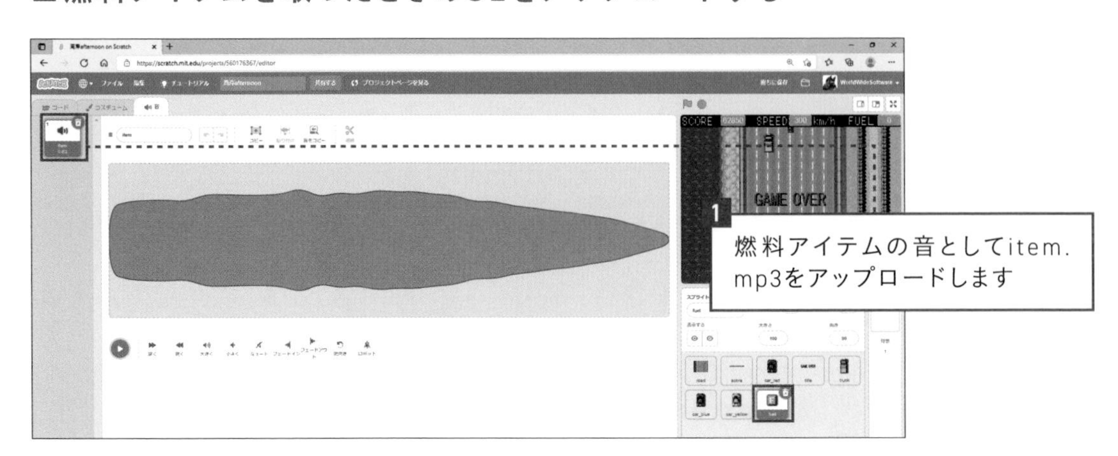

■SEを鳴らすコードを組み込む

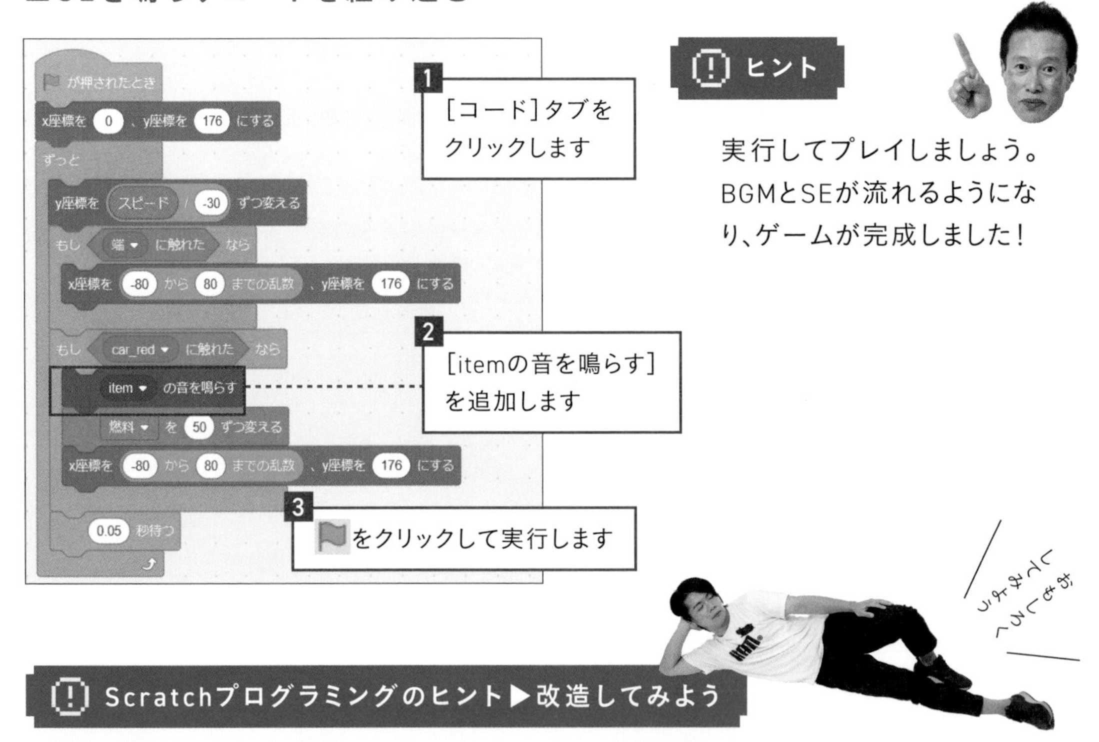

ヒント

実行してプレイしましょう。BGMとSEが流れるようになり、ゲームが完成しました！

Scratchプログラミングのヒント▶改造してみよう

本書で作ったゲームを改造してみましょう。改造することでもゲーム作りの腕が上達し、プログラミングを深く理解できるようになります。例えばこのゲームは簡単という人は、燃料アイテムを取ったときに増える燃料の値を少なくしましょう。逆に難しい人は増える値を多くしましょう。そのような改造なら、コードエリアに置いたブロックに入力する数値を変えるだけで済みます。

少し凝った改造をするなら、例えばプレーヤーの車が敵の車にぶつかったときに、スピードが落ちるようにしてみましょう。もっとスリルを味わいたいという人は、敵の車を増やすとよいでしょう。自分のアイデアでゲームを改造して、より面白い内容にバージョンアップしましょう！

Chapter 3

ゲームを作ろう上級編

～この章でのゲーム制作の流れ～

Lesson 37	この章で作るゲームの内容
Lesson 38	背景画像をアップロードしよう
Lesson 39	主人公の画像をアップロードしよう
Lesson 40	主人公をカーソルキーで動かそう
Lesson 41	主人公をアニメーションさせよう
Lesson 42	主人公の攻撃モーションを作ろう1（パンチ）
Lesson 43	主人公の攻撃モーションを作ろう2（キック）
Lesson 44	敵キャラの画像をアップロードしよう
Lesson 45	敵キャラを歩かせよう
Lesson 46	複数の敵キャラを登場させよう
Lesson 47	敵キャラを倒せるようにしよう
Lesson 48	敵キャラの攻撃を作ろう
Lesson 49	体力ゲージを入れよう
Lesson 50	敵の攻撃を受けたら体力を減らそう
Lesson 51	体力を回復する要素を入れよう
Lesson 52	タイトルロゴとGAME OVERの表示を入れよう
Lesson 53	ゲームクリアの処理を入れよう
Lesson 54	BGMとSEを組み込んで完成させよう

このゲームの完成版を次のURLで確認できます。

https://scratch.mit.edu/users/nodakuribon/

主人公がいろいろ動く格闘アクションゲームを作ります。

敵キャラをたくさん登場させますよ。本格的な内容になります！

Lesson 37

この章で作るゲームの内容

この章で作るゲームの内容を説明します。

ストーリー

20XX年、地球は相変わらず平和だった。しかし、あるときから鉄鬼団という危ない連中が現れ、人々を困らせはじめた。

神出鬼没の集団に警察も手を焼き、事態を重く見た政府は、治安を守るための新組織、超法規警備隊を設立した。超法規警備隊の隊員は一切の武器を持たず、己の肉体だけで敵に立ち向かう。

あなたは隊員の1人、ドラゴン・ノダ。普段はキャサリンという凄腕の女性格闘家とコンビで活躍している。その日、1人でパトロールしていたドラゴン・ノダに、港町に鉄鬼団が現れたという緊急通報が入った。

ゲーム内容

やや斜め上から向こうを見た構図のアクションゲームです。

図3-1　ゲーム画面

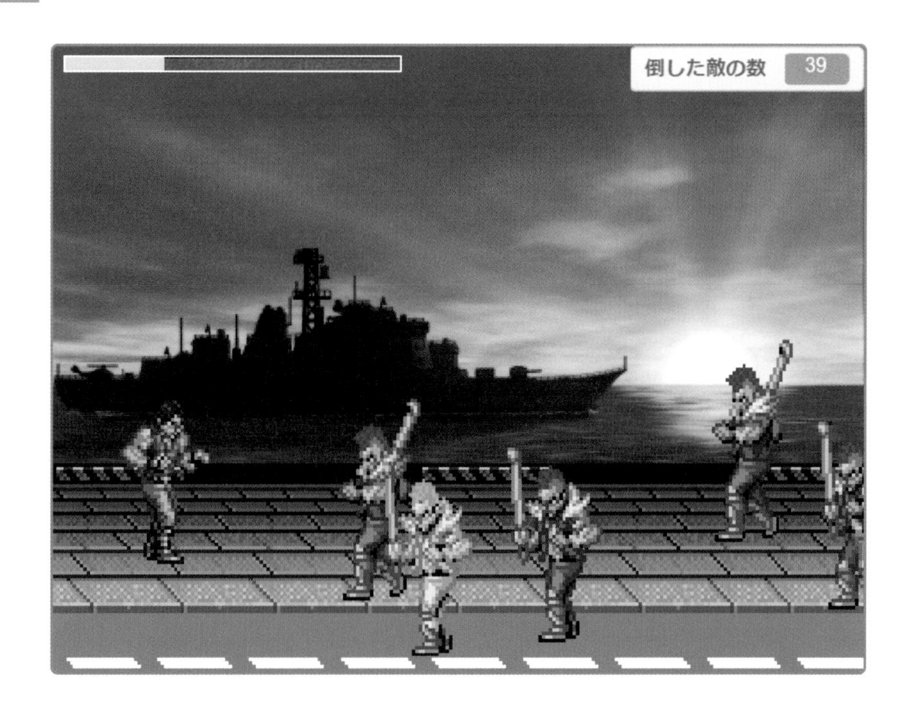

操作方法

・カーソルキーで主人公を上下左右に動かします。
・Zキーでパンチ、Xキーでキックを出します。

ゲームルール

・次々に出現する敵キャラを倒します。
・敵の攻撃に当たると体力が減ります。
・時々現れる色違いの敵を倒すと、体力が回復します。
・体力がなくなるとゲームオーバーです。
・敵を100体倒すとエンディングになります。

制作に用いる素材

このゲームは次の画像と音の素材を用いて制作します。

図3-2　この章で用いる素材

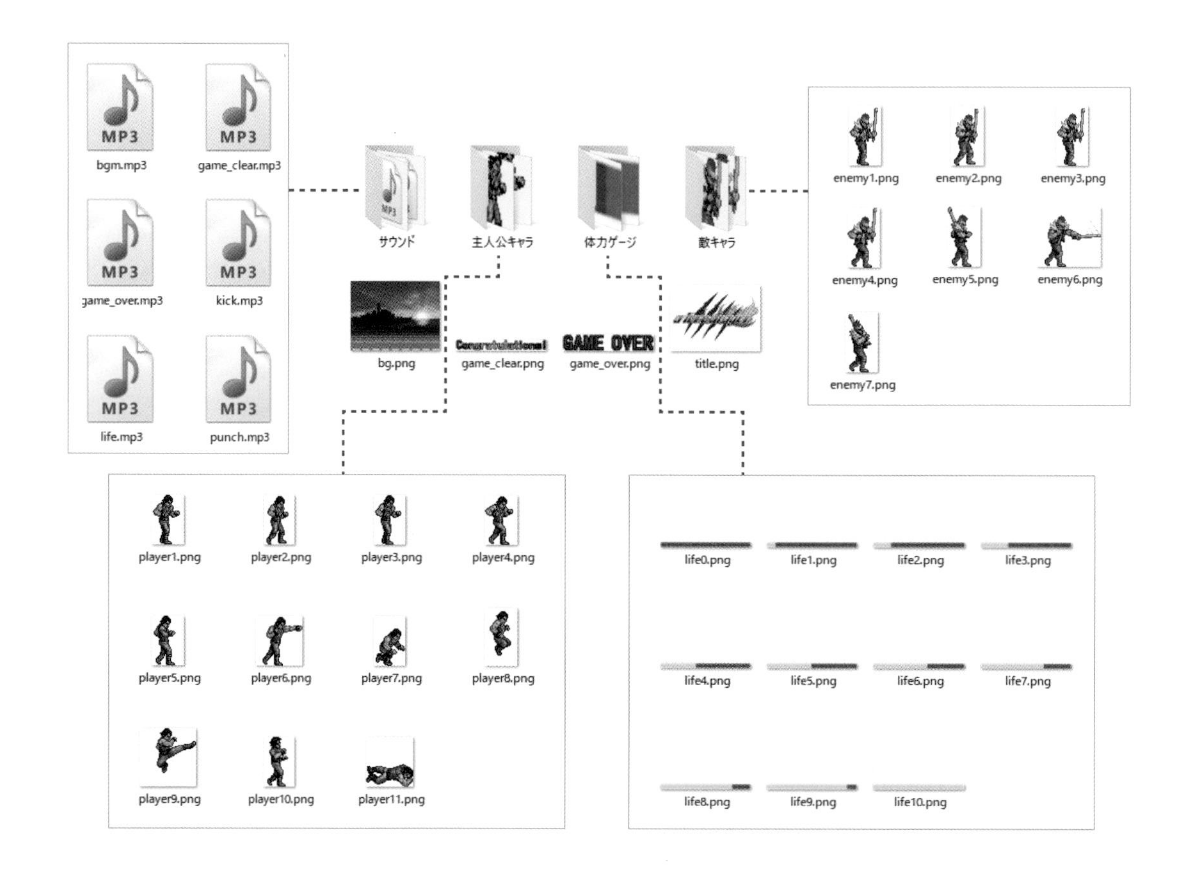

図3-3　ゲームの背景画像

Lesson 38

背景画像をアップロードしよう

格闘アクションゲームの制作をはじめます。新しいプロジェクトを用意し、背景画像をアップロードしましょう。

新しいプロジェクトを作り、タイトルを入力する

Scratchのトップページで、登録したユーザー名とパスワードでサインインしたら、[作る] をクリックして、新しいプロジェクトを用意してください。スクラッチキャットは使わないので削除します。

この章で作るゲームのタイトルは「ローンドラゴン」です。タイトルを入力欄に入力しましょう。

背景をアップロードする

書籍ページからダウンロードしたzipファイルの、Chapter 3フォルダにあるbg.pngが背景画像です。

■背景画像をアップロードする

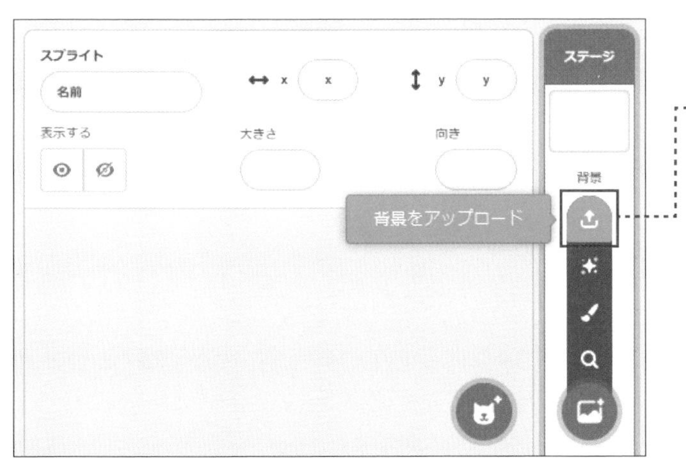

1 マウスポインターを動かして［背景をアップロード］を選びます

2 ファイルを選ぶダイアログが表示されるので、bg.pngを選びます

3 ステージの背景に画像が表示されます

Lesson 39

主人公の画像をアップロードしよう

プレーヤーが操作する主人公キャラクターの画像をアップロードします。

主人公の画像について

素材のフォルダ内に「主人公キャラ」というフォルダがあります。その中のplayer1.png〜player11.pngがプレーヤーの操作するキャラクターです。

図3-4 主人公の画像

player1.png

player2.png

player3.png

player4.png

player5.png

player6.png

player7.png

player8.png

player9.png

player10.png

player11.png

表3-1 画像の種類

ファイル名	何の画像か
player1.png〜player4.png	歩くアニメーション
player5.png〜player6.png	パンチのモーション
player7.png〜player9.png	キックのモーション
player10.png	ダメージ(敵の攻撃を受けたとき)
player11.png	倒れる(体力が0になったとき)

player1.pngをスプライトとしてアップロードし、player2.png〜player11.pngをそのコスチュームとしてアップロードします。

これまでのLessonを参考に、画像をアップロードしましょう。

■スプライトのアップロード

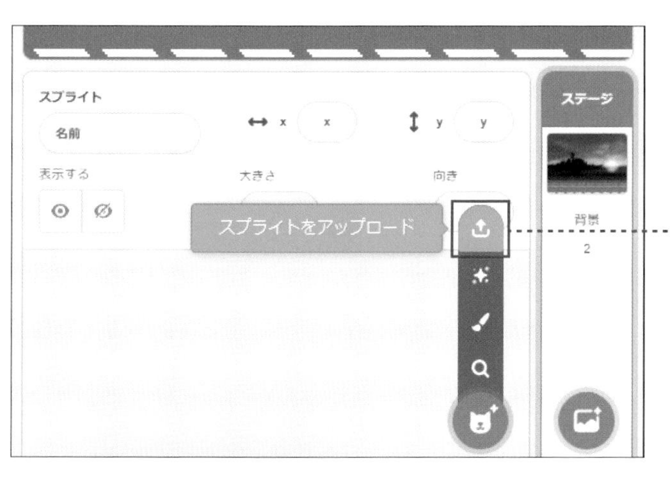

1 マウスポインターを動かして[スプライトをアップロード]を選びます

2 ファイルを選ぶダイアログが表示されるので、player1.pngを選びます

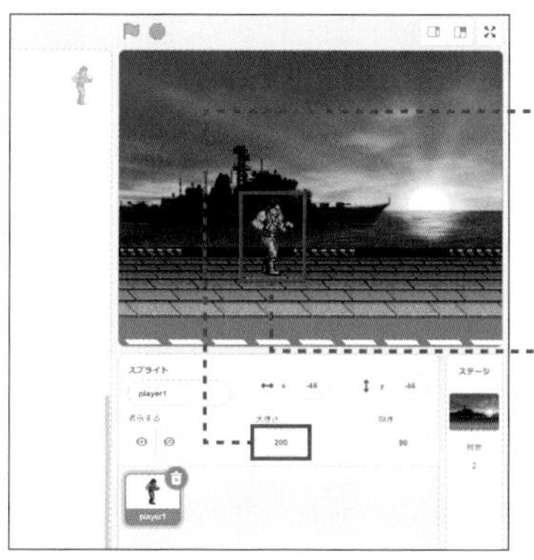

3 [大きさ]を「200」に変更し、Enterキーを押します

4 2倍の大きさになったスプライトがステージに表示されます

Scratchのスプライトは拡大や縮小ができます。

このゲームはキャラクターを2倍のサイズとするんですね。

■コスチュームのアップロード

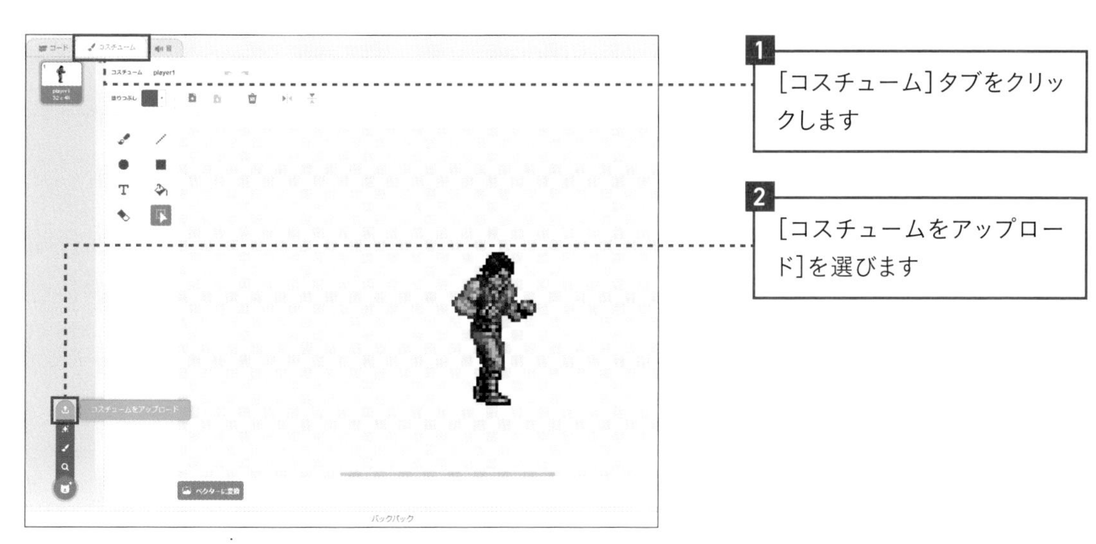

1 [コスチューム]タブをクリックします

2 [コスチュームをアップロード]を選びます

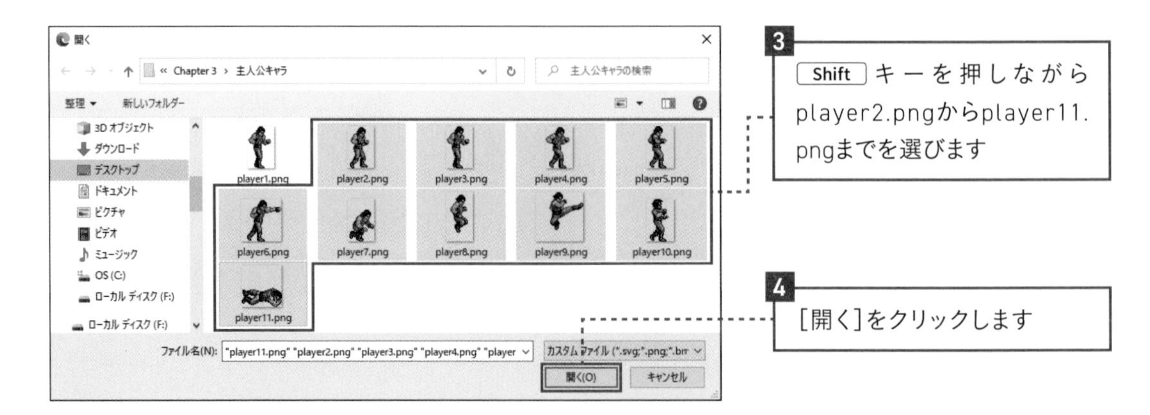

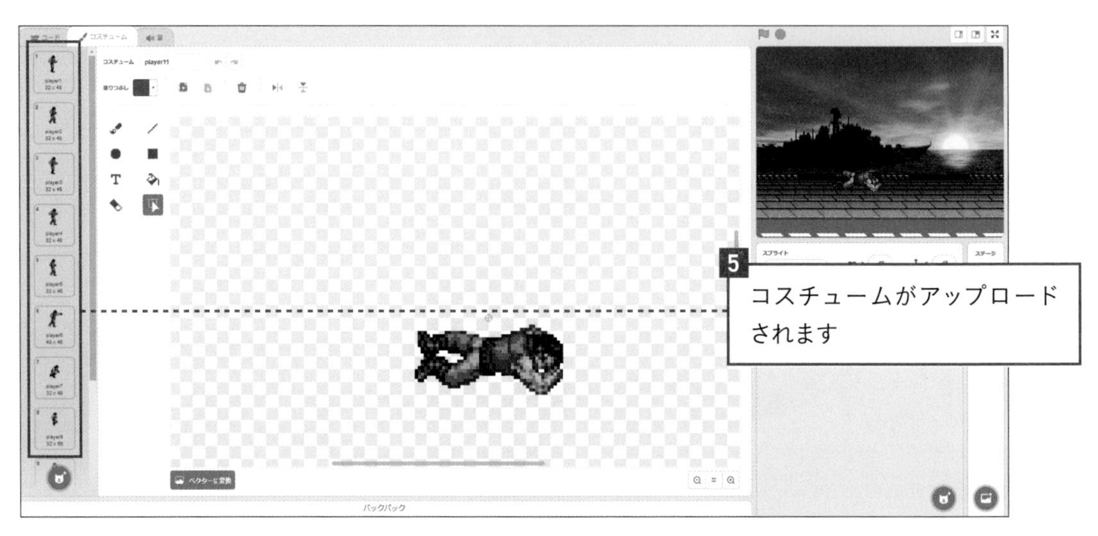

次のLessonで主人公をカーソルキーで動かせるようにし、Lesson 41でplayer1.png〜player4.pngの画像を繰り返し表示して歩くアニメーションを行います。攻撃の処理やダメージを受けたときの処理は、その先のLessonで作ります。

覚えておくと便利だね

Scratchプログラミングのヒント▶コスチュームの順番

主人公のファイル名はplayer1からplayer11まで連番になっています。これらの画像を順にアップロードすれば、コスチュームの番号とファイル名の番号が同じになります。
番号がばらばらになってしまったときは、コスチューム一覧で画像を入れ替え、正しい順に並べかえましょう。

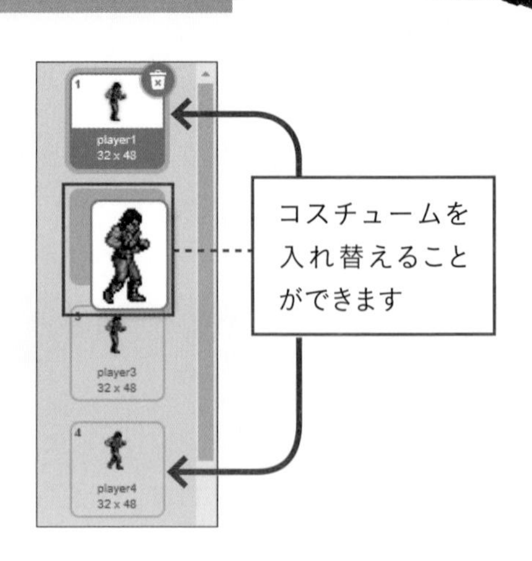

Lesson 40

主人公を カーソルキーで動かそう

カーソルキーで主人公のキャラクターを動かせるようにします。

■キャラクターを左右に動かすプログラムを作る

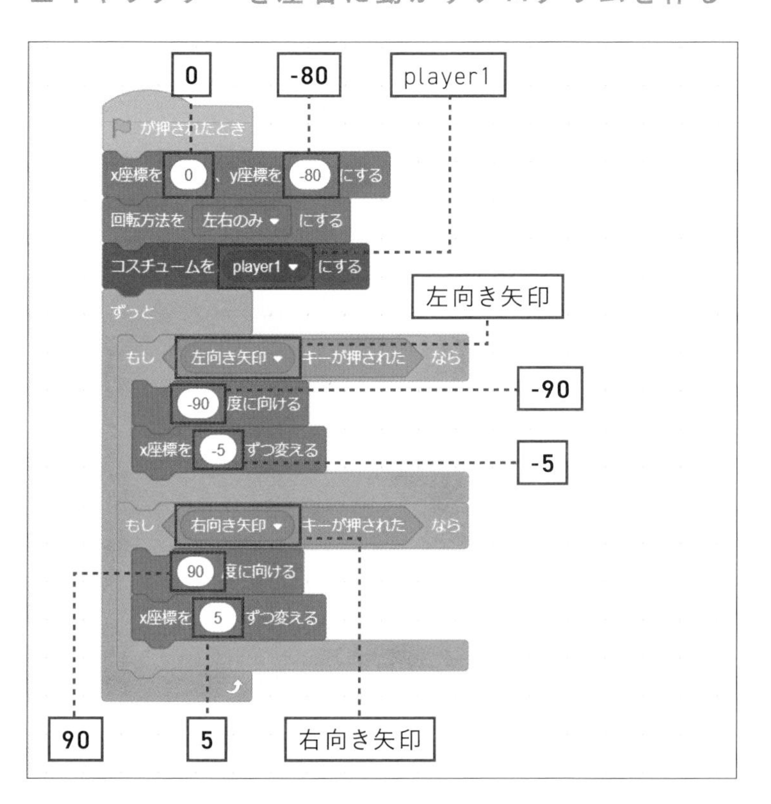

1 各ブロックをコードエリアに置きます

2 それぞれの数字・文言を変更します

■動作の確認

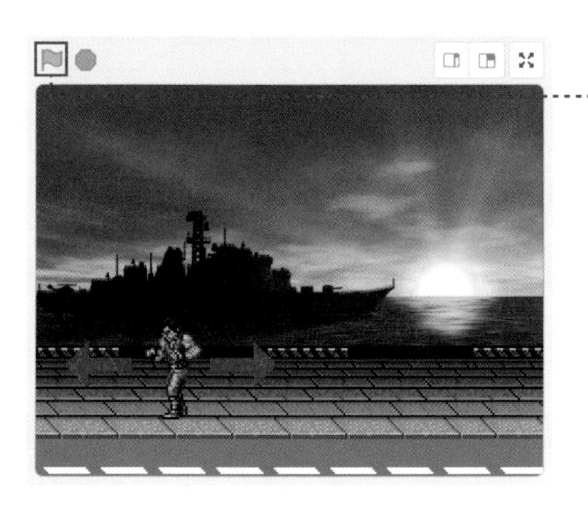

1 をクリックして実行します

2 左右のカーソルでキャラクターが左右に動くことを確認します

コードの説明

Scratchでは［回転方法を左右のみにする］ブロックで、スプライトを左右にのみ反転させることができます。次のコードで、←キーが押されたとき、スプライトを左向き（-90度）にし、x座標を5減らして左に移動させています。→キーが押されたときも同様の処理で右に移動させています。

図3-5　←キーが押されたときに左に動くコード

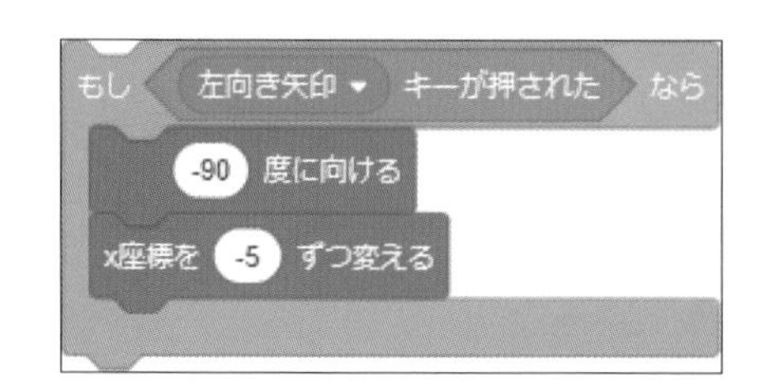

スプライトはステージの外に出ない

［x座標を10ずつ変える］や［y座標を10ずつ変える］でスプライトの位置を変えるとき、スプライトはステージの外に出ません。これはScratchにそのような機能が備わっているからです。この機能のおかげで、スプライトが画面外に出ないようにする処理を入れなくて済みます。

ただしキャラクターをステージの一定範囲だけ移動させるなら、［もし～なら］のブロックなどで、決められた範囲だけを移動するコードを作る必要があります。

■キャラクターを上下に動かせるようにする

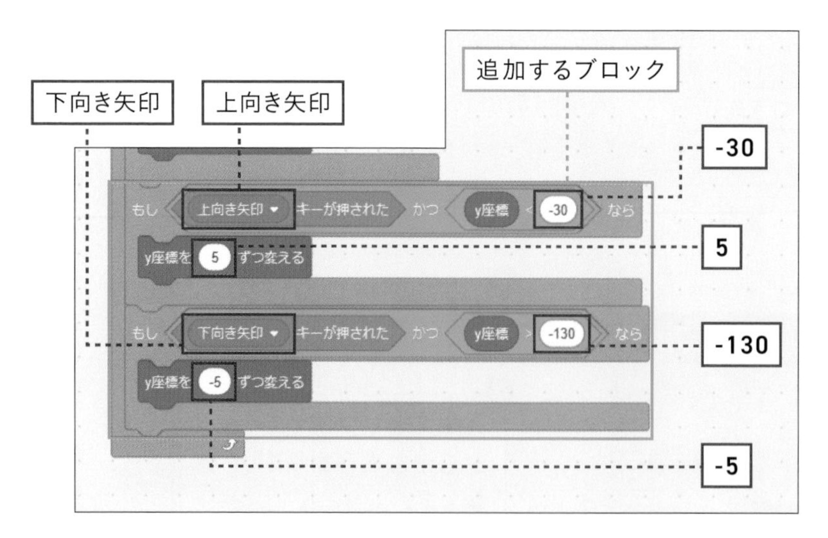

1 各ブロックをコードエリアに置きます

2 それぞれの数字・文言を変更します

■上下に動くことを確認する

1 をクリックして実行します

2 上下のカーソルでキャラクターが上下に動くことを確認します

コードの説明

↑キーが押され、かつy座標が-30より小さいならy座標を5増やして移動させています。

図3-6 ↑キーが押されたときに上に動くコード

↓キーが押され、かつy座標が-130より大きいならy座標を5減らして移動させています。

図3-7 ↓キーが押されたときに下に動くコード

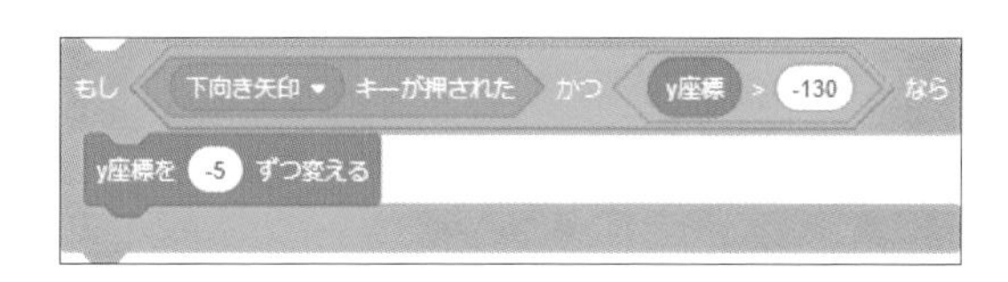

キャラクターのy座標の値は、次の図のように-30から-130の間で変化します。

図3-8 キャラクターのy座標の値

Lesson 41

主人公をアニメーションさせよう

主人公のキャラクターに歩く動作をさせます。

アニメーションについて

ゲームのドット絵は、いくつかのパターンを用意し、パラパラマンガのように順に表示することでアニメーションさせることができます。

このゲームの主人公の画像は、player1.png→player2.png→player3.png→player4.pngの順に表示すると、足踏みして歩くように描かれています。

図3-9　画像を並べると歩いているように見える

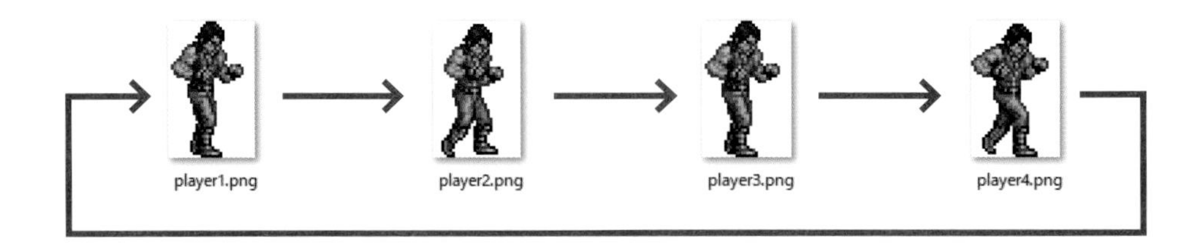

例えば次のようにブロックを組んで、この処理を繰り返して行うと、アニメーションさせることができます。

図3-10　足踏みアニメーションのコード

ただしこの格闘アクションゲームは、歩くだけでなく、パンチやキックで攻撃する、敵の攻撃でダメージを受ける、体力がなくなると倒れるという動きを表現します。いろいろな絵を用いるので、アニメーションを行う仕組みを工夫します。プログラムを作る前に、その仕組みを説明します。

主人公の動作の値を決める

主人公の動作の値を表3-2のように決めます。この値は0、1、2……と数で管理してもよいのですが、日本語の単語にするとわかりやすいので、この表に記した文字列とします。

表3-2 動作の値

動作の値（文字列）	どのような動きか
歩き	歩く
パンチ	パンチで攻撃する
キック	キックで攻撃する
ダメージ	ダメージを受ける
敗北	倒れる

この値を代入する変数を用意し、値に応じてコスチュームを変え、アニメーションさせます。また主人公が敵を攻撃したかを判定するのに、この値を用います。

この仕組みでアニメーションさせると、絵の再生速度を変更できる、絵のパターンを増やしやすいなどの利点があります。

■主人公の動作を変える変数を用意する

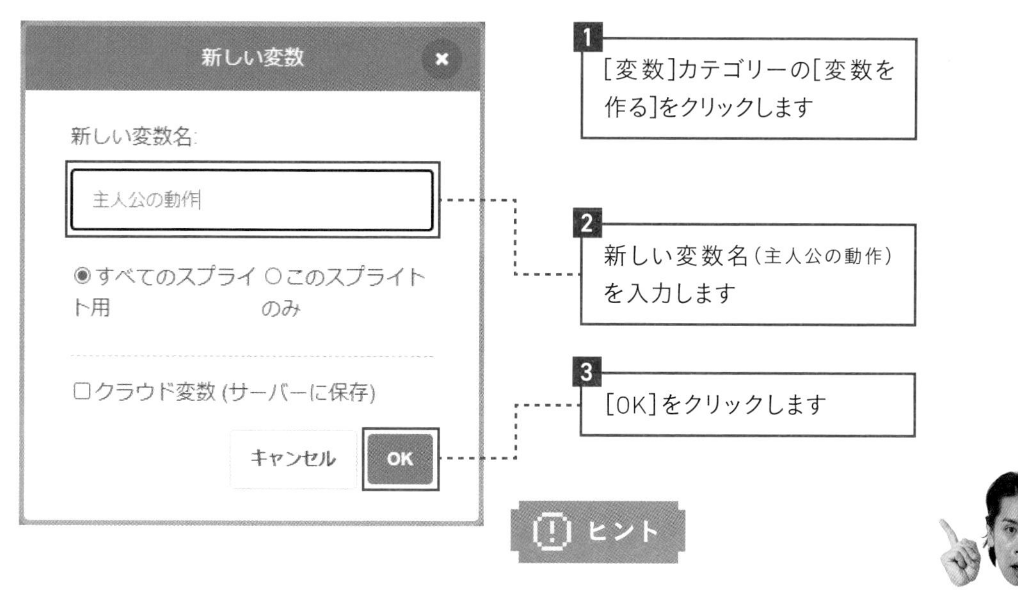

ヒント

この変数は敵キャラのスプライトでも使うので[すべてのスプライト用]にします。

ヒント

ゲームを完成させるときにこの表示は消しますが、開発中はプログラムの仕組みを理解しやすいように表示しておきましょう。

■「主人公を動かす」メッセージを作る

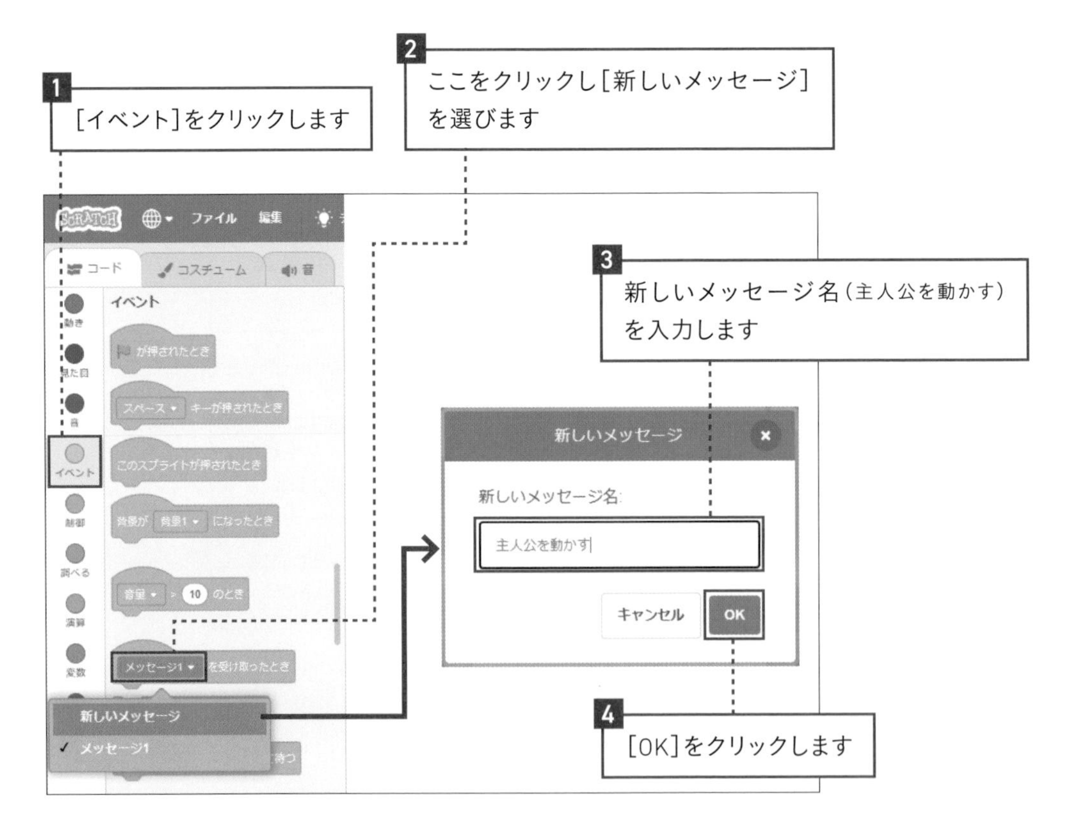

■コードを変更する

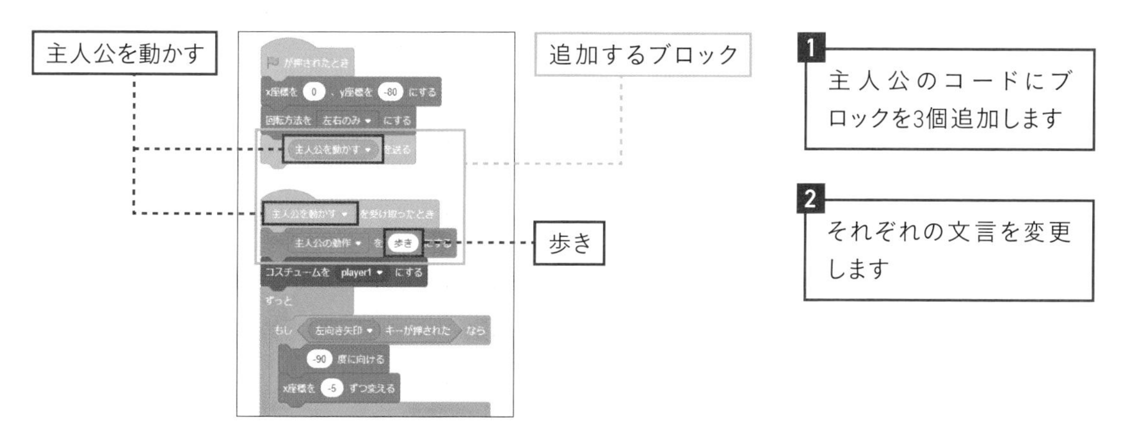

ブロックを追加するにはコードを切り離す必要があります。次の方法を参考にしてください。

図3-11 コードの分離

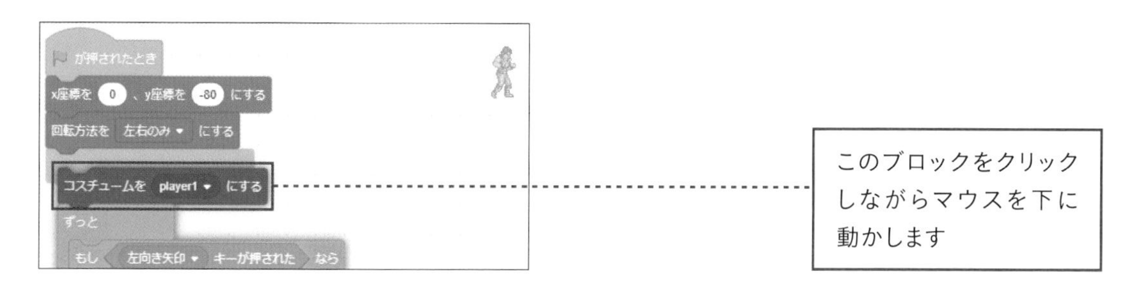

■主人公のコスチュームを変えて歩くアニメーション処理を組み込む

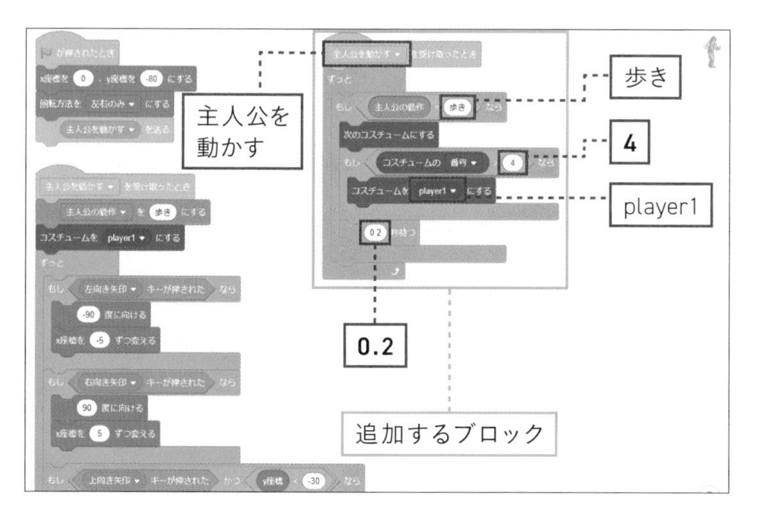

1 各ブロックをコードエリアに置きます

2 それぞれの数字を変更します

3 🏳 をクリックして実行します

ヒント

[ずっと]の中に[もし〜なら]が入り、さらにその中に[もし〜なら]が入ります。🏳をクリックしてキャラクターが歩くことを確認しましょう。

コードの説明

やや複雑なプログラムを組み込んだので、処理の流れを図で説明します。

図3-12　処理の流れ

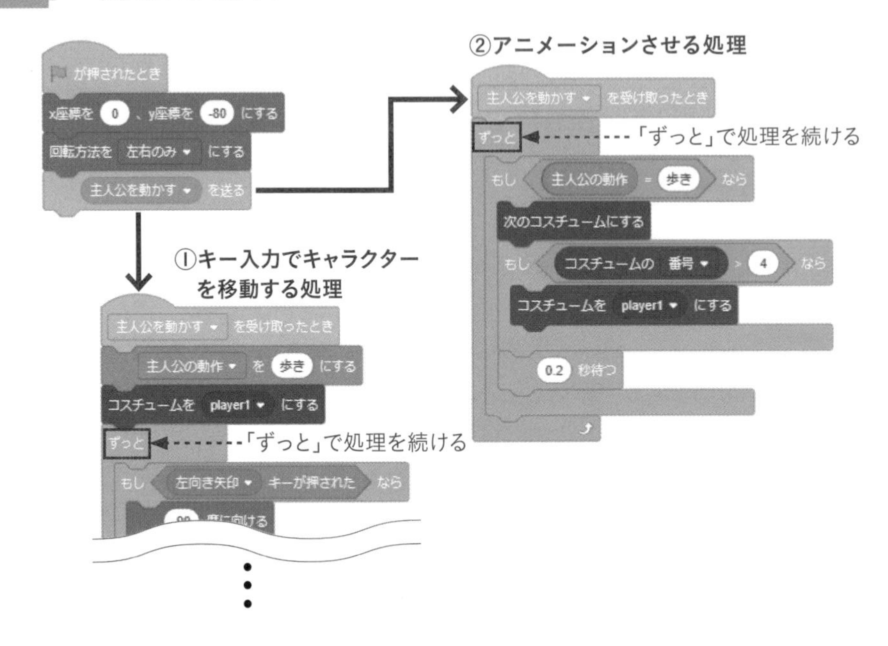

をクリックすると「主人公を動かす」というメッセージを送ります。
そのメッセージを受け取った、
①キー入力でキャラクターを移動するコード
②キャラクターをアニメーションさせるコード
の2つの処理が同時に進行します。
アニメーションさせるコードは、次の仕組みで歩く様子を表現しています。

図3-13　歩く仕組み

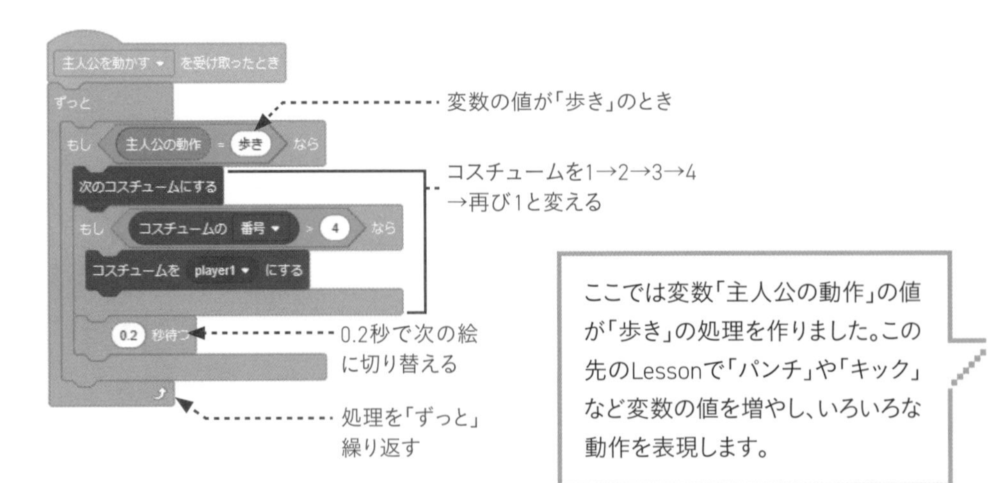

Lesson 42

主人公の攻撃モーションを作ろう1（パンチ）

Zキーを押したら、主人公がパンチを出すプログラムを作ります。

パンチモーションを作る

ゲームキャラクターの各種の動きをモーションといいます。このゲームはZキーを押すと、構えてパンチするモーションを行うようにします。Zキーでパンチを出すプログラムを、大きく2つの処理を追加して作ります。

図3-14　パンチモーション

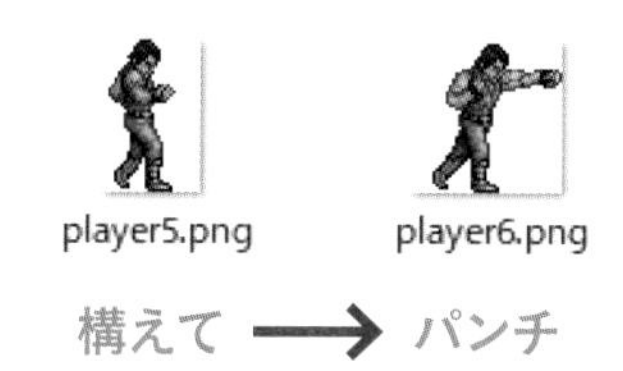

■パンチを組み込む

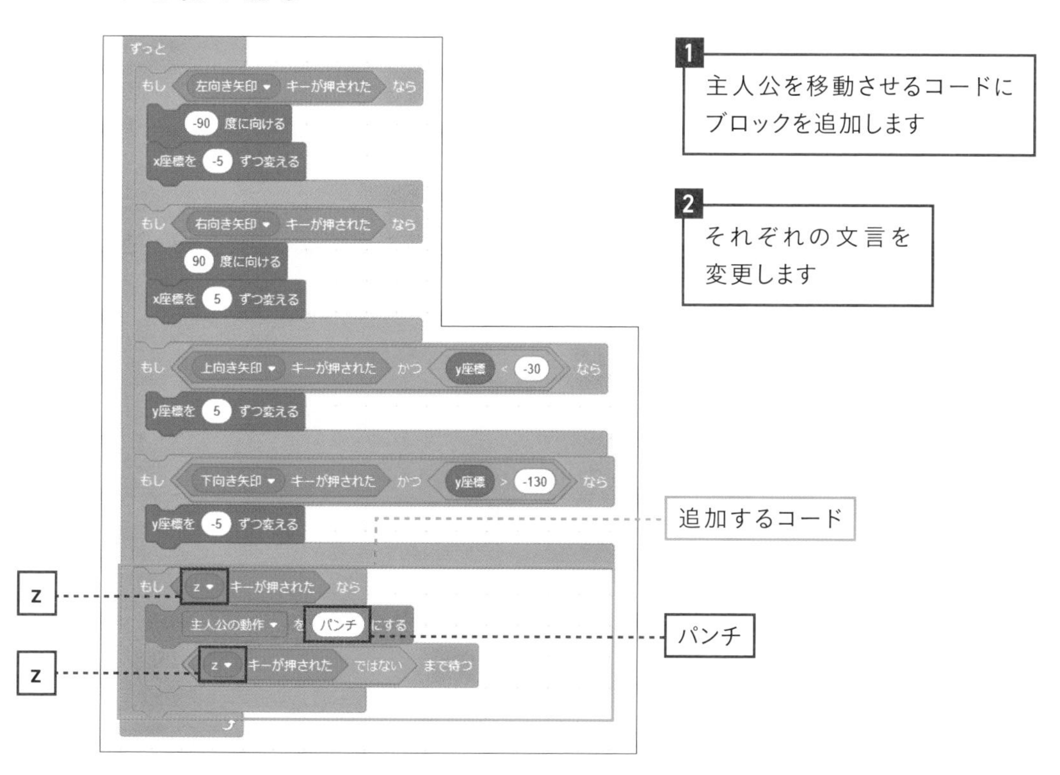

3 アニメーションを行うコードにブロックを追加します

4 それぞれの数字・文言を変更します

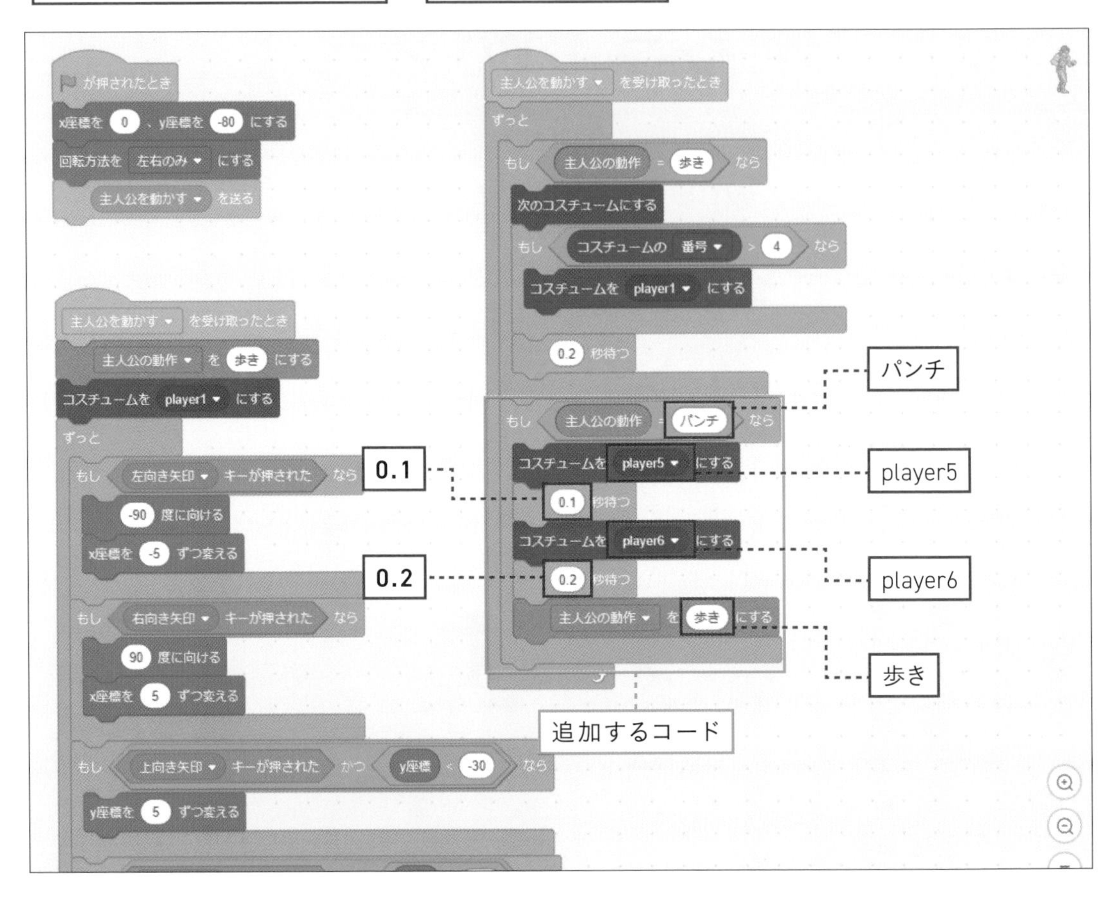

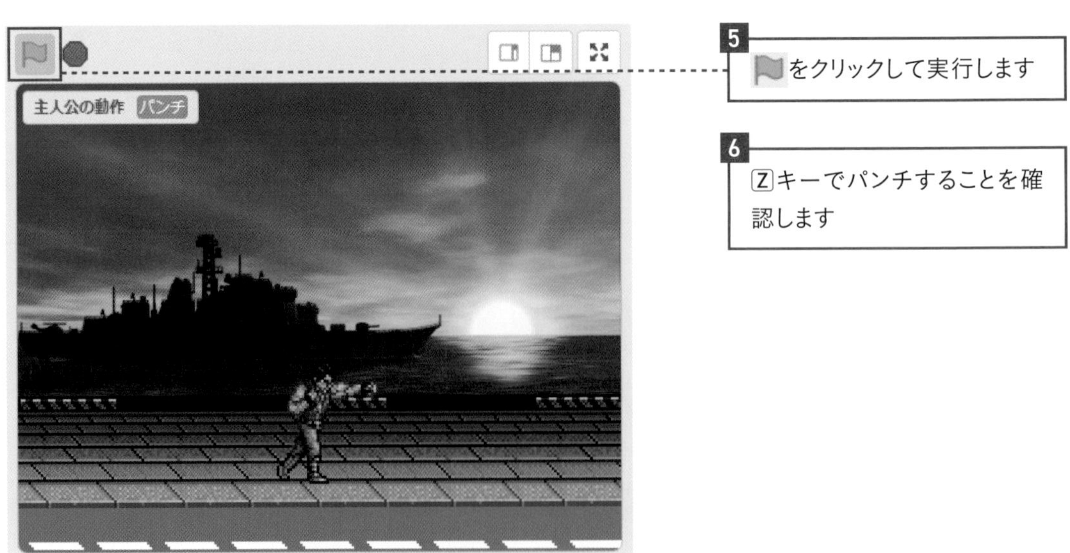

5 をクリックして実行します

6 Zキーでパンチすることを確認します

コードの説明

やや複雑なプログラムを組み込んだので、図で説明します。

図3-15 Zキーを押したときにパンチするコード

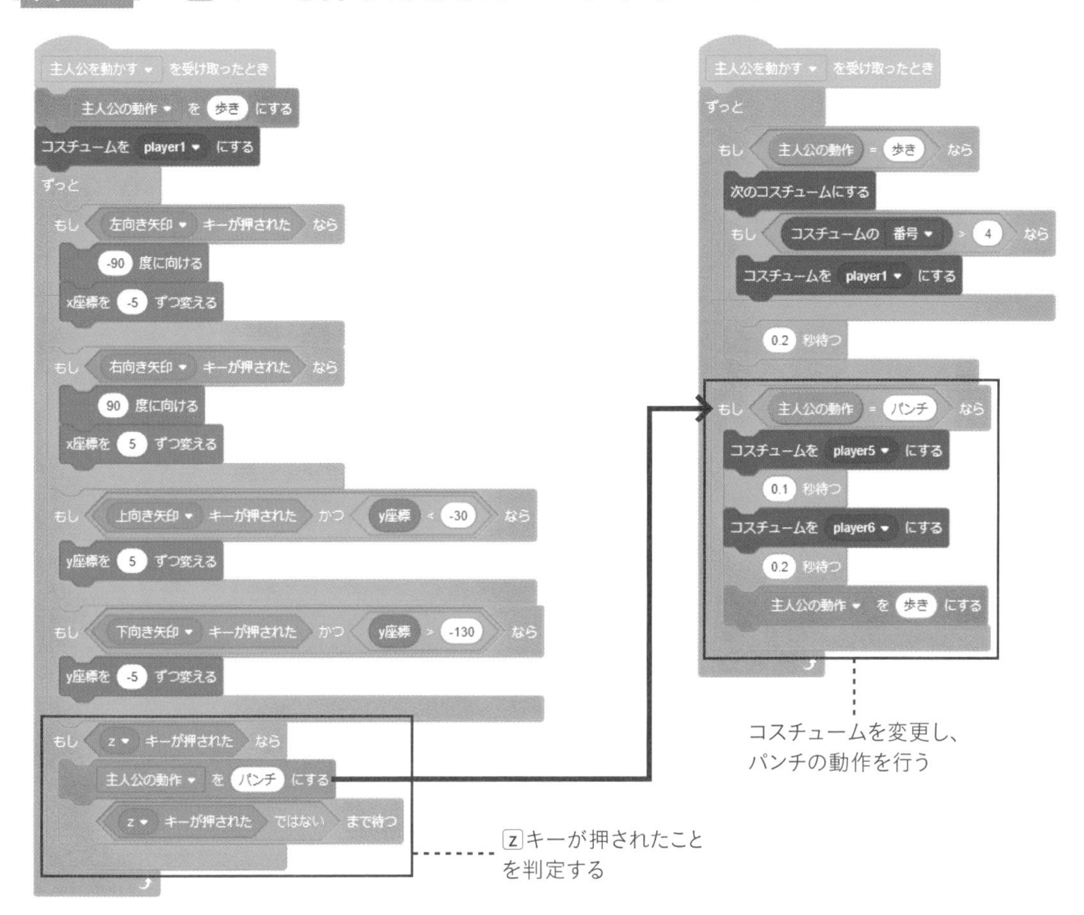

キー入力を判定するコード（図の左側）でZキーが押されたら、変数「主人公の動作」の値を「パンチ」にします。アニメーションを行うコード（図の右側）では、その変数の値が「パンチ」なら、コスチュームを変えてパンチの動作を行った後、変数の値を「歩き」に戻します。

左側のコードに追加した［Zキーが押されたではないまで待つ］で、Zキーを押したときに立て続けにパンチを出さないように、Zキーが離されるまで待つことを行っています。

図3-16 Zキーが離されるまでパンチを出さないように待つコード

連続してキー入力を受け付けたくないときは、このように組み合わせたブロックを用いると覚えておきましょう。

Lesson 43

主人公の攻撃モーションを作ろう2（キック）

Ⓧキーを押したら、主人公がキックを出すプログラムを作ります。

キックモーションを作る

Ⓧキーを押すと、次の3つのパターンでキックのモーションを行うようにします。

図3-17　キックモーション

キックのプログラムの組み込み方は、Lesson 42のパンチと一緒です。

■キックを組み込む

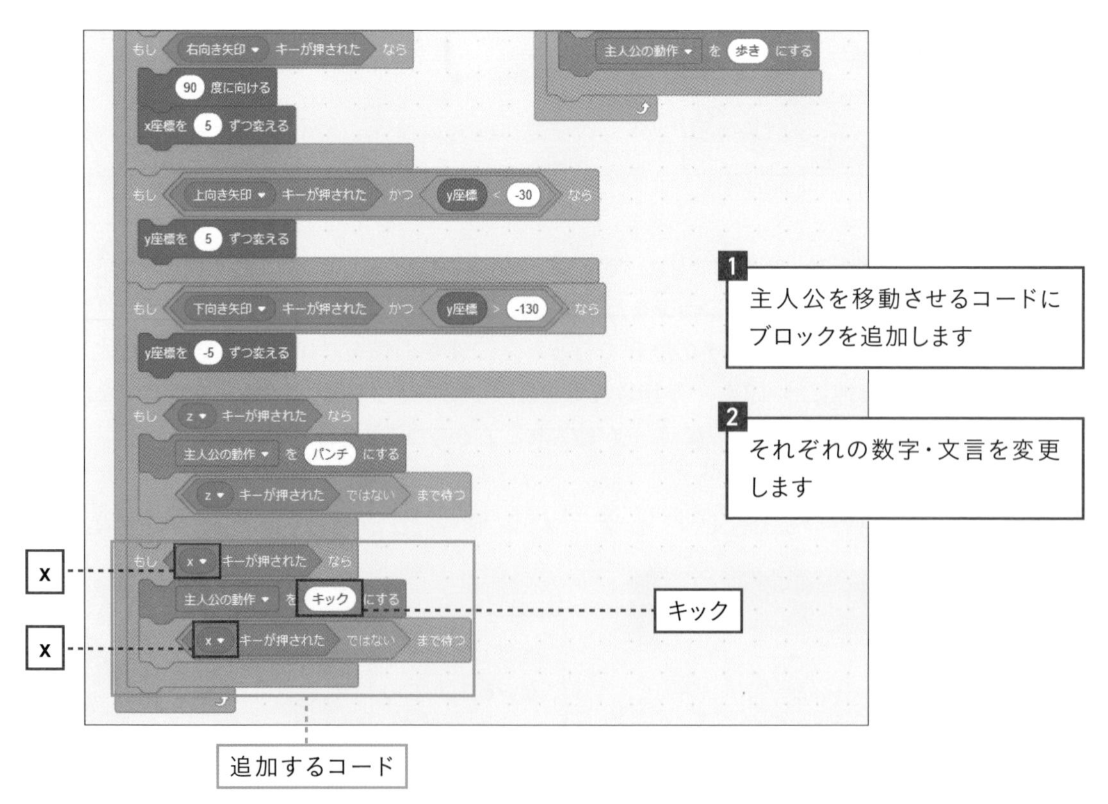

3 アニメーションを行うコードにブロックを追加します

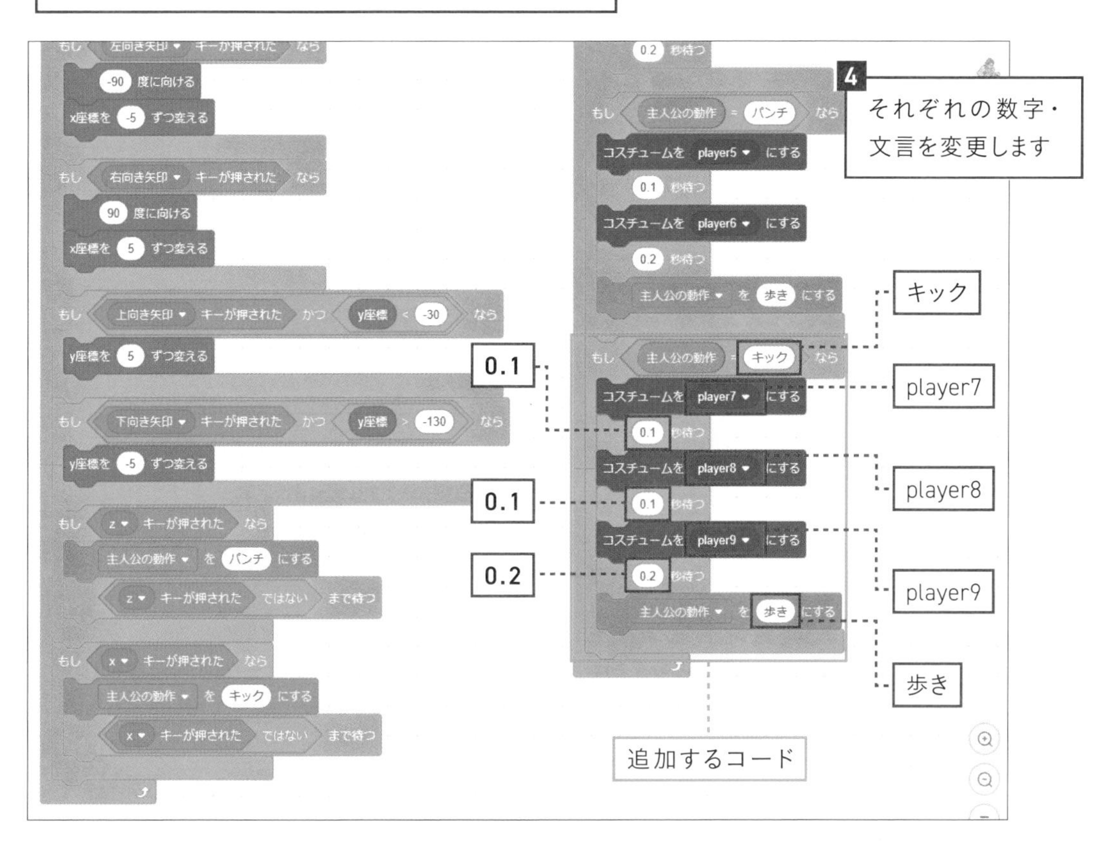

5 をクリックして実行します

6 Xキーでキックすることを確認します

コードの説明

ここで組み込んだキックの処理の流れは、Lesson 42のパンチのプログラムと一緒です。Xキーが押されたら「主人公の動作」の値を「キック」にし、コスチュームを変えることを行っています。キックモーションはコスチュームをplayer7→player8→player9と変え、3枚の絵で表現しています。

Lesson 44

敵キャラの画像をアップロードしよう

敵のキャラクターの画像をアップロードします。

敵の画像について

素材のフォルダ内に「敵キャラ」というフォルダがあります。その中のenemy1.png～enemy7.pngが敵キャラクターの画像です。enemy1.pngをスプライトとしてアップロードし、enemy2.png～enemy7.pngをコスチュームとしてアップロードします。

図3-18 敵の画像

enemy1.png

enemy2.png

enemy3.png

enemy4.png

enemy5.png

enemy6.png

enemy7.png

表3-3 画像の種類

ファイル名	何の画像か
enemy1.png～enemy4.png	歩く
enemy5.png	構える
enemy6.png	攻撃する
enemy7.png	主人公に攻撃されたとき

■スプライトのアップロード

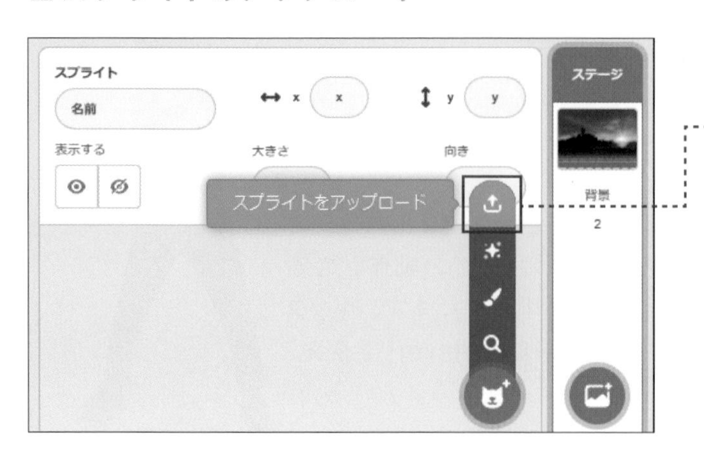

1 マウスポインターを動かして[スプライトをアップロード]を選びます

2 ファイルを選ぶダイアログが表示されるので、enemy1.pngを選びます

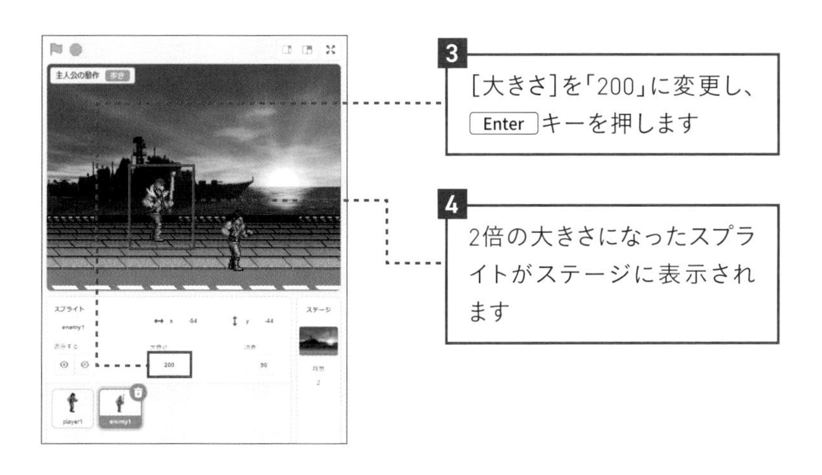

3
[大きさ]を「200」に変更し、Enterキーを押します

4
2倍の大きさになったスプライトがステージに表示されます

■コスチュームのアップロード

1
Lesson 39を参考に、[コスチューム]タブをクリックして、[コスチュームをアップロード]を選びます

2
Shiftキーを押しながらenemy2.pngからenemy7.pngまでを選びます

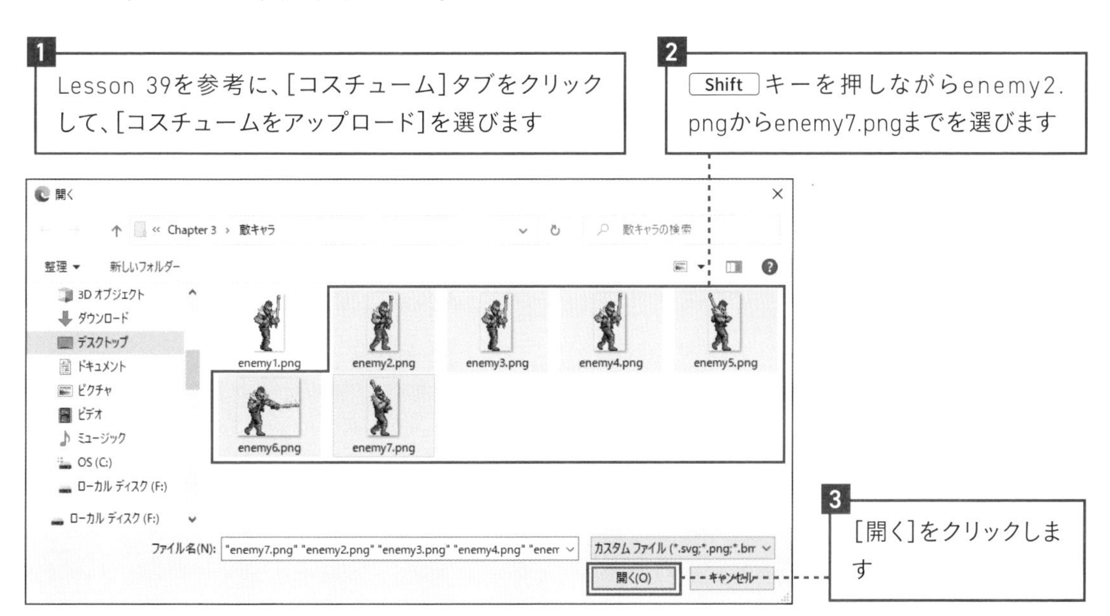

3
[開く]をクリックします

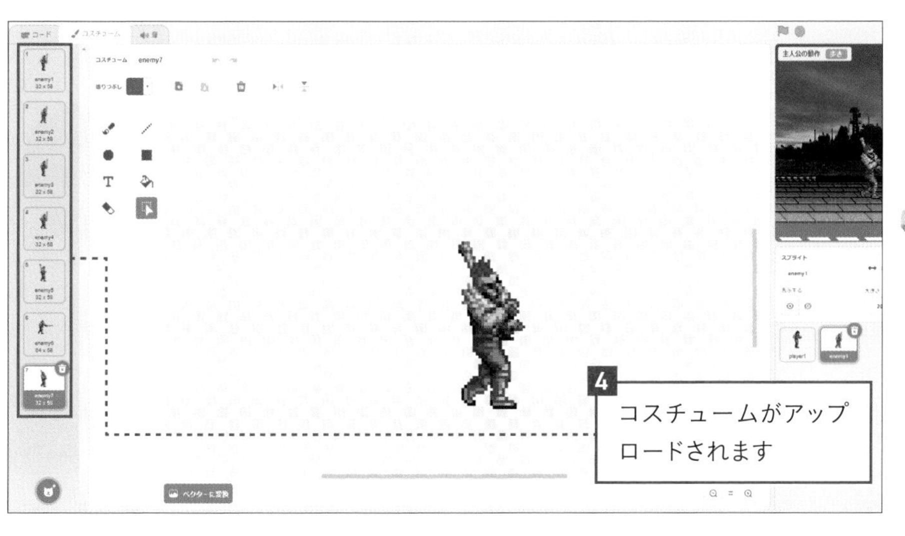

4
コスチュームがアップロードされます

次のLessonで、このキャラクターが歩くようにします。

Lesson 45

敵キャラを歩かせよう

敵のキャラクターがステージを右から左へと歩く処理を作ります。

まず敵1体の処理を作る

このゲームには複数の敵を登場させます。複数の敵はScratchの**クローン**という機能で作り出します。クローンのプログラミングは次のLessonで行い、このLessonでは、まず敵1体の動きをプログラミングします。

■敵キャラがステージの右から左まで歩くようにする

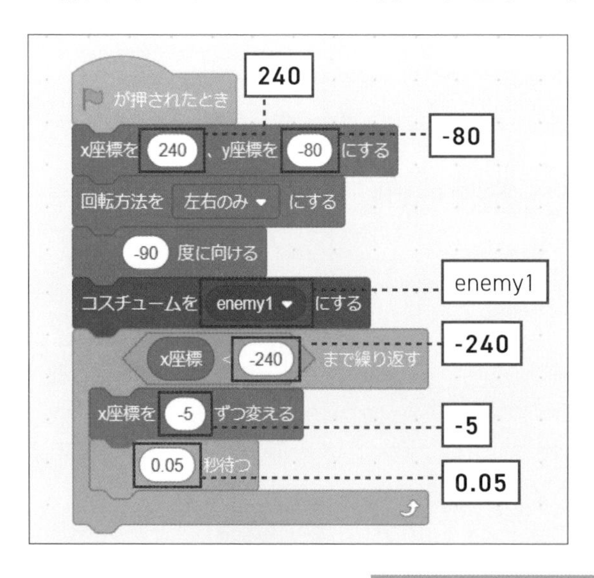

1 敵のスプライトのコードエリアにブロックを置きます

2 それぞれの数字・文言を変更します

ブロックに入力する数値にマイナスや小数の値があります。間違えないように入力しましょう。

■動作の確認

1 をクリックして実行します

2 敵キャラがステージの右から左に動くことを確認します

■敵が歩くアニメーションを加える

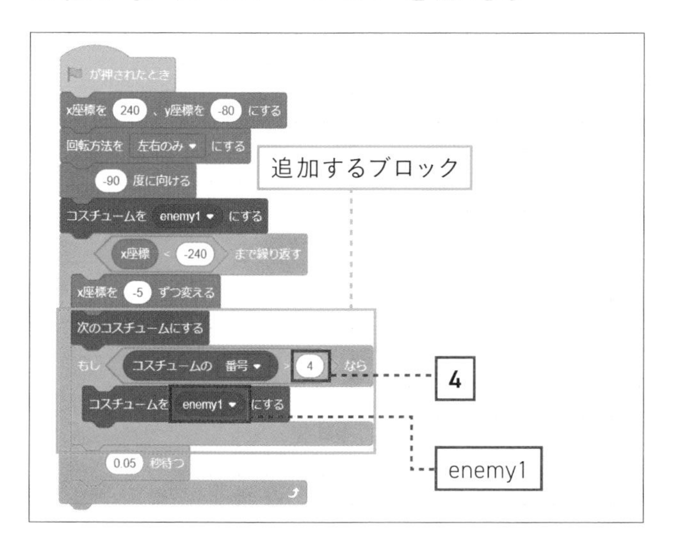

1 各ブロックをコードエリアに追加します

2 それぞれの数字・文言を変更します

3 をクリックして実行します

をクリックして、敵キャラが歩くアニメーションを確認しましょう。ブロックが追加しにくいときは、[0.05秒待つ]のブロックをいったんはずしておきましょう。

コードの説明

[が押されたとき] ブロックで、旗をクリックしたときに敵のスプライトの処理を開始します。

図3-19は敵がステージ左端に着くまでx座標を5ずつ減らすという意味です。これで敵キャラを左へ向かわせています。図3-20は、歩くアニメーションを行う部分です。このコードでコスチュームの番号を1→2→3→4→再び1と変化させ、歩く様子を表現しています。

図3-19　敵がステージ左端に着くまでx座標を5ずつ減らすコード

図3-20　歩くアニメーションを行うコード

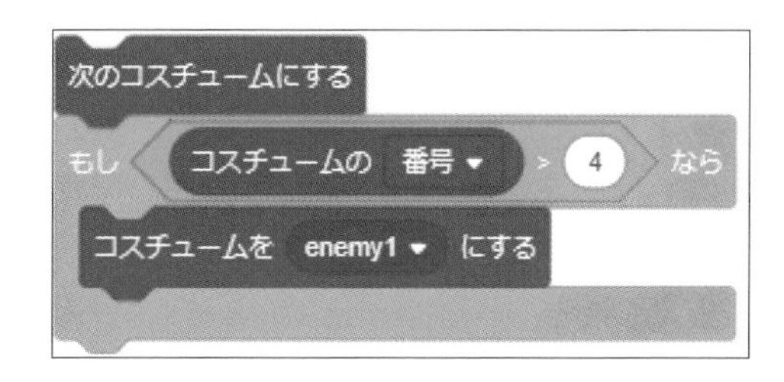

Lesson 46

複数の敵キャラを登場させよう

一定時間ごとに新たな敵キャラが出現し、ステージを歩いていくようにします。

複数のスプライトを作る方法

Scratchではクローンという機能で複数のスプライトを作ることができます。クローンは次の手順で行います。

図3-21　クローンの使い方

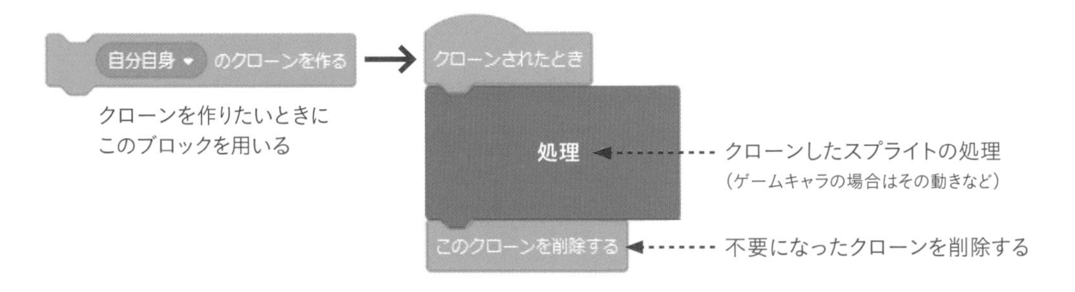

■[自分自身のクローンを作る]を実行するたびにクローンが作られます
■クローンの数には上限があります
■不要になったクローンは[このクローンを削除する]で削除します

■スプライトを移動する

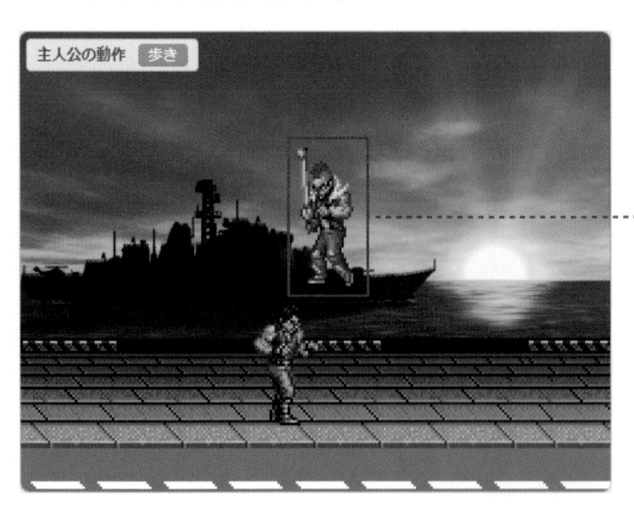

1 敵のスプライトをドラッグ&ドロップして、ステージ中央あたりに移動します

ヒント

クローンがどのようなものか理解しやすいように、敵キャラのスプライトをステージ中央あたりにドラッグ&ドロップして移動しておきます。

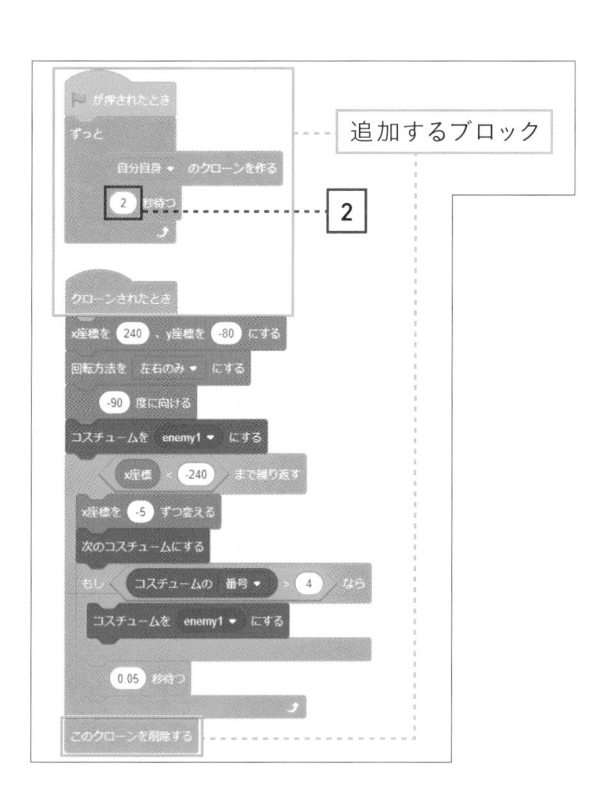

2 敵のスプライトのコードにブロックを追加します

3 数字を変更します

ブロックを追加するにはコードを切り離す必要があります。次の方法を参考にしてください。

図3-22 コードの分離

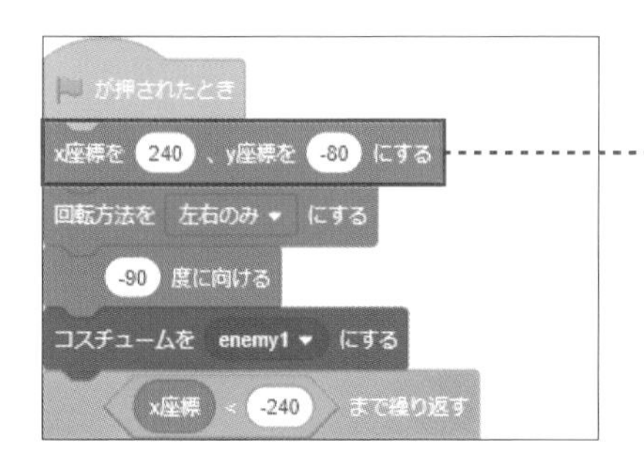

このブロックをクリックしながらマウスを下に動かします

■クローンを確認する

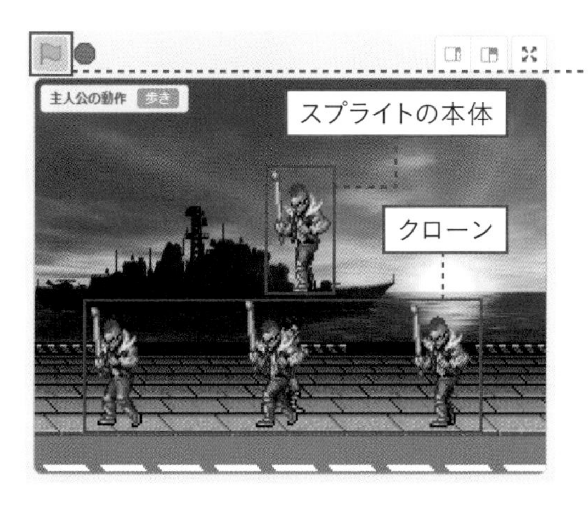

1 をクリックして実行します

2 敵キャラが次々に登場することを確認します

わ、敵が増えた！

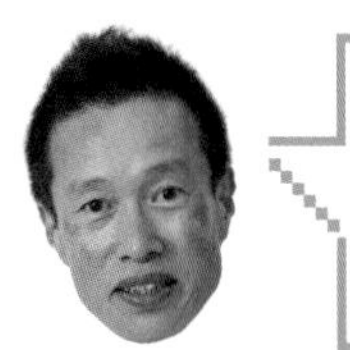

次は[●見た目]カテゴリーにある[隠す]と[表示する]ブロックを使ってスプライトの本体を隠し、クローンだけを表示するようにします。また、乱数を使って敵の出現位置のy座標を変化させますよ。

■スプライトの本体を隠し、クローンだけを表示する

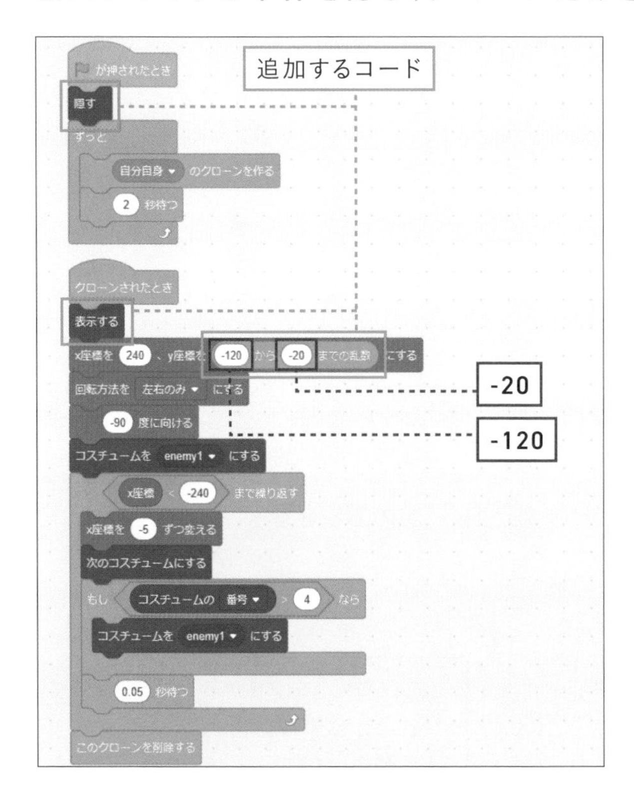

1 ブロックを追加します

2 それぞれの数字を変更します

■動作を確認する

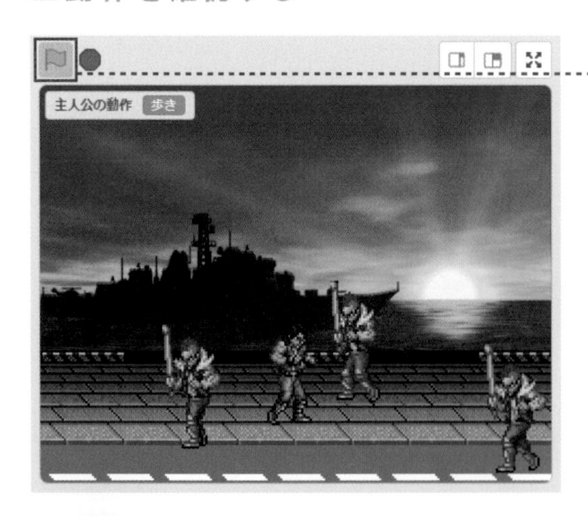

1 をクリックして実行します

2 本体のスプライトは表示されず、クローンだけが現れることを確認します

登場するクローンのy座標がランダムに変化するようになったことも確認してください。

コードの説明

組み込んだコードの内容は次の通りです。

図3-23　組み込んだコード

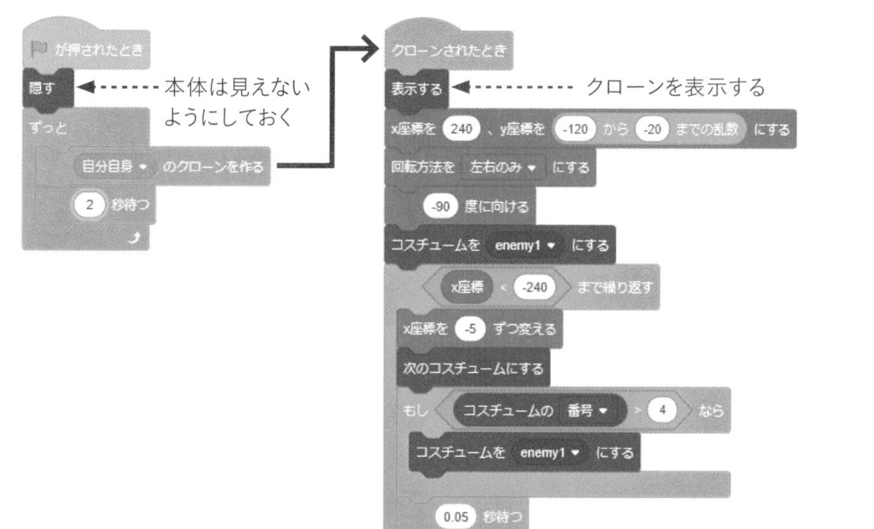

家庭用ゲーム機のゲームソフトやスマートフォンのゲームアプリでは、複数のキャラクターが登場します。ここで使ったクローンで、それが実現できるわけですね。

その通りです。Scratchで高度なゲームを作るにはクローンが必須といえます。その使い方をマスターしましょう！

Lesson 47

敵キャラを倒せるようにしよう

パンチやキックを敵に当てると、その敵が倒れるようにします。

攻撃する→倒す、をどうプログラミングするか

主人公の攻撃で敵を倒すプログラムを作るには、いろいろな方法が考えられます。このゲームでは、敵のスプライトでパンチやキックをしている主人公に触れたかを調べる方法を用います。

主人公の攻撃を受けたかを調べる

敵キャラが主人公の攻撃を受けるのは、
①敵のスプライトが主人公のスプライトに触れている
②主人公がパンチかキックをしている
という2つの条件が成り立つときです。
この条件を言葉にすると、「主人公のスプライトに触れ、かつ、主人公がパンチまたはキックをしている」となります。これをブロックで表すと次のようになります。

図3-24　主人公の攻撃を受けたか表すコード

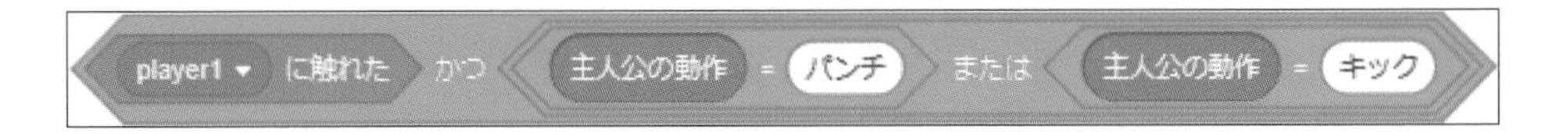

この組み合わせは、[〜かつ〜] の左側にある六角形に [player1に触れた] を入れ、右側の六角形に [〜または〜] を入れます。そして [〜または〜] の左右に、[主人公の動作＝パンチ]」と [主人公の動作＝キック] を入れます。

Lesson 42と43で主人公の攻撃を作ったときに用意した変数と値を用いるのですね。

■敵のスプライトにコードを組み込む

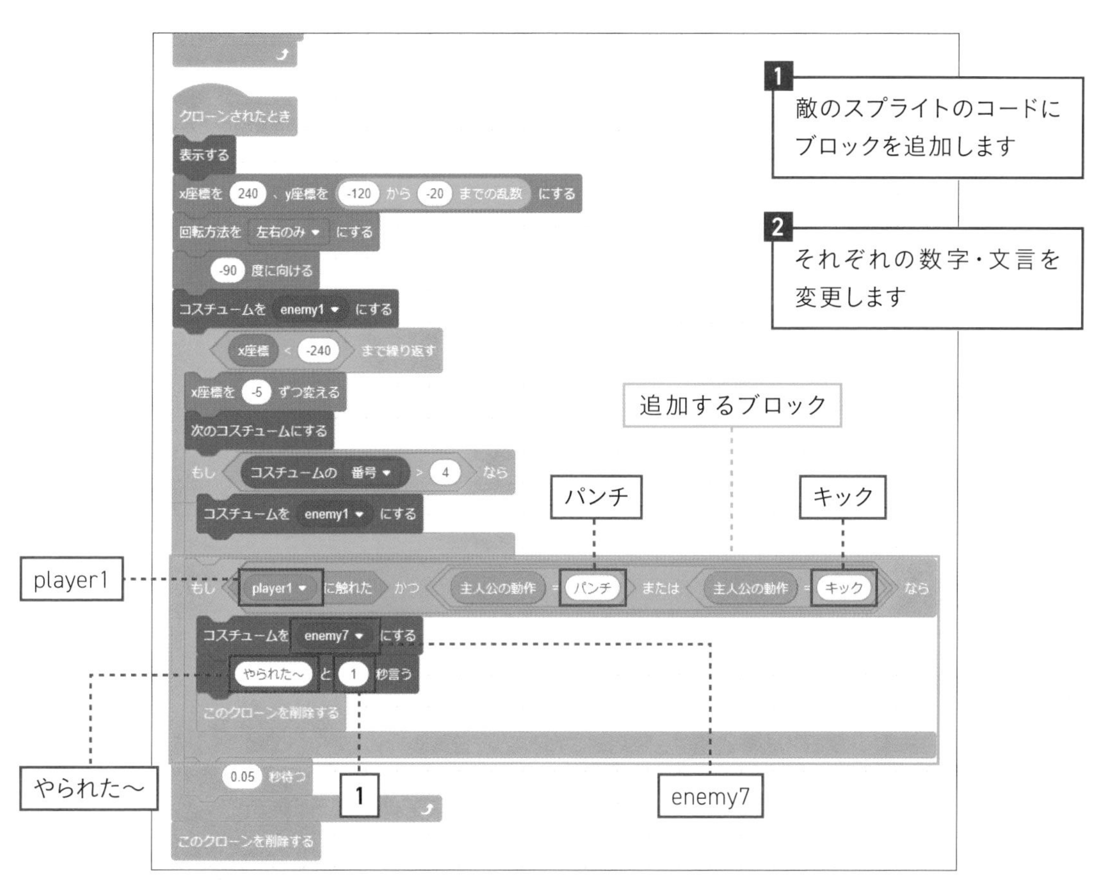

1 敵のスプライトのコードにブロックを追加します

2 それぞれの数字・文言を変更します

コードが追加しにくいときは、[0.05秒待つ]ブロックをいったんはずしておきましょう。

■動作を確認する

1 をクリックして実行します

2 Zキーや Xキーを押して敵に攻撃を当てると、敵が[やられた〜]と言って消えることを確認します

コードの説明

追加したコードを説明します。

図3-25　追加したコード

[かつ]と[または]のブロックを使って、複数の条件を判断しているのですね。

主人公が敵を攻撃したかを判定する条件が以下です。

図3-26　敵を攻撃したか判定する条件

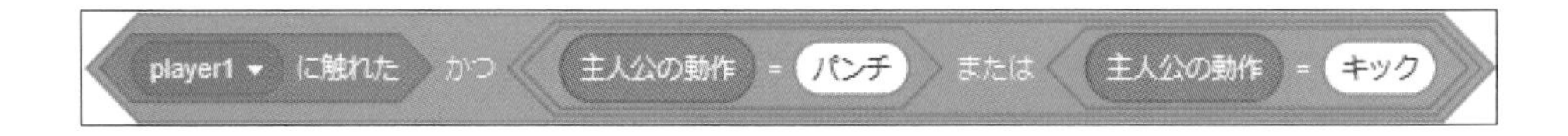

これを［もし〜なら］に組み込み、条件が成り立ったら、敵のコスチュームをenemy7にして［やられた〜］と1秒言って、クローンを削除しています。

[●見た目]カテゴリーにある[こんにちは!と2秒言う]などのブロックで、スプライトに吹き出しを表示できます。ブロック1つで簡単にキャラクターをしゃべらせることができるので、ゲームの演出などに活用しましょう。

Lesson 48

敵キャラの攻撃を作ろう

敵キャラの攻撃モーションを作ります。

敵の攻撃について

敵キャラが攻撃する動作を、次の2つのコスチュームで行うようにします。

図3-27 敵の攻撃モーション

enemy5.png

enemy6.png

enemy5.pngが武器を構えるポーズ、enemy6.pngが武器を振り下ろすポーズです。振り下ろしたときに、敵と主人公が触れていると主人公がダメージを受けるようにします。ダメージの処理は次のLessonで組み込み、ここでは敵が攻撃モーションを行うところまでプログラミングします。

■敵の攻撃を組み込む

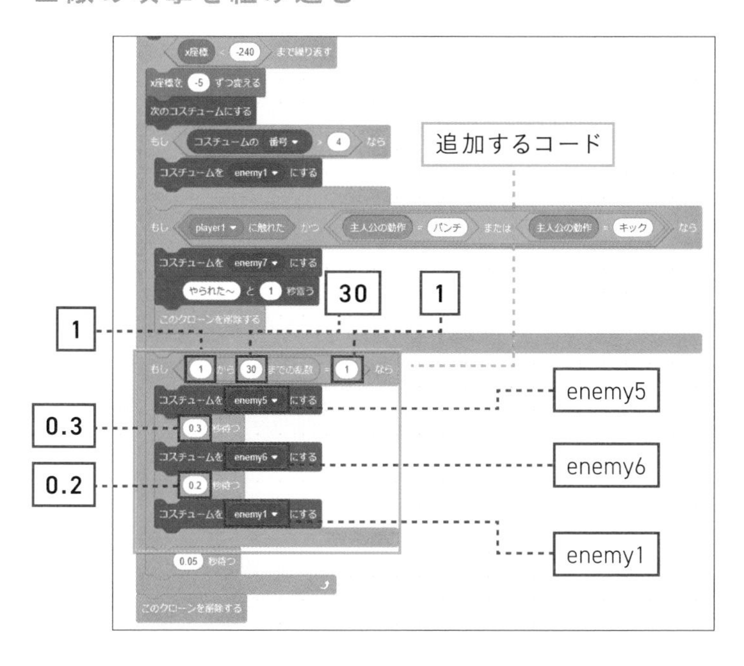

1 敵のスプライトのコードにブロックを追加します

2 それぞれの数字・文言を変更します

ヒント

コードが追加しにくいときは、[0.05秒待つ]ブロックをいったんはずしておきましょう。

■動作の確認

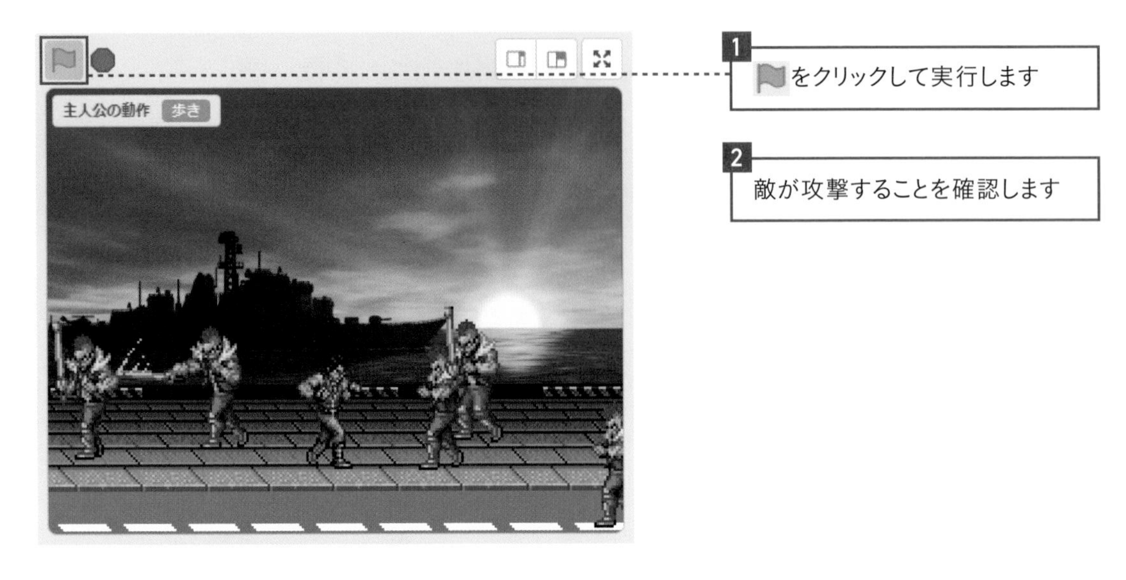

コードの説明

組み込んだコードは次の通りです。乱数を用いて30分の1の確率で攻撃するようにしています。

図3-28 組み込んだコード

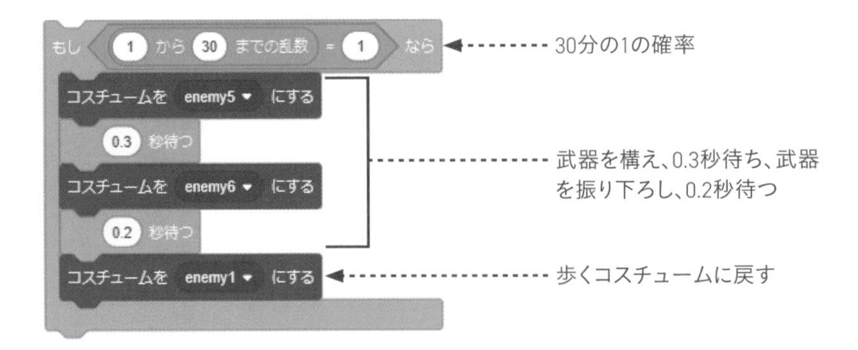

このゲームでは敵が攻撃するかどうかを乱数で決めます。だいぶ格闘アクションゲームっぽくなってきました!

体力ゲージを入れよう

主人公の体力（ライフ）を表示するゲージを用意します。

体力ゲージについて

ゲームのキャラクターの体力やエネルギーは、一般的にゲージで表示します。ゲージを用いるのは、体力やエネルギーの残量が一目でわかり、遊びやすくなるからです。このゲームも主人公の体力をゲージで表示します。

ゲージの画像について

素材のフォルダの中に「体力ゲージ」というフォルダがあります。そこにあるlife0.png～life10.pngが体力ゲージの画像です。life0.pngをスプライトとしてアップロードし、life1.png～life10.pngをそのコスチュームとしてアップロードしましょう。

図3-29 体力ゲージ

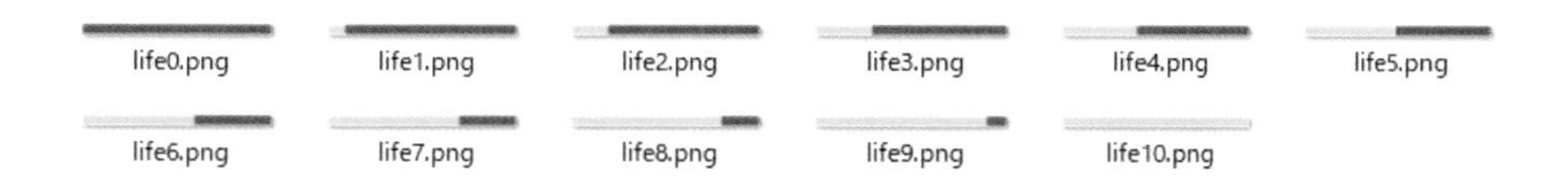

■スプライトとコスチュームをアップロードする

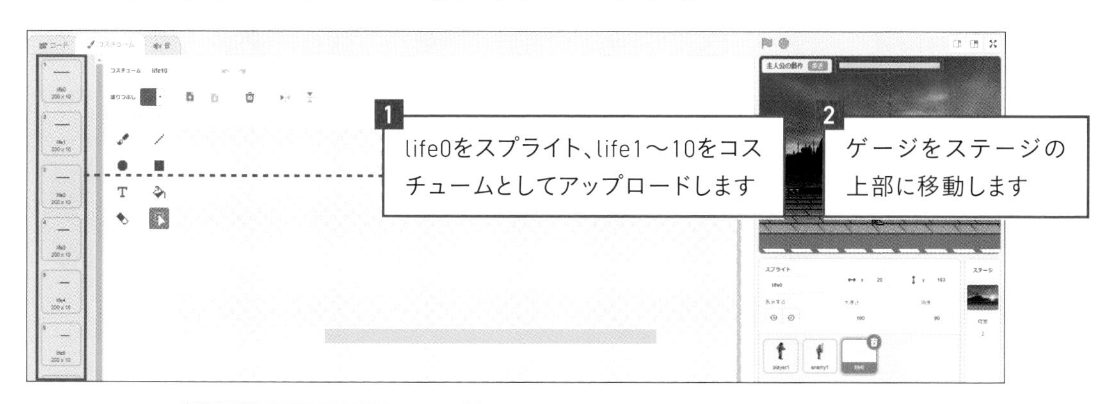

life0.pngがスプライト、life1.png～life10.pngがそのコスチュームです。アップロード手順を間違えないようにしましょう。

ゲージの表示位置はゲームを完成させるときに調整します。ここではステージの上のほうに移動しておきましょう。

■体力の値を代入する変数を用意する

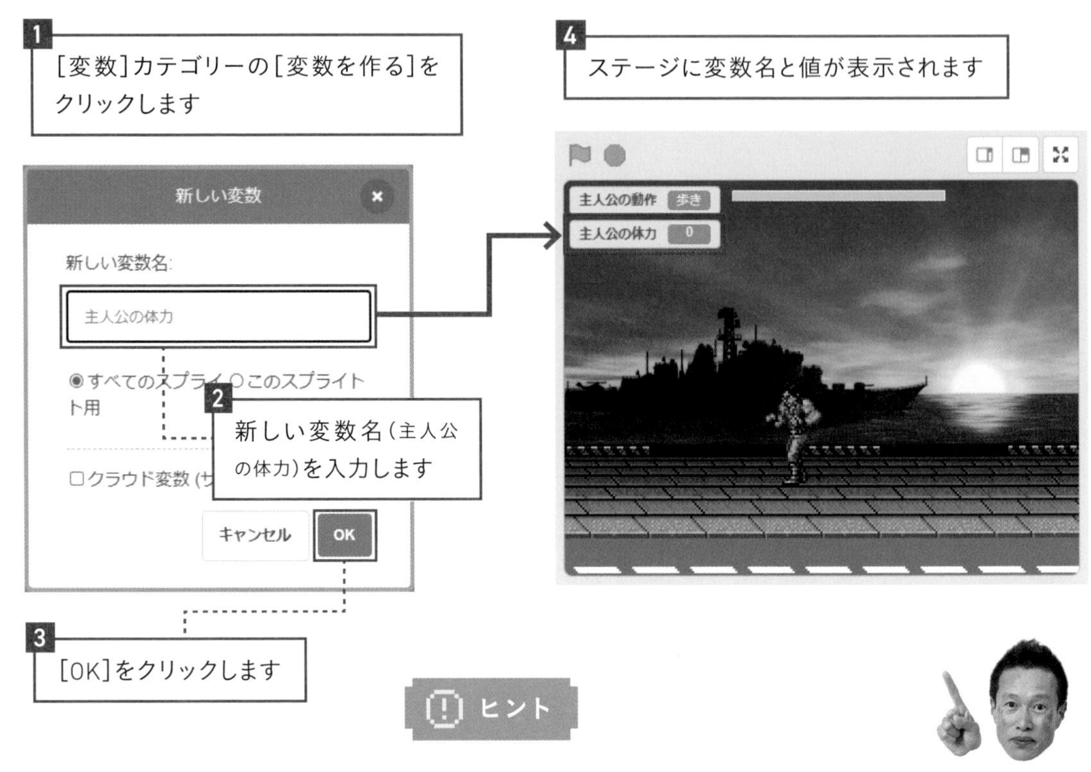

ヒント

この変数は主人公と体力ゲージのスプライトで使うので[すべてのスプライト用]にします。

体力の最小値と最大値について

主人公の体力は最小値を0、最大値を10とします。ゲームスタート時が10で、敵の攻撃を受けると1減り、0になるとゲームオーバーです。
「主人公の体力」の値に応じて、体力ゲージのコスチュームを変えます。具体的には値が0のときにlife0.pngを、10のときにlife10.pngを表示します。体力が0のときのコスチューム番号が1になることに注意しましょう。

ヒント

コスチュームの番号は0からではなく1からはじまります。

■体力ゲージのスプライトにコードを組み込む

1 各ブロックをコードエリアに置きます

2 数字を変更します

3 をクリックして実行します

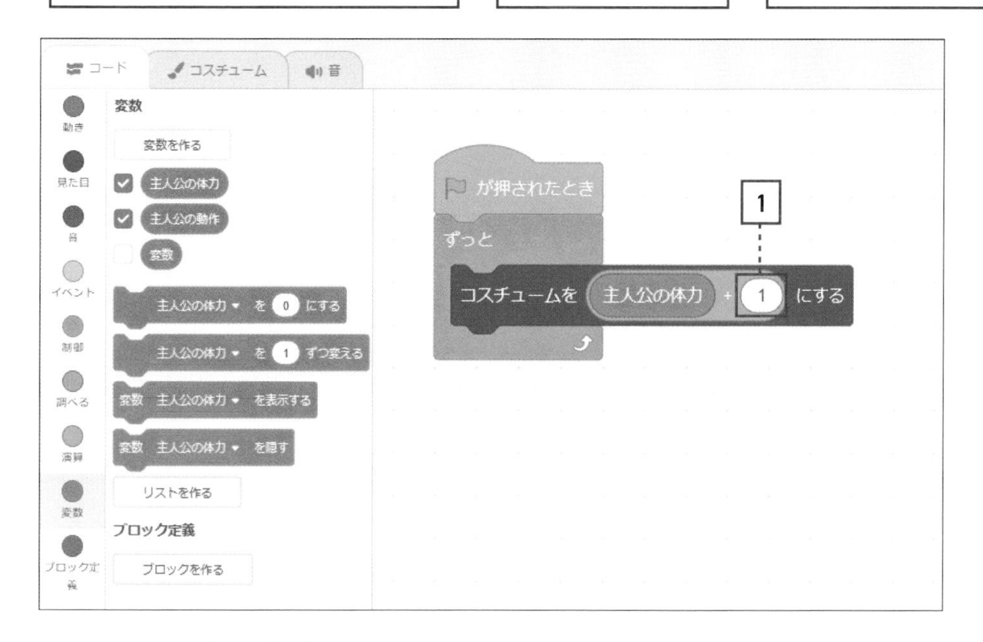

ここではをクリックすると体力0のゲージ(全体が赤の画像)が表示されることを確認しておきましょう。体力の計算は次のLessonで組み込みます。

コードの説明

「主人公の体力」の値に応じてゲージを表示するプログラムを作りました。コスチュームの番号は1からはじまるので、[コスチュームを主人公の体力＋1にする] として、体力に1を加えた番号のコスチュームを表示しています。

図3-30 コスチュームの番号を決める

Lesson 50

敵の攻撃を受けたら体力を減らそう

敵の攻撃を受けたときに、主人公の体力が減るプログラムを作ります。

敵と主人公の両方にコードを追加する

この処理は、敵と主人公の両方のスプライトにコードを追加します。スプライトリストのenemy1をクリックして、敵を選んだ状態にしましょう。そして、敵のコードにブロックを追加しましょう。

■敵のスプライトにコードを組み込む

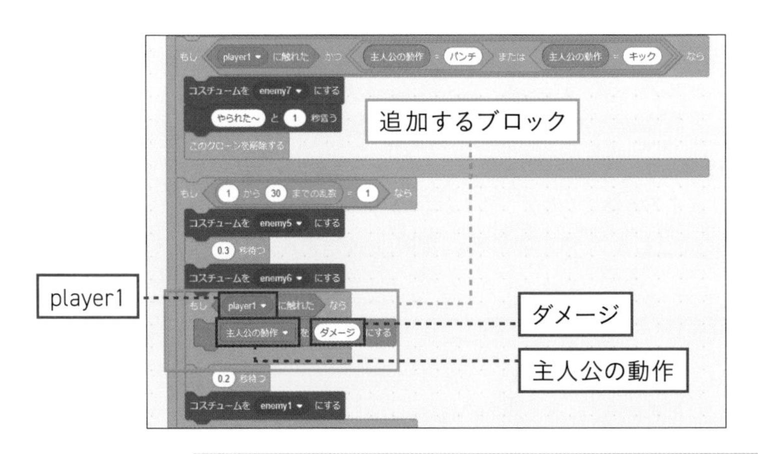

1 敵のコードにブロックを追加します

2 それぞれの数字・文言を変更します

[コスチュームをenemy6にする]のブロックの下に追加します。追加する位置を間違えないようにしましょう。

■主人公のスプライトにコードを組み込む

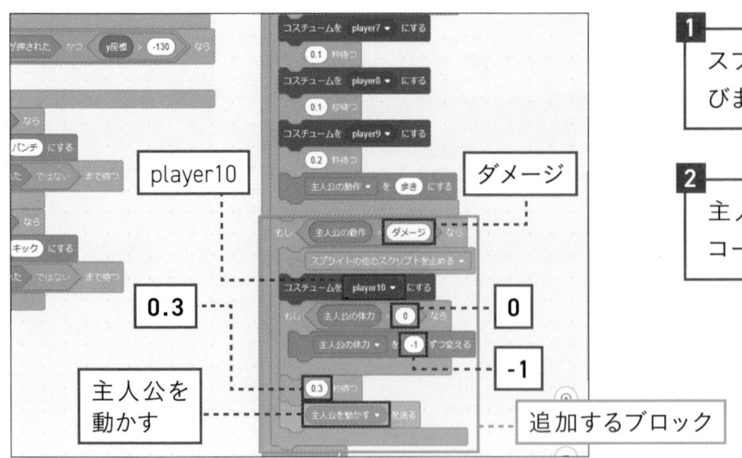

1 スプライトリストのplayer1を選びます

2 主人公のコスチュームを変えるコードにブロックを追加します

ヒント

[スプライトの他のスクリプトを止める]は、[すべてを止める]をクリックしてプルダウンメニューから選びます。

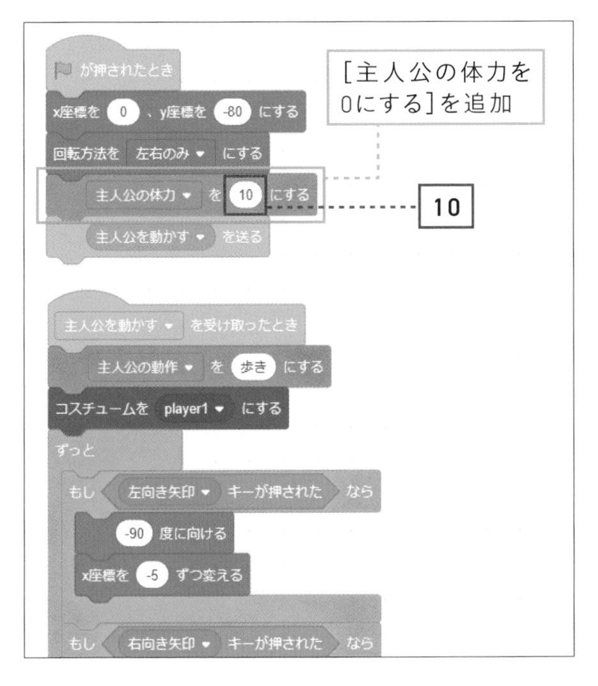

3 [が押されたとき]のコードにブロックを追加します

4 数字を変更します

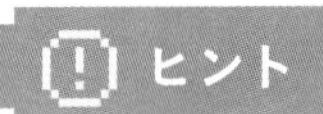

このブロックで体力の初期値を代入します。

■動作の確認

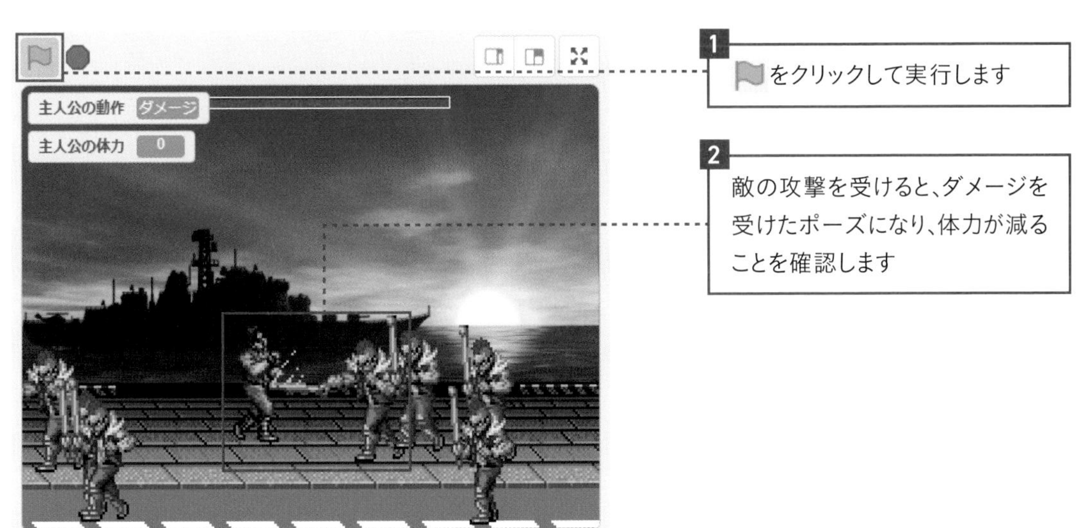

コードの説明

組み込んだコードの内容を説明します。

敵のスプライトでは、敵が武器を振り下ろしたとき、主人公に触れたら［主人公の動作］という変数の値を［ダメージ］にします。

主人公のスプライトでは、その変数の値が［ダメージ］なら、コスチュームを変え、体力を減らします。そのとき［スプライトの他のスクリプトを止める］で一時的にキー入力を止め、主人公を移動できなくしています。この処理の流れを図示します。

図3-31　処理の流れ

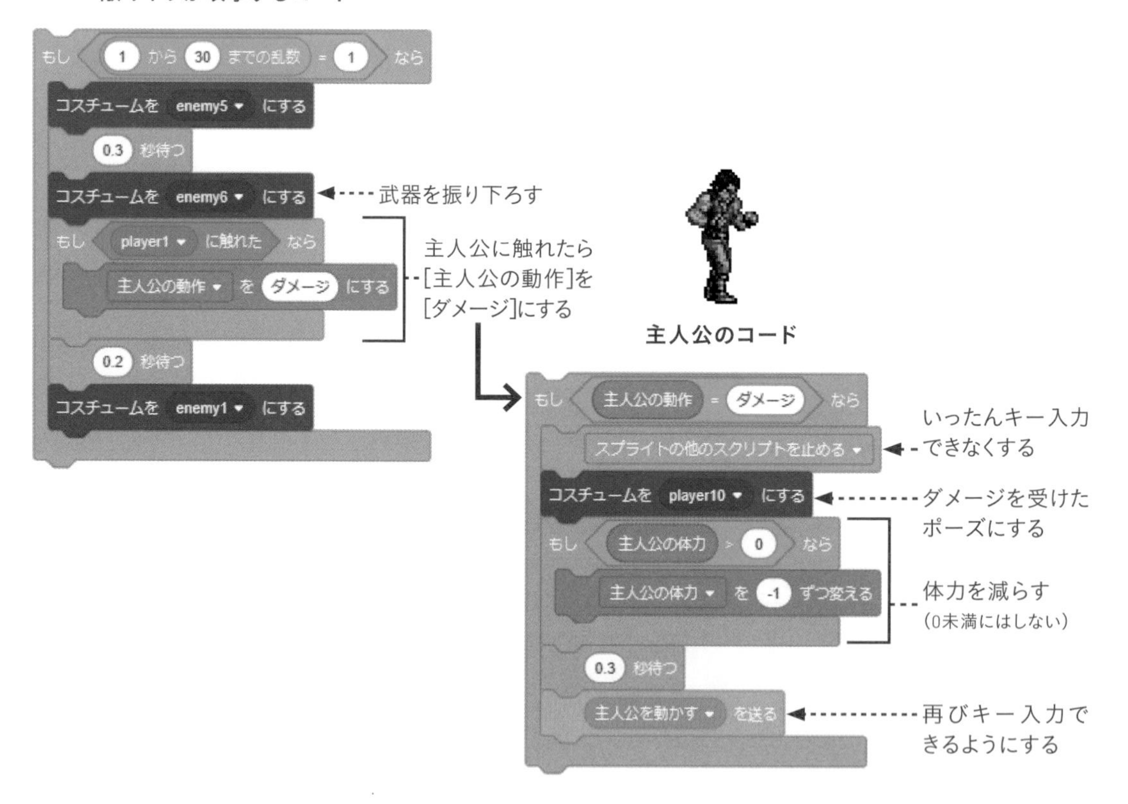

主人公がダメージを受けるコードにある[0.3秒待つ]を[イテっと0.5秒言う]に変更するとユニークな演出になります。コードのアレンジもプログラミングの勉強になるのでいろいろ試してみましょう。

体力を回復する要素を入れよう

色違いの敵を登場させ、それを倒すと主人公の体力が回復するようにします。

色違いのクローンを出す

［●見た目］カテゴリーにある［色の効果を25ずつ変える］で、スプライトの色を変えることができます。このブロックを使って色違いの敵を作り、それを倒したら主人公の体力が1回復するようにします。

まず、クローンした敵が色違いかを管理する変数を用意します。スプライトリストのenemy1をクリックして敵を選んだ状態にしましょう。**敵専用の変数を作るので、必ず敵のスプライトを選びます。**

■敵のスプライトだけで使う変数を作る

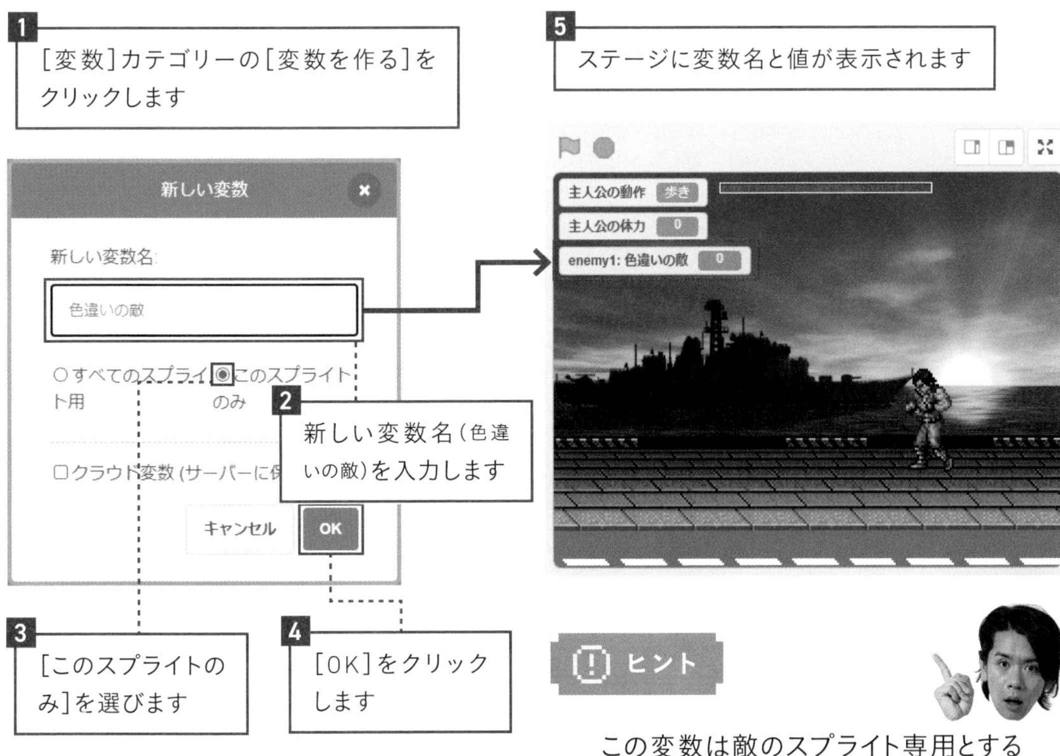

ヒント

この変数は敵のスプライト専用とするために[このスプライトのみ]を選びます。こうすると、ステージ上の変数名が[enemy1:色違いの敵]になります。

変数名が[enemy1:色違いの敵]にならなかったときは、ブロックパレットの変数名の上で右クリックし、その変数を削除します。敵のスプライトを選んでから変数を作り直しましょう。

■敵のスプライトにコードを2か所組み込む

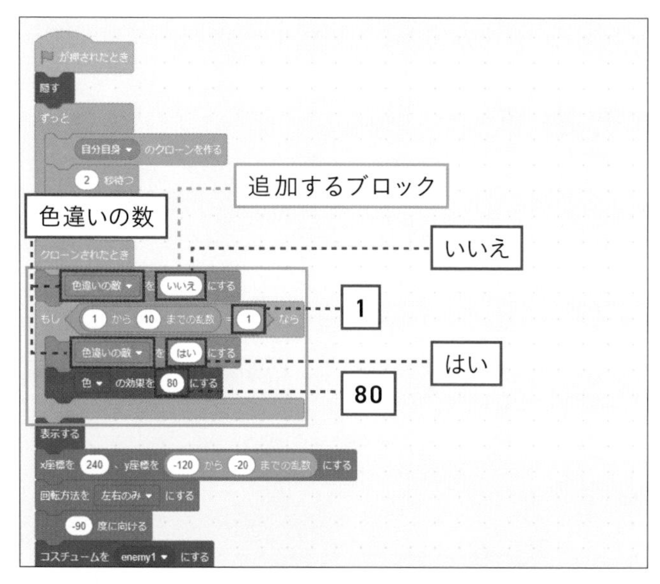

1 敵のスプライトにブロックを追加します

2 それぞれの数字・文言を変更します

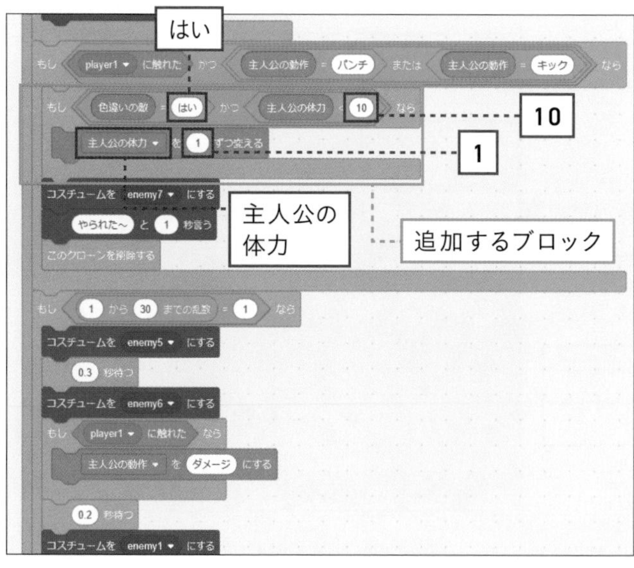

3 同様にブロックを追加します

4 それぞれの数字・文言を変更します

図3-32 このコードをいったん外に出す

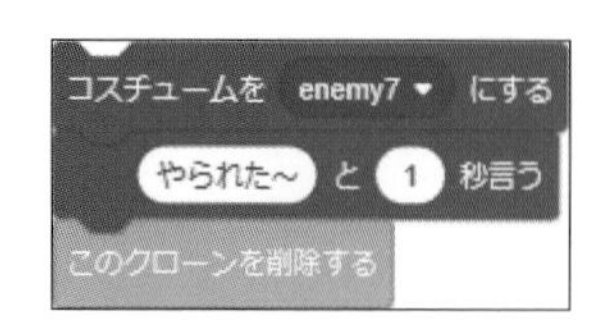

ヒント

いったん、図3-32をコードの外に出すと[もし〜なら]を追加しやすいです。

■動作の確認

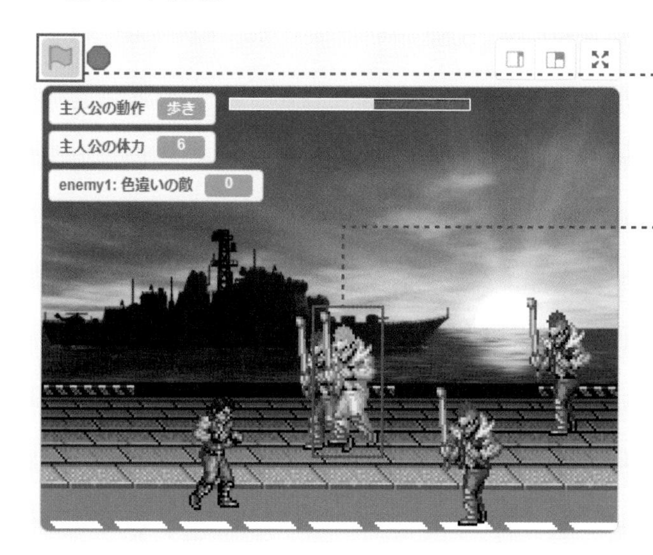

1 をクリックして実行します

2 色違いの敵が現れ、それを倒すと体力が1回復することを確認します

■コードの説明

追加した処理を図で説明します。

図3-33 処理の流れ

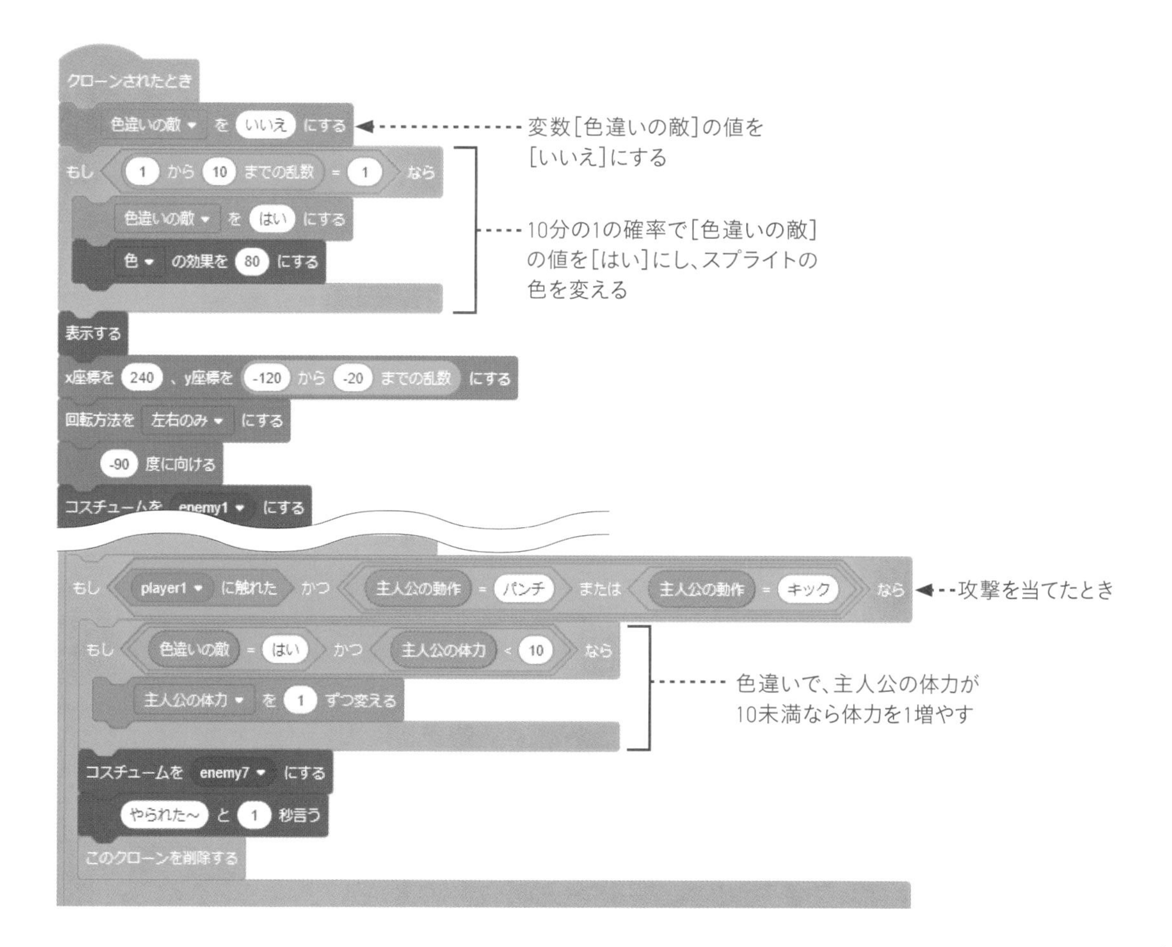

Lesson 52

タイトルロゴとGAME OVERの表示を入れよう

タイトルロゴとGAME OVERの表示を入れ、ゲーム開始から終了までの一連の流れを作ります。Chapter 3フォルダにあるtitle.pngがタイトルロゴの画像です。この画像をスプライトとしてアップロードします。同じくChapter 3フォルダにある、game_over.pngの画像をタイトルロゴのコスチュームとしてアップロードします。

図3-34 タイトルロゴ

図3-35 ゲームオーバー

GAME OVER

■タイトルロゴのスプライトをアップロードする

1 タイトルロゴのスプライトをアップロードします

■GAME OVERをコスチュームとしてアップロードする

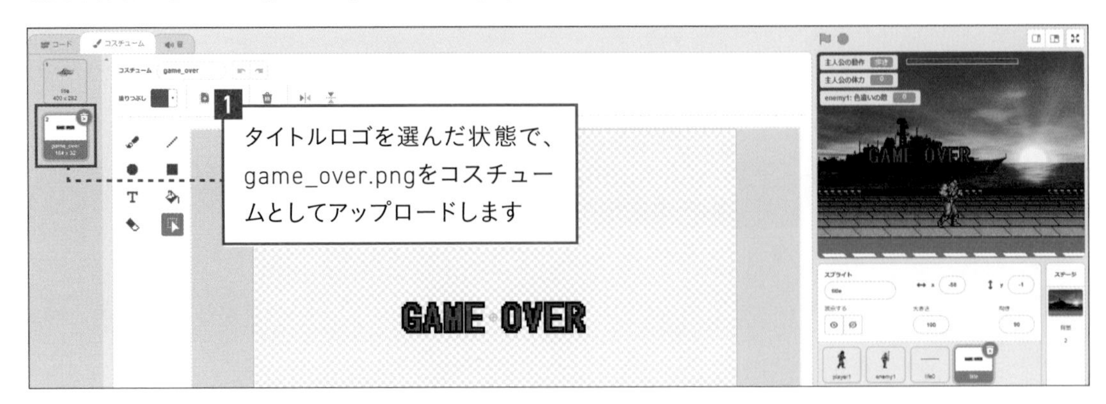

■GAME OVERと表示され、ゲームを終了する

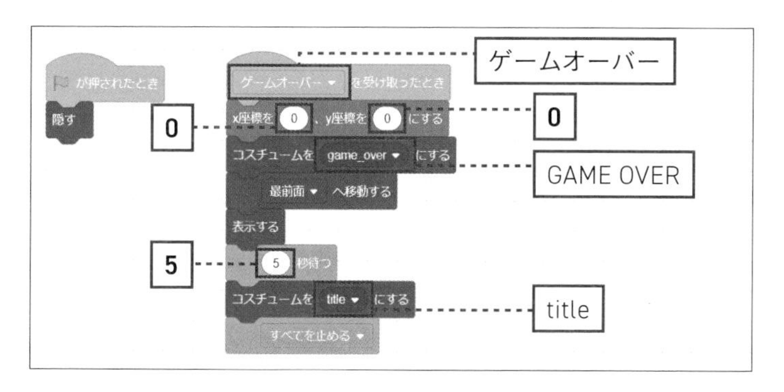

1 各ブロックをコードエリアに置きます

2 それぞれの数字・文言を変更します

■「ゲームオーバー」のメッセージを作る

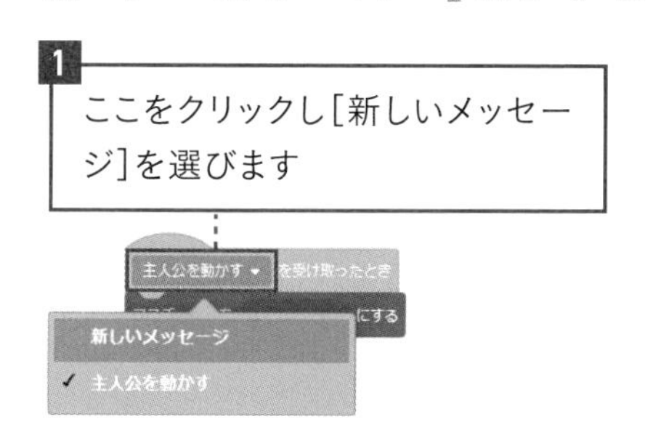

1 ここをクリックし[新しいメッセージ]を選びます

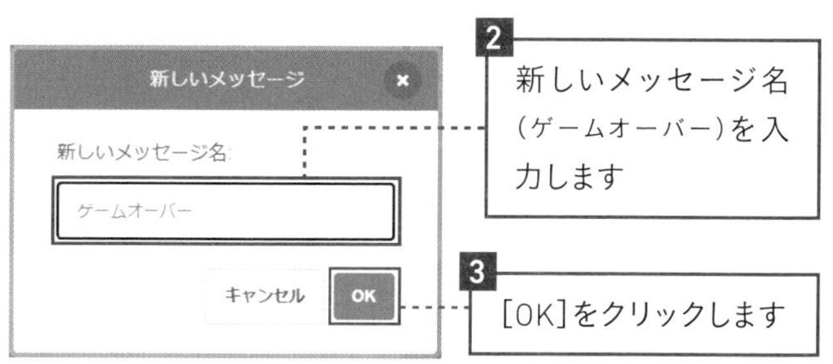

2 新しいメッセージ名(ゲームオーバー)を入力します

3 [OK]をクリックします

体力がなくなったらGAME OVERと表示する仕組みをスプライト間でメッセージをやりとりする方法で作るので、「ゲームオーバー」のメッセージを用意します。

■主人公のスプライトにコードを組み込む

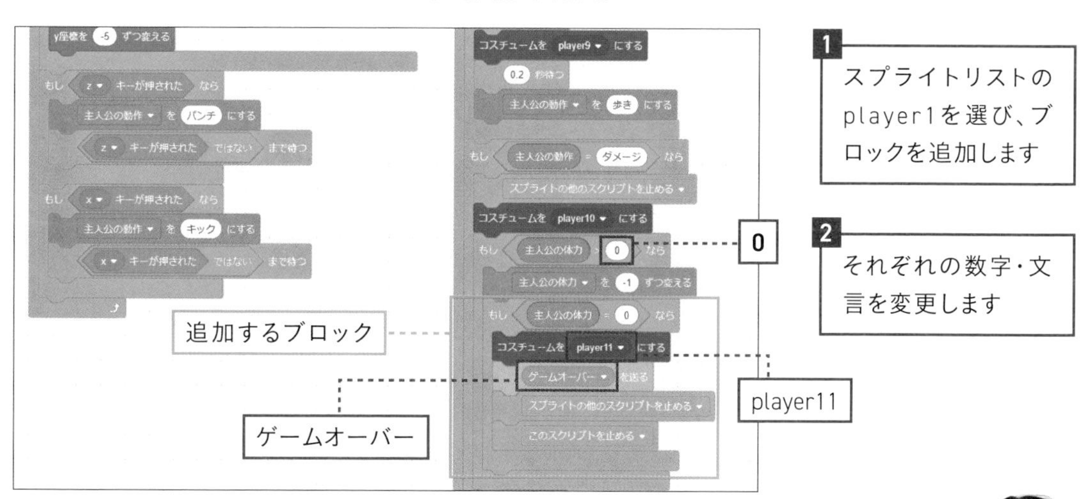

1 スプライトリストのplayer1を選び、ブロックを追加します

2 それぞれの数字・文言を変更します

ヒント

[すべてを止める]を2つ使います。1つは[すべてを止める]をクリックして[スプライトの他のスクリプトを止める]とし、もう1つは[このスクリプトを止める]とします。

■動作の確認

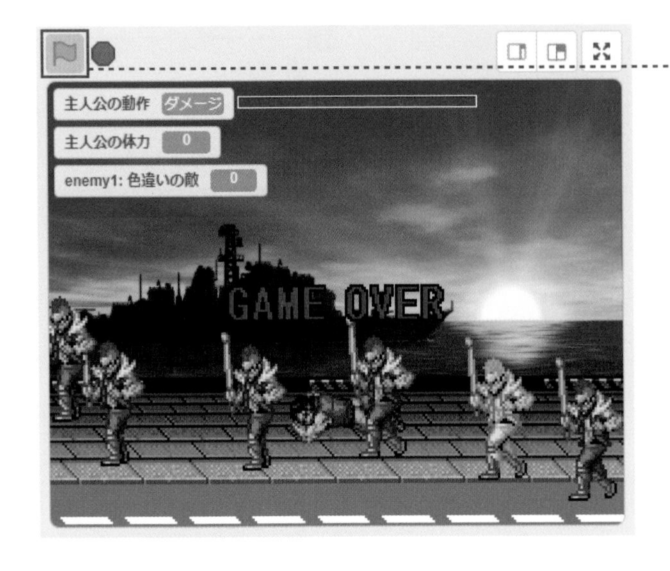

1 をクリックして実行します

2 体力が0になると主人公が倒れ、GAME OVERが表示されます。しばらくするとタイトルロゴが表示され、処理が止まります

コードの説明

追加した処理を説明します。

主人公のスプライトのコードで、敵の攻撃を受けたときに体力を減らし、体力が0になったら「ゲームオーバー」のメッセージを送ります。そのとき、ゲームオーバーになったら主人公を操作できなくするので、[スプライトの他のスクリプトを止める] と [このスクリプトを止める] を用いて、キー入力などの処理を止めています。

タイトルロゴのスプライトのコードでは、ゲームオーバーのメッセージを受け取ったら、コスチュームをGAME OVERに変え、最前面へ移動して表示します。そして5秒経過したらコスチュームをタイトルロゴに変え、すべての処理を止めています。

この処理の流れを図示します。

図3-36 処理の流れ

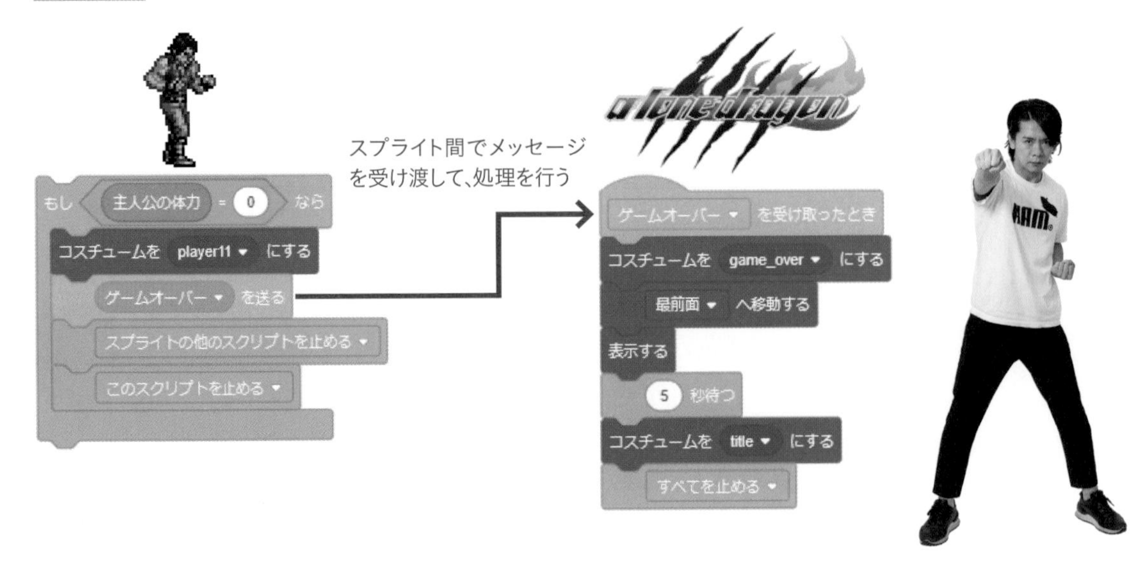

Lesson 53

ゲームクリアの処理を入れよう

敵を100体倒すとゲームクリアになるようにします。Chapter 3フォルダにあるgame_clear.pngが、ゲームをクリアしたときに表示する画像です。この画像をタイトルロゴのコスチュームとしてアップロードします。

図3-37 ゲームクリアで表示する画像

Congratulations!

■Congratulations!をコスチュームにアップロードする

■ゲームをクリアしたときにCongratulations!と表示する

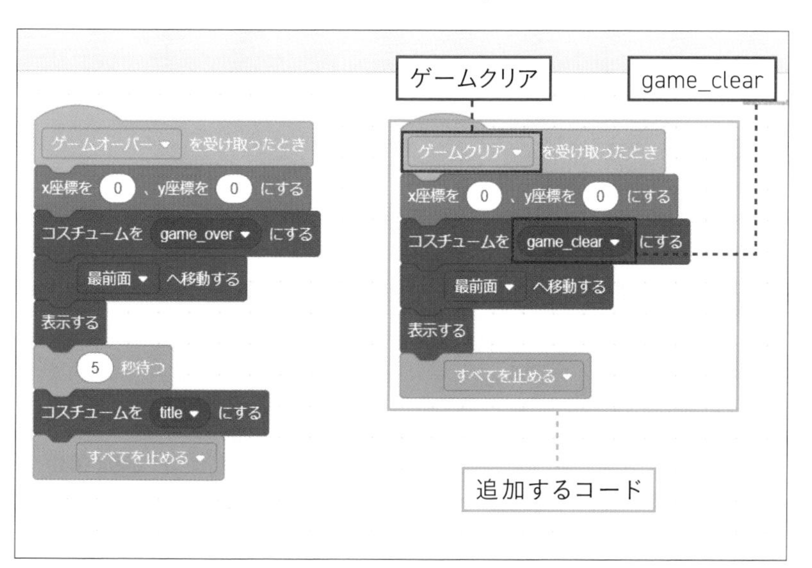

1 「ゲームクリア」という新しいメッセージを作ります

2 スプライトリストのtitleを選び、ブロックを追加します

3 それぞれの数字・文言を変更します

■倒した敵を数える変数を用意する

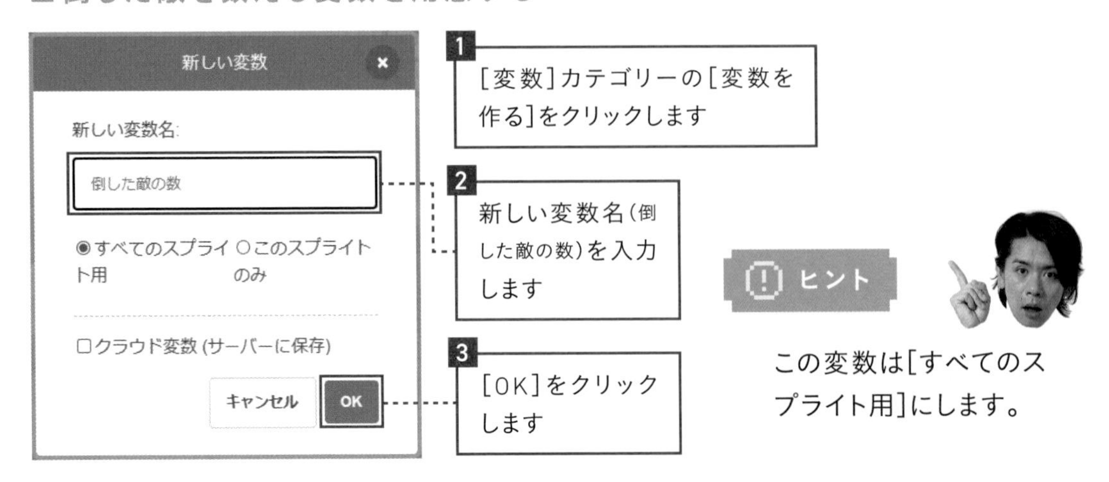

敵キャラにコードを組み込む

敵のスプライトに、

・「倒した敵の数」を0にする

・倒した敵を数え、100体倒したら「ゲームクリア」のメッセージを送る

・ゲームクリア後は敵を出さない

という処理を組み込みます。

■敵のスプライトにコードを2か所組み込む

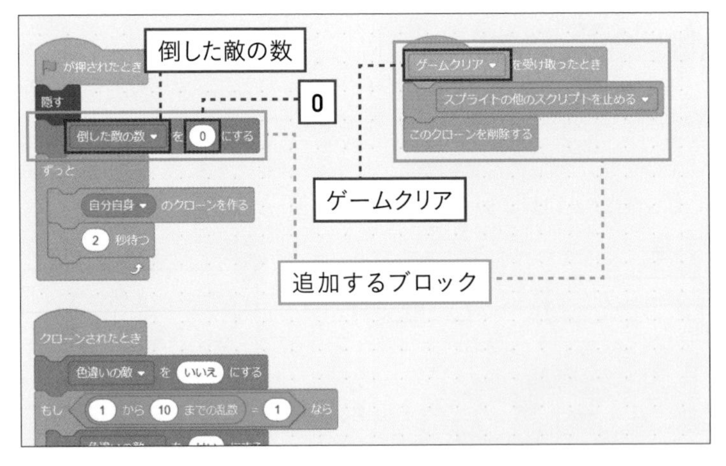

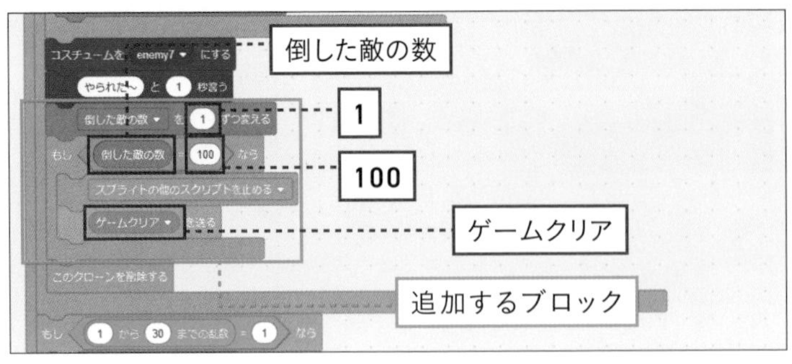

ヒント

［スプライトの他のスクリプトを止める］は、［すべてを止める］をクリックしてプルダウンメニューから選びます。

ヒント

コードが追加しにくいときは、［このクローンを削除する］ブロックをいったんはずしておきましょう。

■動作の確認

1 をクリックして実行します

2 敵を100体倒すとCongratulations!と表示され、処理が止まることを確認します

コードの説明

敵のスプライトでは、敵が倒れたときに「倒した敵の数」を1増やし、100になったら「ゲームクリア」のメッセージを送っています。またゲームクリアを受け取ったら、クローンをこれ以上作らないようにしています。

タイトルロゴのスプライトでは、ゲームクリアのメッセージを受け取ったら、コスチュームをCongratulations!に変え、最前面へ移動して表示しています。そしてすべての処理を止めています。

図3-38 処理の流れ

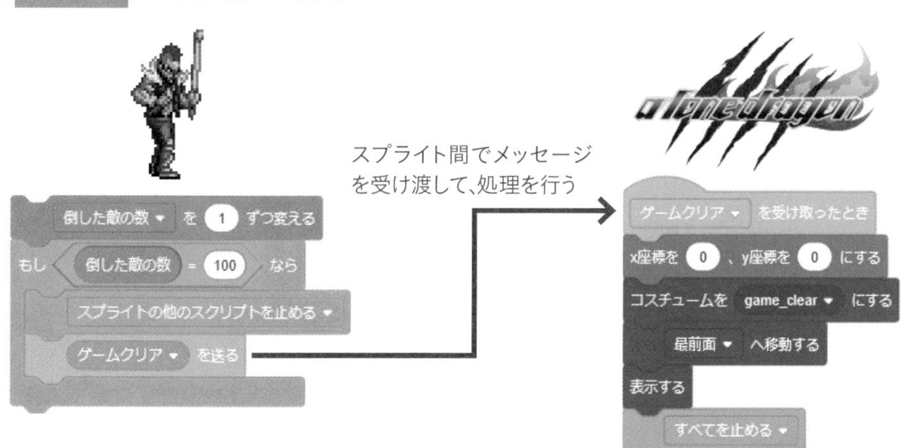

Lesson 54

BGMとSEを組み込んで完成させよう

BGM・ジングル・各種のSEを組み込みます。変数の表示を消すなどの調整を行い、ゲームを完成させます。素材の中に「サウンド」というフォルダがあり、そこに音のファイルが入っています。bgm.mp3がゲーム中のBGM、game_clear.mp3がゲームをクリアしたときのジングル、game_over.mp3がゲームオーバーのジングルです。kick.mp3とpunch.mp3は主人公が攻撃するときのSE(効果音)、life.mp3は体力が回復するときのSEです。

図3-39 サウンドファイル

bgm.mp3

game_clear.mp3

game_over.mp3

kick.mp3

life.mp3

punch.mp3

ジングルとは演出などに用いる短い曲のことです。

■BGMをアップロードする

1 スプライトリストのtitleを選択した状態で、bgm.mp3をアップロードします

2 アップロードするとこの画面になります

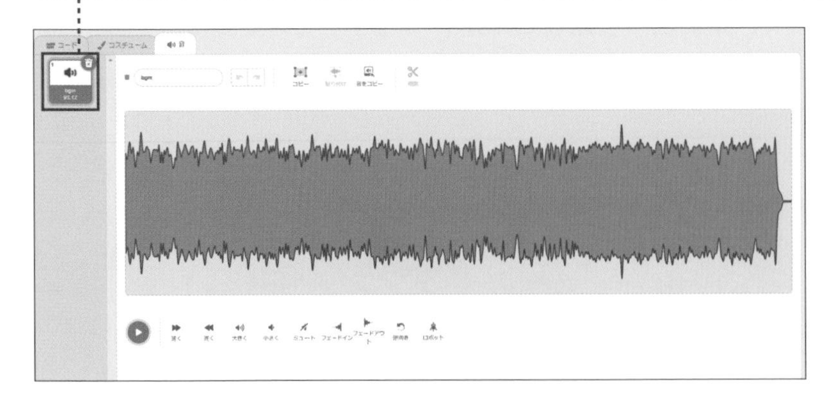

ヒント

BGM、ゲームオーバー、ゲームクリアのSEはタイトルの音としてアップロードするため、titleを選択します。

■BGMをループして鳴らす

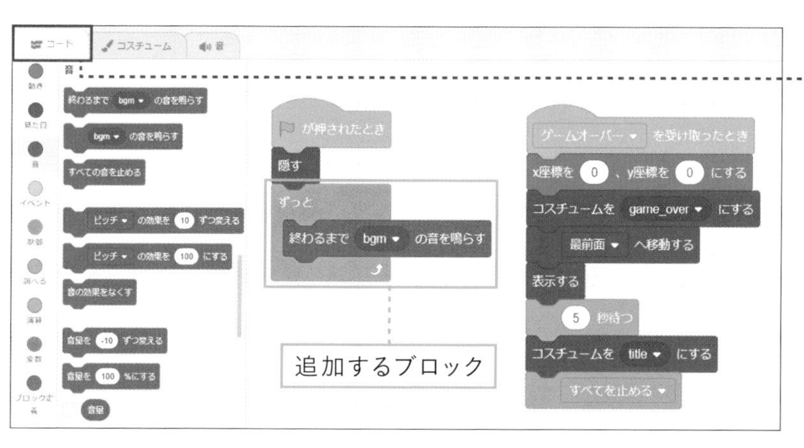

1 [コード]タブをクリックします

2 ブロックを追加します

■ゲームオーバーのジングルをアップロードする

1 スプライトリストのtitleを選択した状態で、game_over.mp3をアップロードします

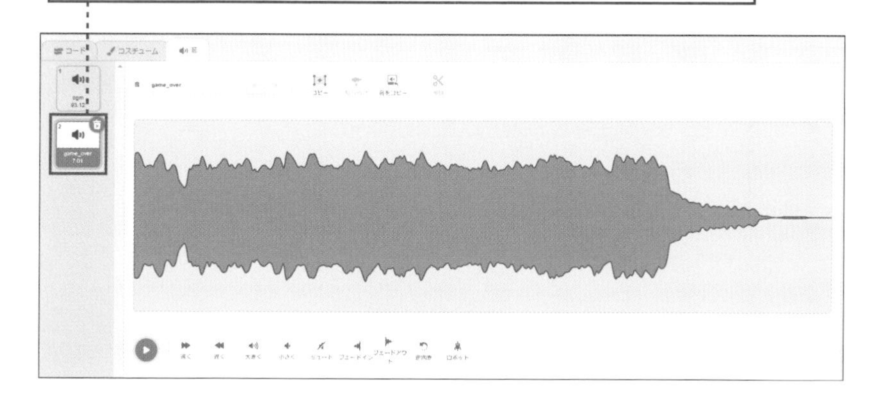

2 [コード]タブをクリックします

3 ブロックを追加します

4 game_overに変更します

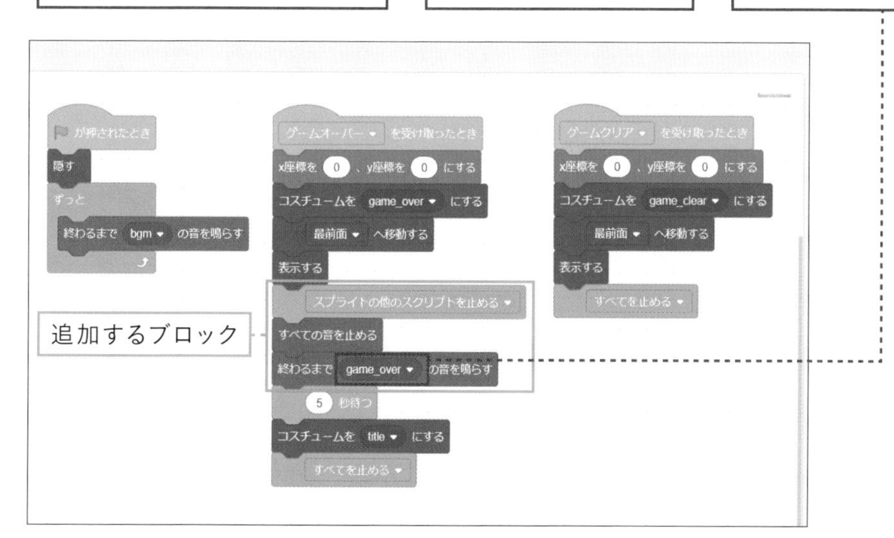

■ゲームクリアのジングルをアップロードする

1 スプライトリストのtitleを選択した状態で、game_clear.mp3をアップロードします

2 [コード]タブをクリックします

3 ブロックを追加します

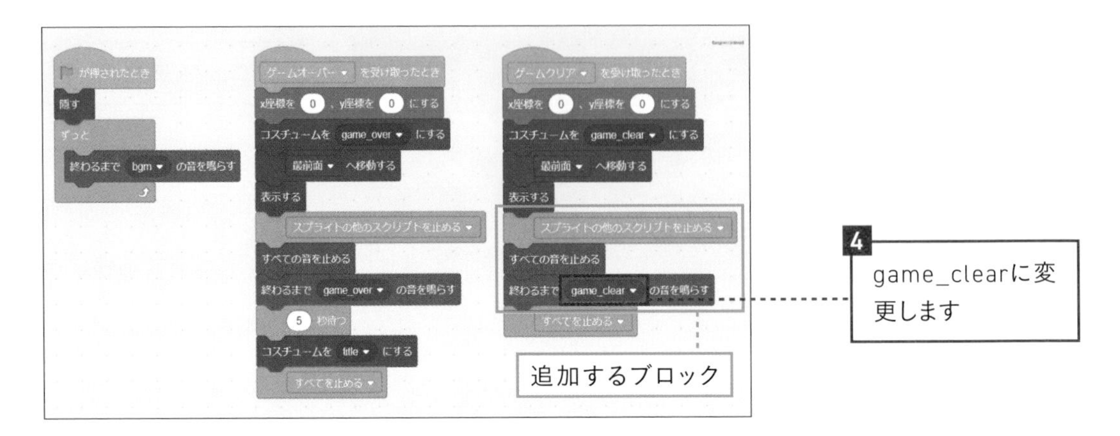

■パンチとキックのSEをアップロードする

1 スプライトリストのplayer1を選択した状態で、kick.mp3とpunch.mp3をアップロードします

ヒント

パンチとキックのSEは主人公のスプライトの音としてアップロードするため、player1を選択します。

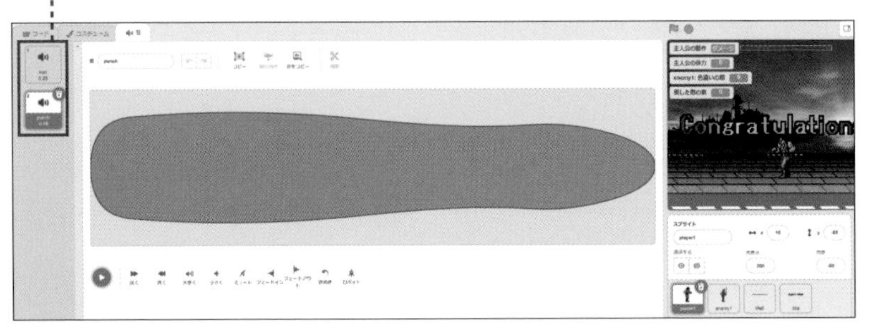

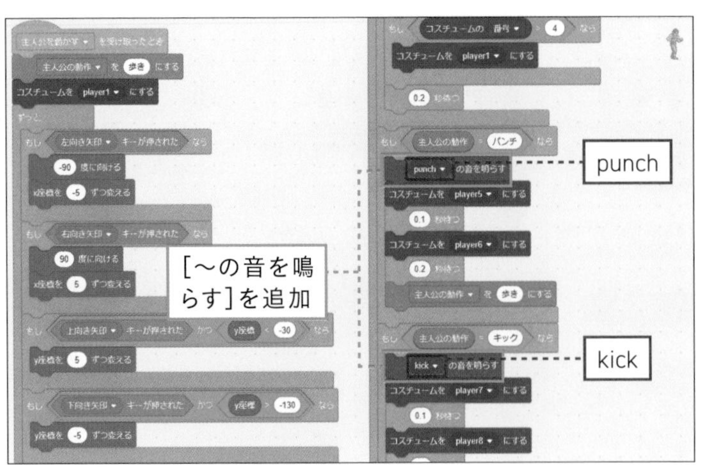

2 [コード]タブをクリックします

3 ブロックを追加し、文言を変更します

■体力回復のSEをアップロードする

1 スプライトリストのenemy1を選択した状態で、life.mp3をアップロードします

2 [コード]タブをクリックします

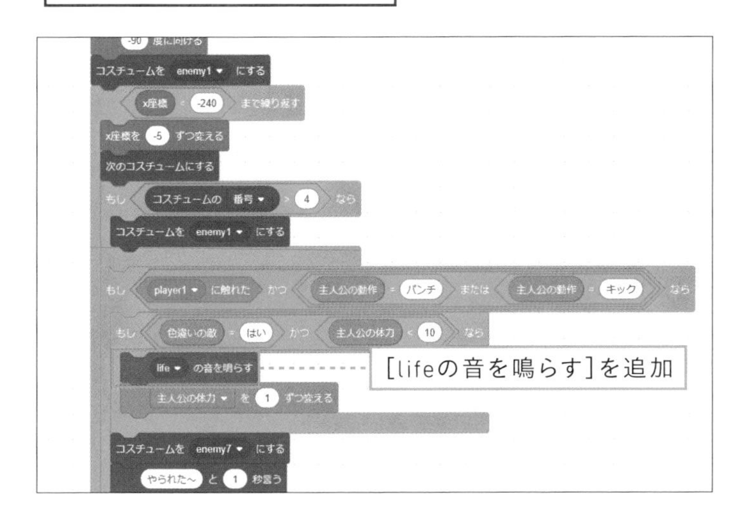

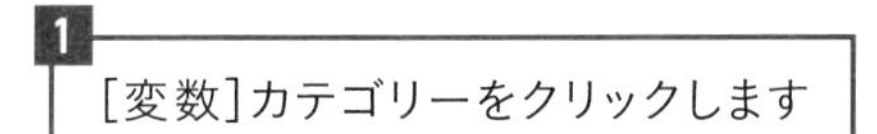

3 ブロックを追加します

ヒント

体力回復のSEは敵のスプライトの音としてアップロードするため、enemy1を選択します。

■変数の表示と体力ゲージの位置を調整する

1 [変数]カテゴリーをクリックします

2 [主人公の体力][主人公の動作][色違いの敵]のチェックマークをはずします

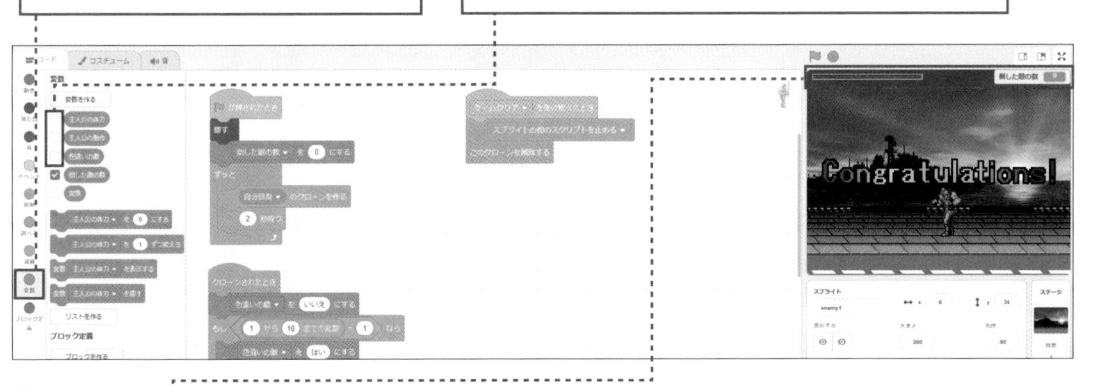

3 ステージ上の[倒した敵の数]と体力ゲージを見やすい位置に移動します

ヒント

[色違いの敵]は敵キャラ用の変数なので、敵のスプライトを選ばないと表示されません。敵のスプライトを選んで、その変数のチェックマークをはずしましょう。

■ゲームの完成！

1 をクリックして実行します

2 BGMやSEが出力されます

これでゲームが完成しました！　野田さん、体験してみてどうでしたか？

敵キャラの動きをこれだけコントロールできるのがいいですね。Scratchでこんなに本格的な格闘アクションゲームが作れるんだ、とびっくりしました。

ギミックに挑戦しよう

Scratchプログラミングのヒント▶ギミック

コンピュータゲームは**ギミック**を用意すると、より楽しくなります。ギミックとはゲーム内にある仕掛けのことです。
ゲームソフトによってギミックの内容はさまざまです。例えば「箱から飛び出す敵」「転がってくる丸太や岩などの障害物」「一気に走り抜けないと崩れ落ちる橋」など。ギミックはプレーヤーを驚かせたり、喜ばせたり、ハラハラドキドキさせるためにあります。
Scratchには自由に使えるスプライトが用意されているので、それを使ってギミックを追加してはいかがでしょうか。例えばリンゴの絵があるので、それが上から落ちてきて、触れると体力が回復するようにします。プログラミングに慣れてきたら、ギミックの追加にも挑戦してみましょう。

Chapter 4

ゲームを作ろう応用編

～この章でのゲーム制作の流れ～

Lesson 55	この章で作るゲームの内容
Lesson 56	画面をスクロールさせよう
Lesson 57	自機を動かそう
Lesson 58	弾を発射しよう
Lesson 59	敵機を出現させよう
Lesson 60	敵機を撃ち落とす演出を作ろう
Lesson 61	自機のエネルギーを組み込もう
Lesson 62	スタートからゲームオーバーまでの流れを作ろう
Lesson 63	新しい敵機を作ろう
Lesson 64	敵が弾を撃つようにしよう
Lesson 65	タイマーを使って、現れる敵の種類を変えよう
Lesson 66	エネルギー回復アイテムを作ろう
Lesson 67	敵の種類を増やそう
Lesson 68	ボスを登場させよう
Lesson 69	ステージクリアを入れよう
Lesson 70	BGMとSEを組み込んで完成させよう

このゲームの完成版を次のURLで確認できます。

→ https://scratch.mit.edu/users/nodakuribon/

いろいろな敵が現れるシューティングゲームを作ります。

ボスも登場するハラハラドキドキのゲームです。

Lesson 55

この章で作るゲームの内容

この章で作るゲームの内容を説明します。

ストーリー

21XX年、火星の環境を地球のように変えるテラフォーミング計画が始動した。世界中の国々が力を合わせた結果、百年の時をかけて火星はついに地球化され、人類は新たな惑星(わくせい)で暮らしはじめたのである。そんなとき、大変なニュースが地球に届いた。某大国が火星に軍隊を展開し、火星の独立を宣言したというのだ。人類が力を合わせ手に入れた新天地(しんてんち)を横取りする暴挙(ぼうきょ)に、世界中が怒り狂った。多数の国が国連軍に加わり、かつてない規模の大戦争が火星ではじまる恐ろしい事態に発展したのである。

火星独立を宣言した某国の優秀なパイロット、クリスタル・ノーダは苦悩していた。人類が過去に戦争という過ちを幾度(いくど)も繰り返し、悲しい歴史を築いてきたことを、よく知っていたからだ。

「オレたちはこれからもバカな行為を繰り返すのか……いや、そうあってはならない！」

戦争を止めようと、彼は友人のメアリー・ガルシアの力を借り、最新の宇宙戦闘機(うちゅうせんとうき)を盗み出した。そして反逆(はんぎゃく)という形で、自軍の司令塔(しれいとう)の機能を停止すべく操縦桿(そうじゅうかん)を握(にぎ)ったのである。

ゲーム内容

画面が上から下にスクロールする2D（二次元）画面のシューティングゲームです。

図4-1　ゲーム画面

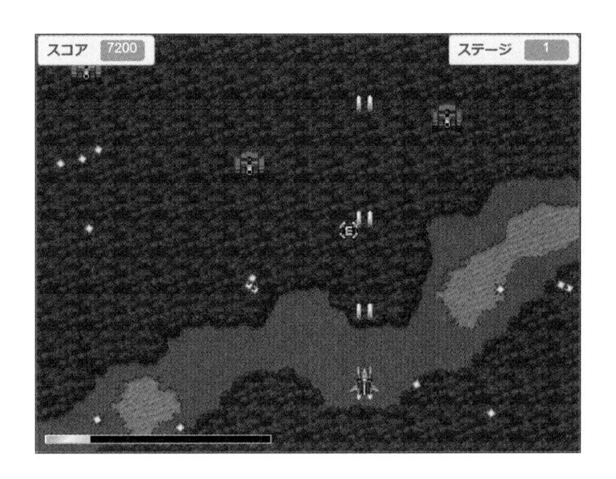

操作方法

・上下左右のカーソルキーで自機を移動します。
・Space キーで弾を撃ちます。

ゲームルール

・次々と現れる敵を撃ち落とします。
・敵機や敵の弾に当たるとエネルギーが減り、エネルギーがなくなるとゲームオーバーです。
・エネルギーは時々、出現するアイテムを取ると回復します。
・しばらく進むとボスが登場し、それを倒すとステージクリアです。

制作に用いる素材

このゲームは次の画像と音の素材を用いて制作します。

図4-2　この章で用いる素材

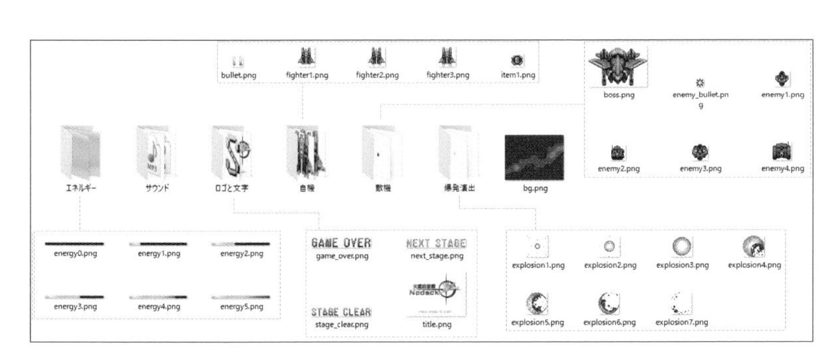

Lesson 56

画面をスクロールさせよう

シューティングゲームの制作をはじめます。このLessonでは画面をスクロールさせるところまでプログラミングします。

新しいプロジェクトを作り、タイトルを入力する

登録したユーザー名とパスワードでサインインしたら、［作る］をクリックして、新しいプロジェクトを用意してください。スクラッチキャットは使わないので削除します。

この章で作るゲームのタイトルは「火星防衛軍Nodack」です。タイトルを入力欄に入力しましょう。

画面をスクロールさせる

このゲームは画面全体をスクロールさせます。素材が入った「Chapter 4」フォルダにあるbg.pngが背景として用いる画像です。

図4-3　スクロール用の画像

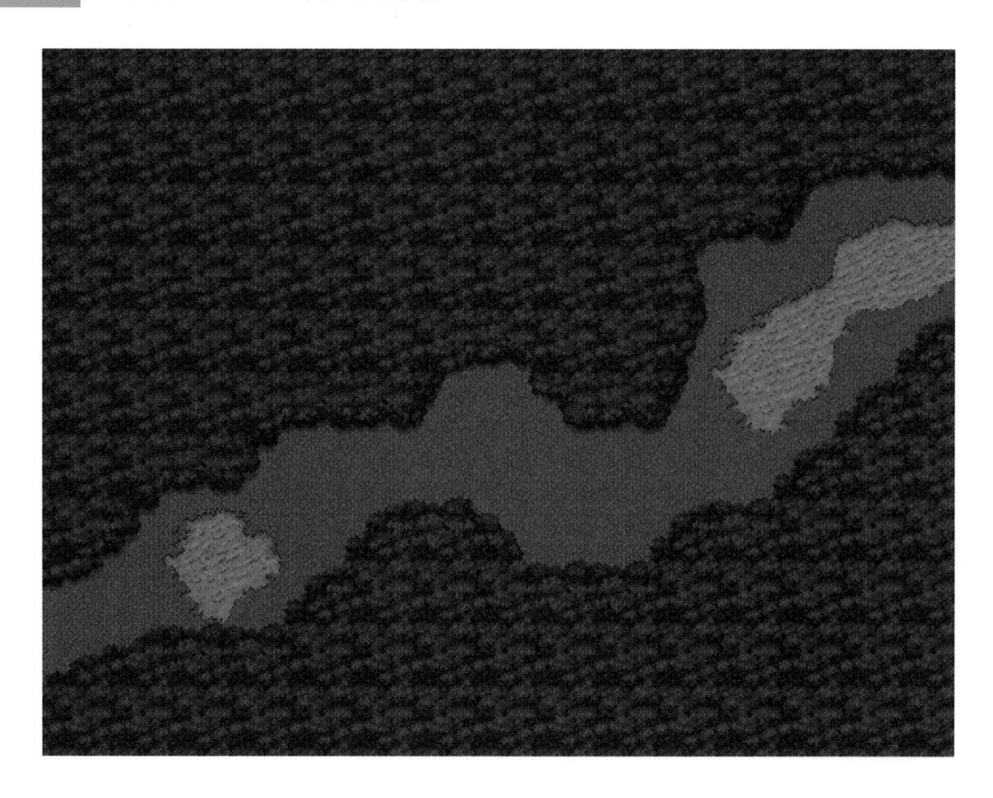

Scratchのステージの背景は座標を変えることができないので、この画像を背景にアップロードしても、スクロールさせることはできません。スクロールさせるには、bg.pngをスプライトとして扱います。この**画像を2つのスプライトとして用いて、画面全体をスクロール**させます。次の手順で**bg.pngを2つのスプライトとしてアップロード**します。

■スプライトを2つアップロードする

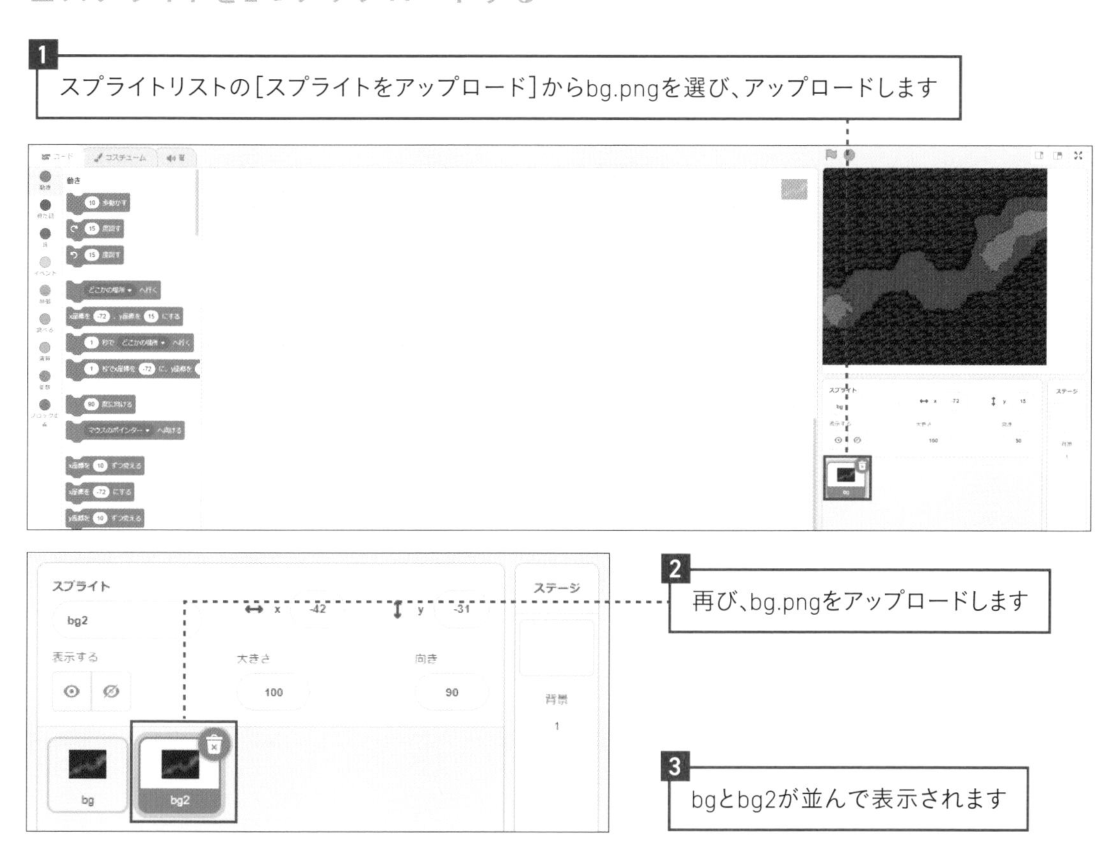

■スクロールさせる画像の座標を管理する変数を用意する

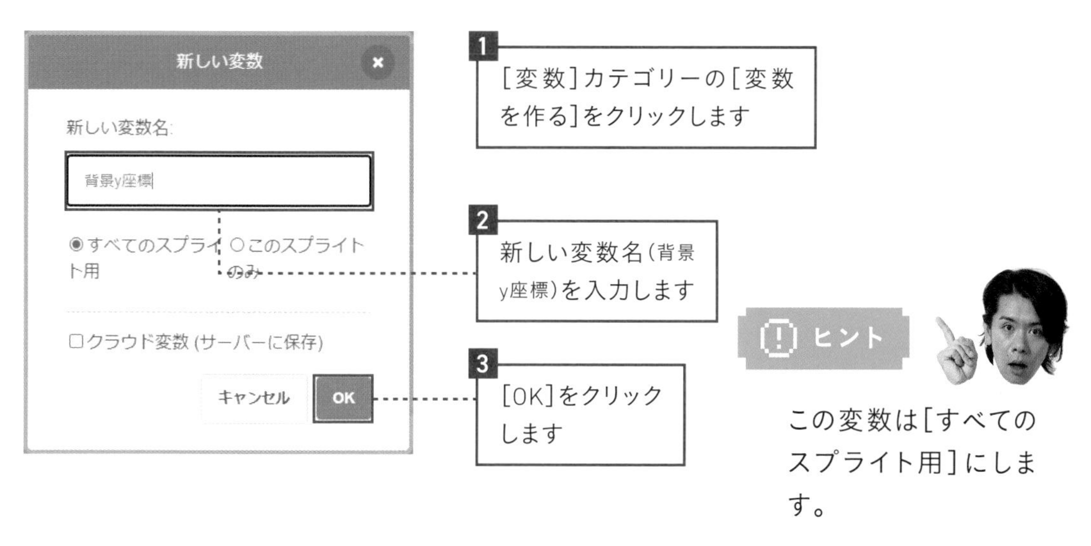

■bgにコードを組み込む

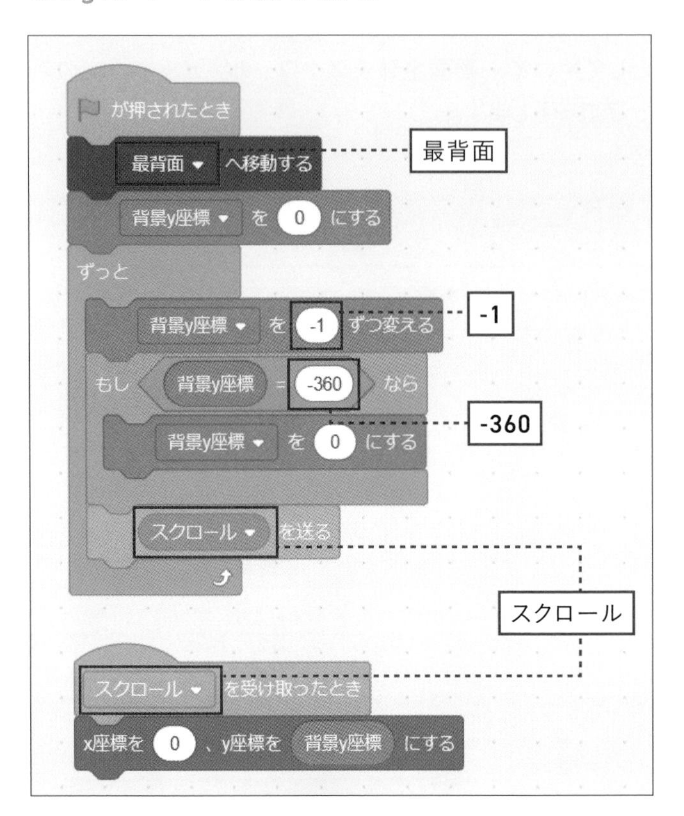

1 bg(1つ目のスプライト)のコードにブロックを追加します

2 それぞれの数字・文言を変更します

[スクロールを受け取ったとき]と[スクロールを送る]は、「スクロール」という新しいメッセージを用意してください。

■bg2にコードを組み込む

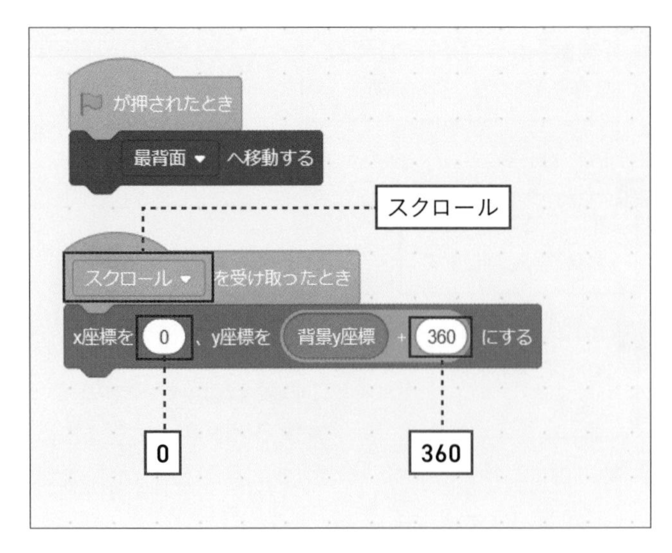

1 bg2(2つ目のスプライト)のコードにブロックを追加します

2 それぞれの数字・文言を変更します

■動作の確認

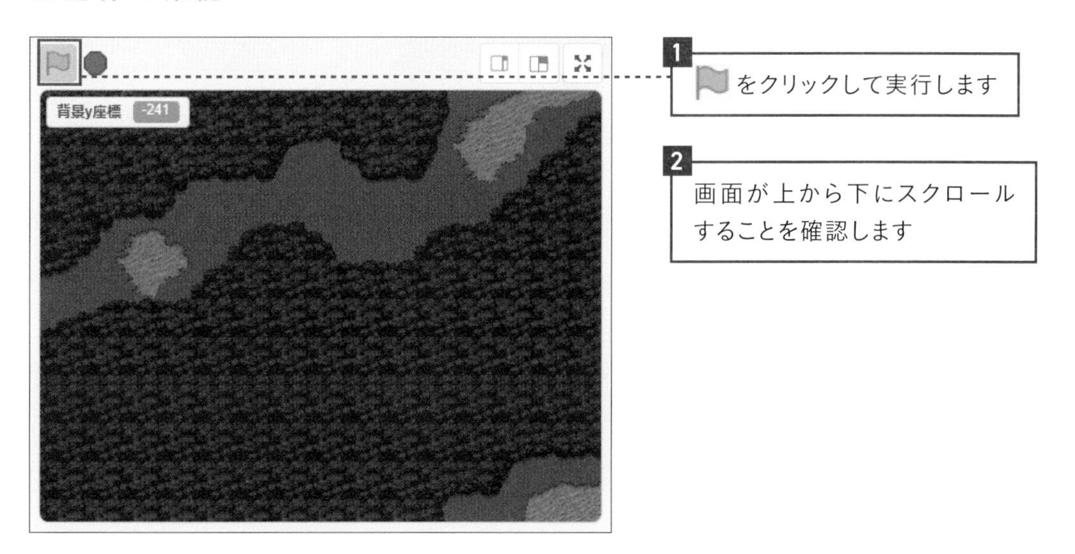

コードの説明

組み込んだプログラムの内容を説明します。

bgのコードでは、旗をクリックしたとき、変数「背景y座標」の値を0にします。[ずっと] のブロックで「背景y座標」を1ずつ減らし、値が-360になったら0に戻します。そして [スクロール] のメッセージを送ります。

[スクロール] を受け取ったら、スプライト（背景画像）のy座標を「背景y座標」の値にします。y座標の値が1ずつ減るので、スプライトは下に移動します。

bg2のコードでは、[スクロール] を受け取ったら、スプライトのy座標を「背景y座標+360」という値にします。これによりbg2とbgが縦に並び、それぞれ下に向かって移動します。

図4-4 スクロールさせるコード

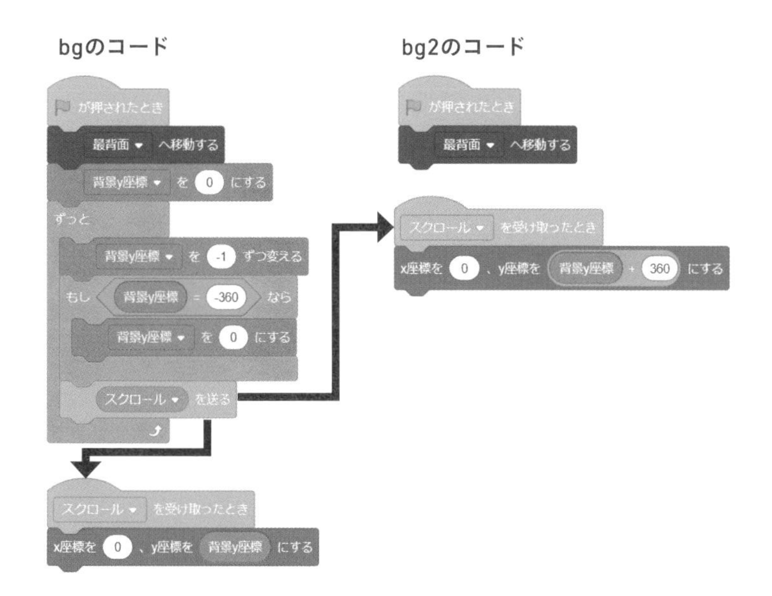

Lesson 57

自機を動かそう

プレーヤーが操作する戦闘機などのメカを、ゲーム用語で「自機」といいます。ここでは自機をカーソルキーで動かすプログラムを作ります。

自機のスプライトをアップロードする

素材のフォルダ内に「自機」というフォルダがあります。その中にあるfighter1.png〜fighter3.pngが自機の画像です。3つの画像でエンジンから炎が噴き出すアニメーションを行います。fighter1.pngをスプライトとしてアップロードし、fighter2.pngとfighter3.pngを、そのコスチュームとしてアップロードしましょう。

図4-5 プレーヤーの操作する戦闘機の画像

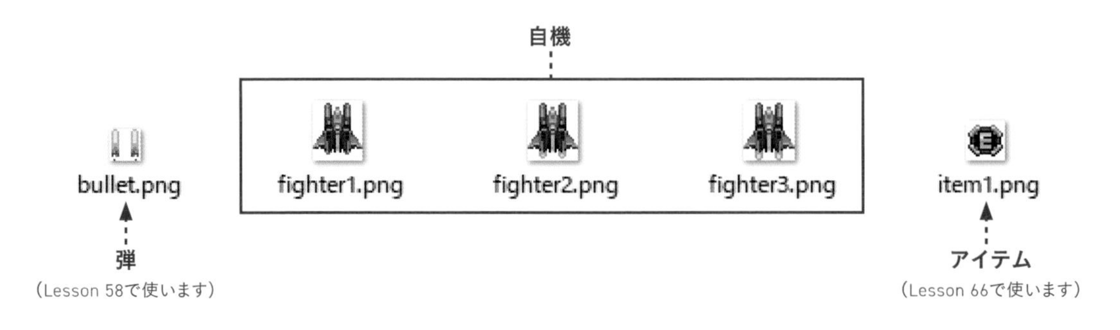

■スプライトとコスチュームをアップロードする

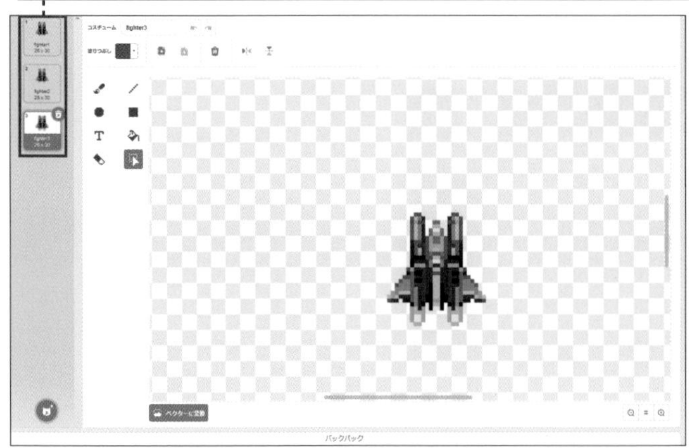

■自機を動かすプログラムを作る

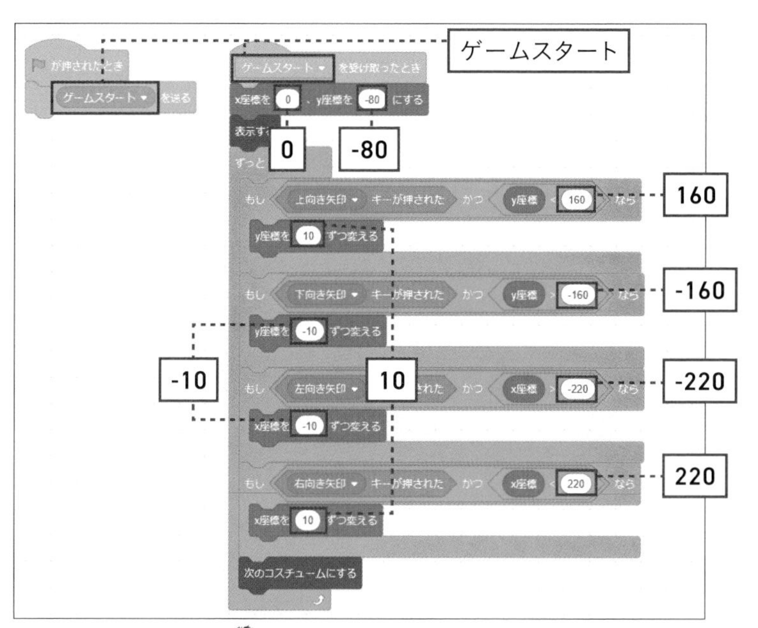

1 fighter1のコードにブロックを追加します

2 それぞれの数字・文言を変更します

「ゲームスタート」という新しいメッセージを作ります。

キーの指定は[上向き矢印][下向き矢印][左向き矢印][右向き矢印]です。

■動作の確認

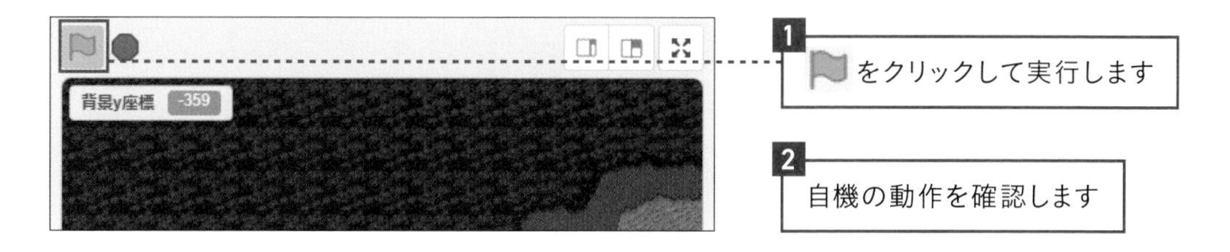

コードの説明

自機を↑キーで動かすコードを抜き出して説明します。

図4-6 自機を動かすコード

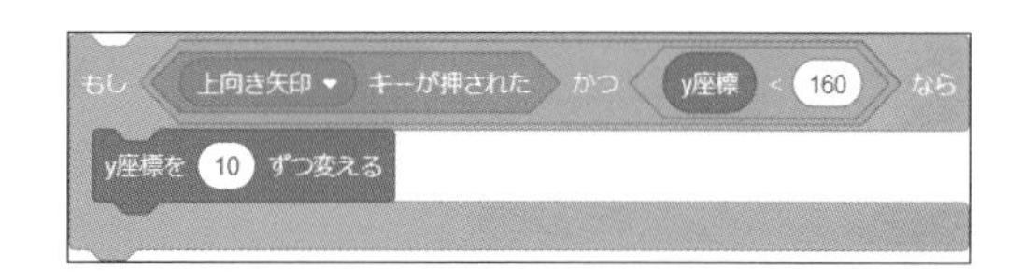

[もし] のブロックに「↑キーが押され、かつ、自機のy座標が160より小さいなら」という条件を組み込み、それが成り立つなら自機のy座標を10増やし、上に動かしています。「y座標<160」は、自機がステージ上端のぎりぎりまで行かないようにするために入れています。↓キー、←キー、→キーの判定と座標の計算も同様に行っています。

Lesson 58

弾を発射しよう

自機から複数の弾を発射できるようにします。その処理をクローンで作ります。

弾をアップロードし、コードを組み込む

「自機」フォルダにあるbullet.pngが自機の弾の画像です。この画像をスプライトにアップロードし、そのコードエリアにブロックを置いて、弾を動かすプログラムを作ります。

図4-7　自機の弾の画像

■自機の弾を動かすコードを作る

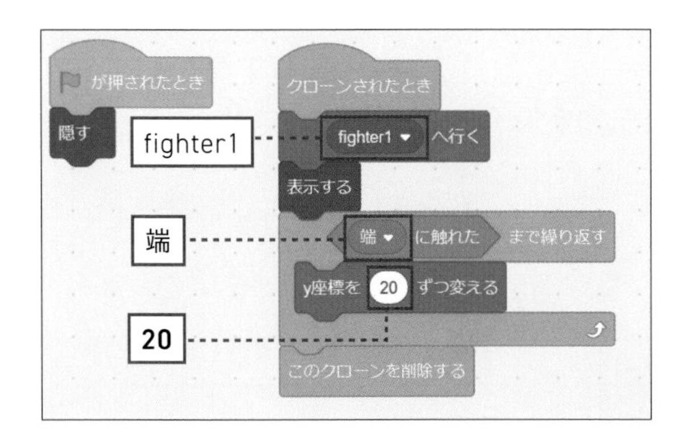

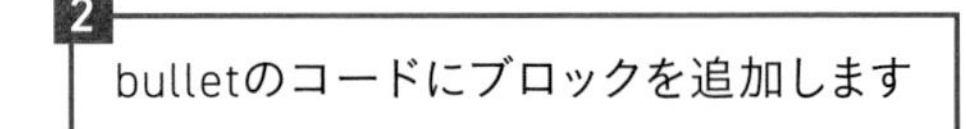

3 それぞれの数字・文言を変更します

■弾を撃つコードを自機のスプライトに組み込む

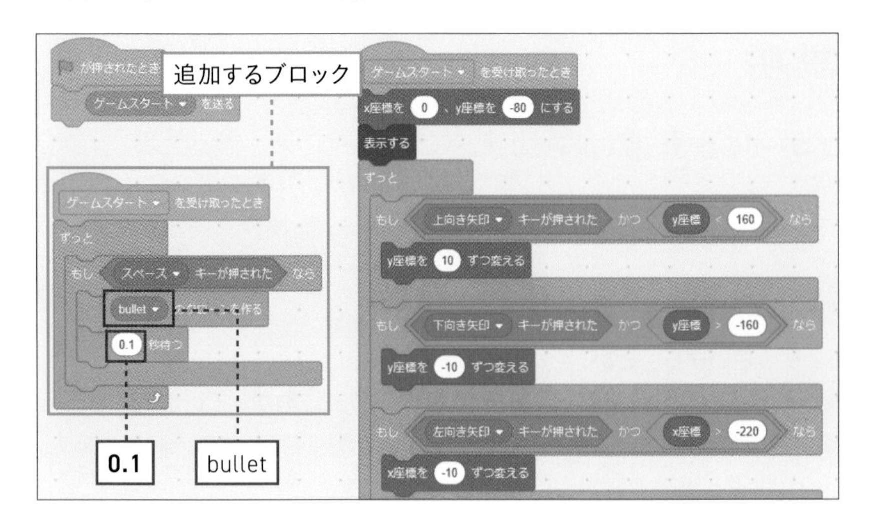

1 スプライトリストのfighter1を選び、ブロックを追加します

2 それぞれの数字・文言を変更します

■動作の確認

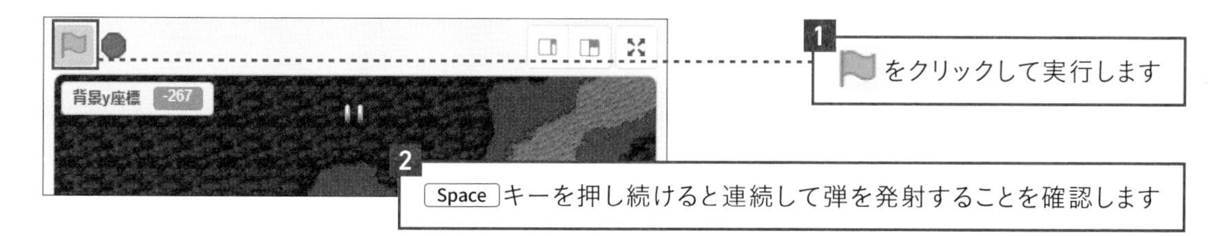

コードの説明

組み込んだ処理の流れを説明します。

図4-8 自機から弾を発射するコード

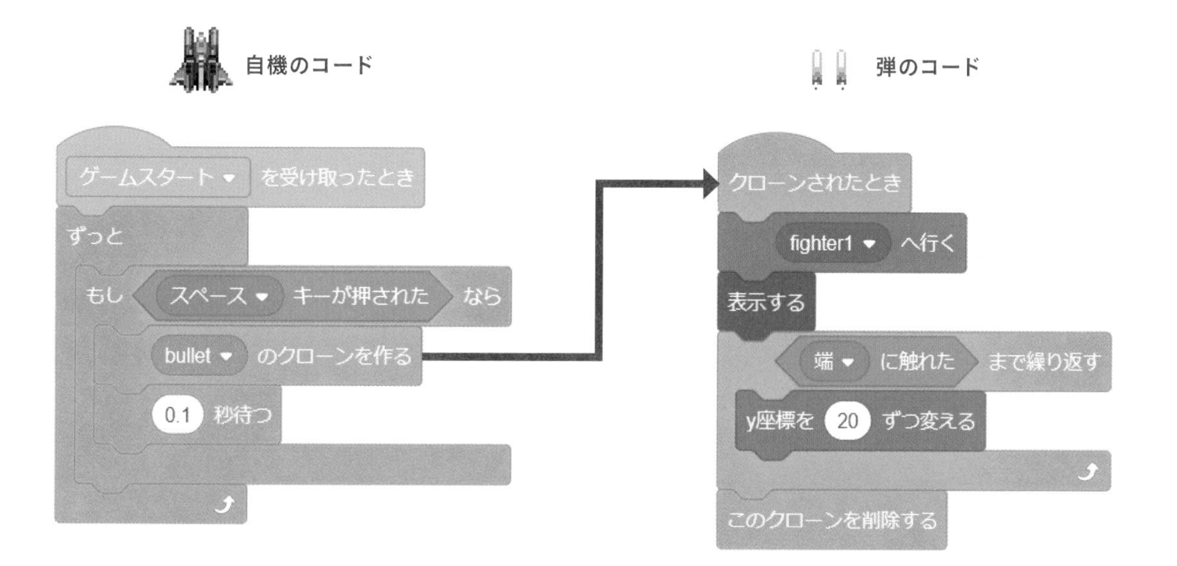

自機のコードで、Space キーが押されたら弾のクローンを作ります。そのとき0.1秒待つことで、Space キーを押し続けると一定間隔でクローンを作り、連射できるようにしています。

弾のコードでは、クローンされた弾を、［fighter1へ行く］で自機の位置に移動してから表示します。［fighter1へ行く］で弾の座標が自機の座標と同じ値になります。

そしてステージ端に触れるまで、y座標を20ずつ増やして上に動かします。端に触れた時点で［端に触れたまで繰り返す］の処理が終わり、［このクローンを削除する］で弾のクローンが削除されます。

クローンを作り過ぎると処理が重くなり、またクローンできる数の上限が決まっているので、不要になったクローンは必ず削除しましょう。

弾を連射するコードは、ほかのゲームにも応用できそうですね。

Lesson 59

敵機を出現させよう

シューティングゲームなどの敵キャラを「敵機（てっき）」といいます。このゲームには、ザコ4種、ボス1種の計5種類の敵機を登場させます。このLessonでは、はじめに出るザコの処理を作ります。

敵をアップロードし、コードを組み込む

ゲームのザコキャラとは、ステージの途中でいくつも出てくる弱い敵を意味する言葉です。「敵機」フォルダにあるenemy1.png〜enemy4.pngがザコキャラの画像です。

ここではenemy1.pngの処理を作ります。以後はenemy1.pngの敵を「ザコ1」と呼びます。enemy1.pngをスプライトにアップロードし、コードエリアにブロックを置き、ザコ1のプログラムを作りましょう。

図4-9　敵の画像

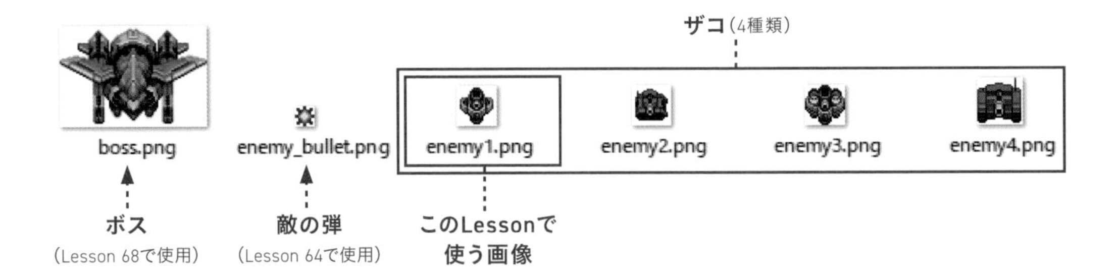

■ザコ1のプログラムを作る

1　enemy 1.pngをスプライトにアップロードします

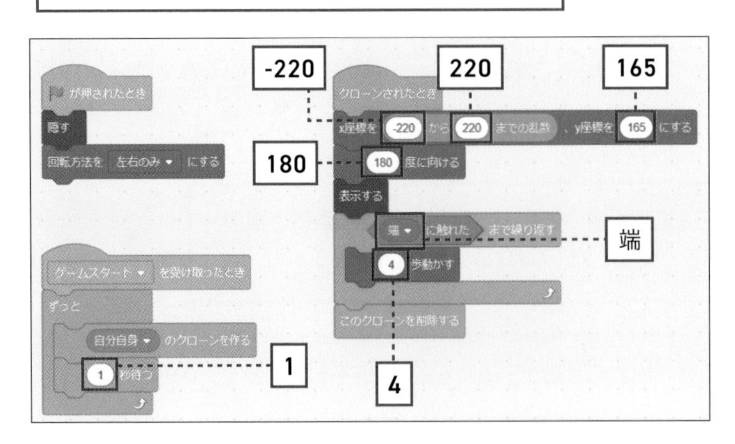

2　enemy1のコードにブロックを追加します

3　それぞれの数字・文言を変更します

■動作の確認

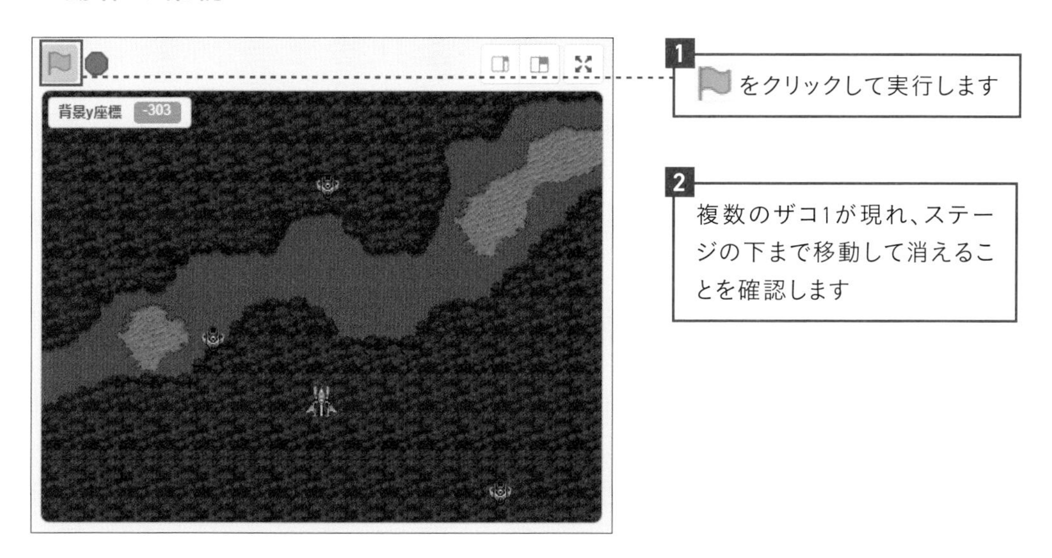

コードの説明

組み込んだプログラムを説明します。

図4-10 複数のザコ1が動くコード

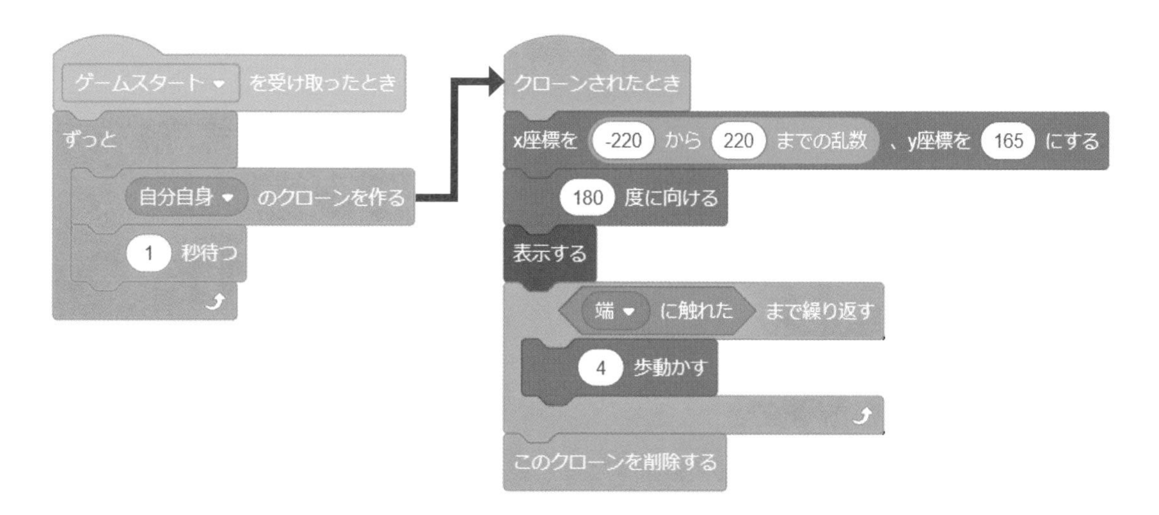

［ゲームスタート］を受け取ったら、［ずっと］のブロックで、ザコ1のクローンを1秒ごとに作り続けています。

クローンしたザコ1の座標をランダムに決め（座標はステージ上端のどこかになります）、進む向きを180度（真下）にして、端に触れるまで4ドットずつ動かします。端に触れたらクローンを削除し、その敵を消しています。

Lesson 60

敵機を撃ち落とす演出を作ろう

Space キーで撃った弾が敵に当たると、敵が爆発して消えるようにします。

爆発演出を作る

敵が爆発して消えるエフェクト（ゲームの演出）を組み込みます。「爆発演出」フォルダのexplosion1.png〜explosion7.pngが、その演出に用いる画像です。explosion1.pngをスプライトとして、explosion2.png〜explosion7.pngをそのコスチュームとしてアップロードしましょう。

図4-11 爆発の画像

explosion1.png

explosion2.png

explosion3.png

explosion4.png

explosion5.png

explosion6.png

explosion7.png

■スプライトとコスチュームをアップロードする

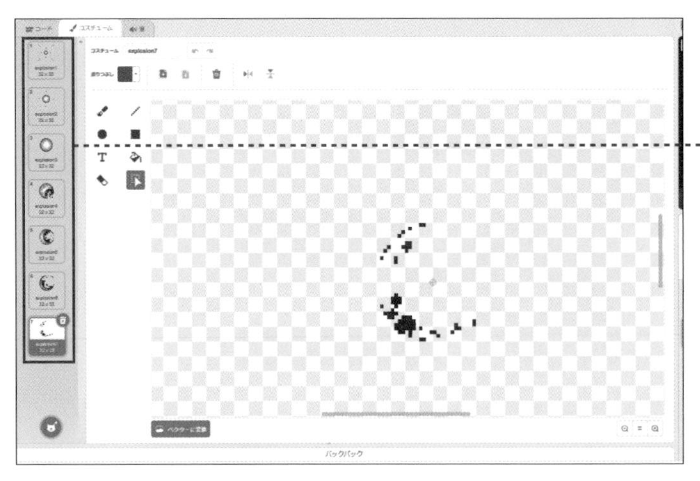

1 explosion1.pngをスプライト、explosion2.png〜explosion7.pngをコスチュームとしてアップロードします

ヒント

敵に弾を当てたとき、このスプライトをクローンし、explosion1.pngからexplosion7.pngを順に表示することで、爆発する様子を表現します。

■新しい変数を3つ用意する

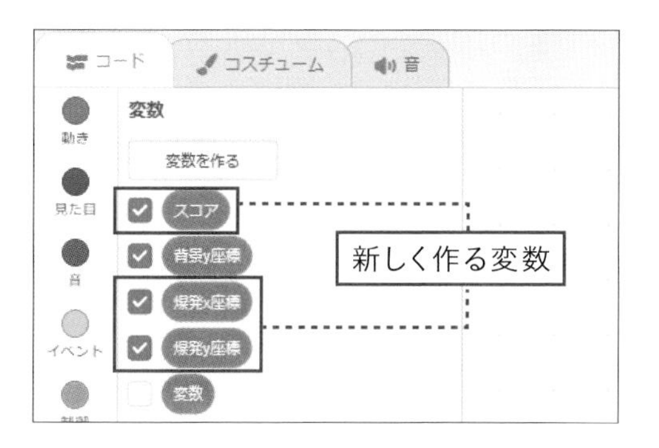

1 敵を撃ち落としてスコアを増やす[スコア]、座標の受け渡しを行う[爆発x座標][爆発y座標]という変数を作ります

ヒント

いつもの手順でそれら3つの変数を作りましょう。どの変数も「すべてのスプライト用」とします。

■コードを組み込む

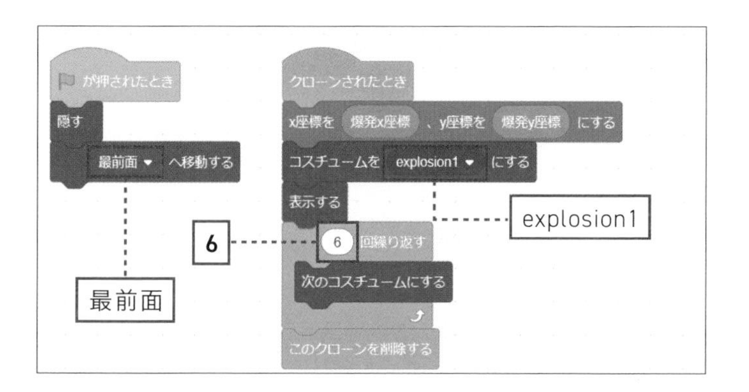

1 explosion1のコードにブロックを追加します

2 それぞれの数字・文言を変更します

変数[爆発x座標]と[爆発y座標]を[x座標を○、y座標を○にする]の青いブロックにセットします。間違って[背景y座標]を入れないようにしましょう。

■ザコ1に弾が当たったら爆発して消えるコードを追加する

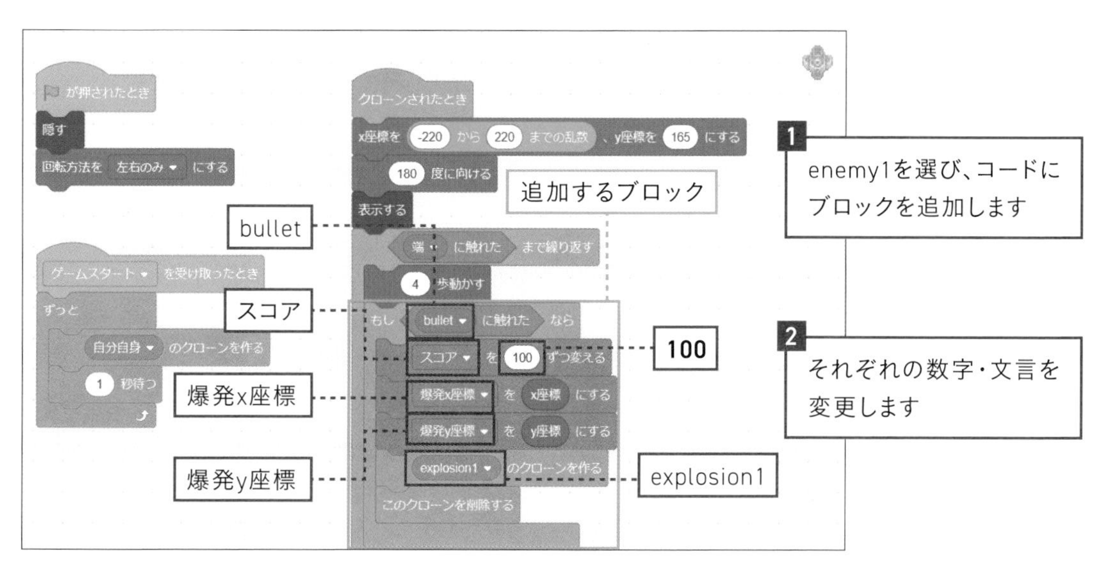

1 enemy1を選び、コードにブロックを追加します

2 それぞれの数字・文言を変更します

■動作の確認

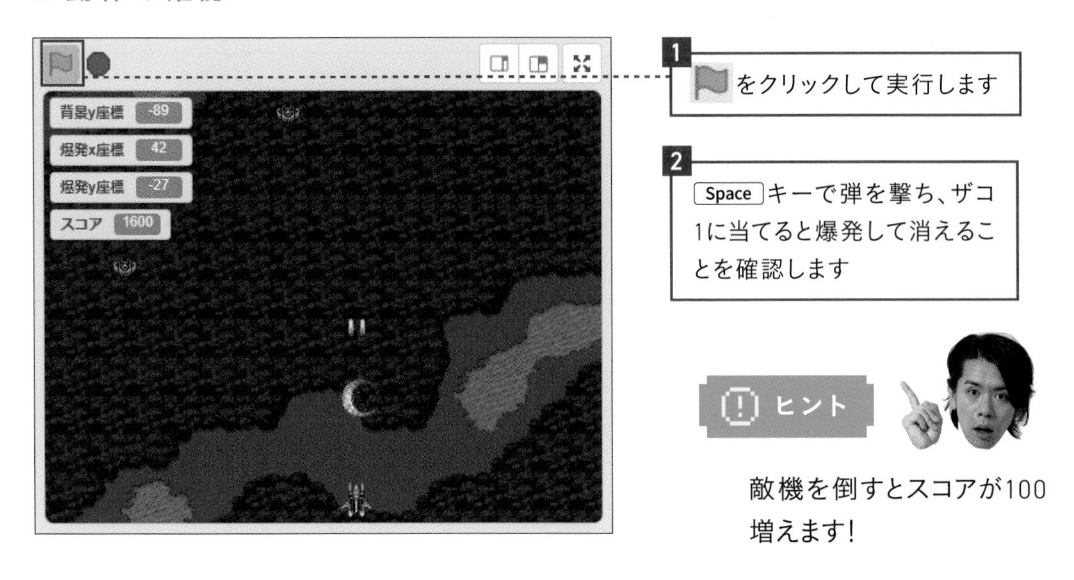

■敵に当たった弾が消えるように改良する

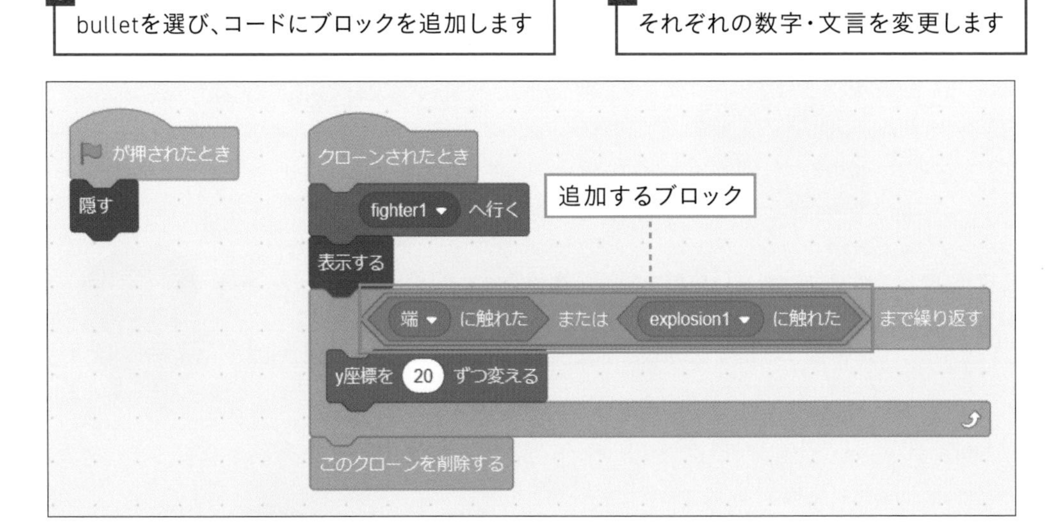

組み込み済みの[端に触れた]をいったんはずし、[〜または〜]と[explosion1に触れた]を追加して、それら3つを組み合わせます。

動作の確認

をクリックして、敵に当たった弾が消えることを確認しましょう。弾と敵の位置関係によっては消えずに飛んでいくことがありますが、それはこのゲームの仕様とします。

コードの説明

組み込んだ処理の流れを図で説明します。

図4-12　処理の流れ

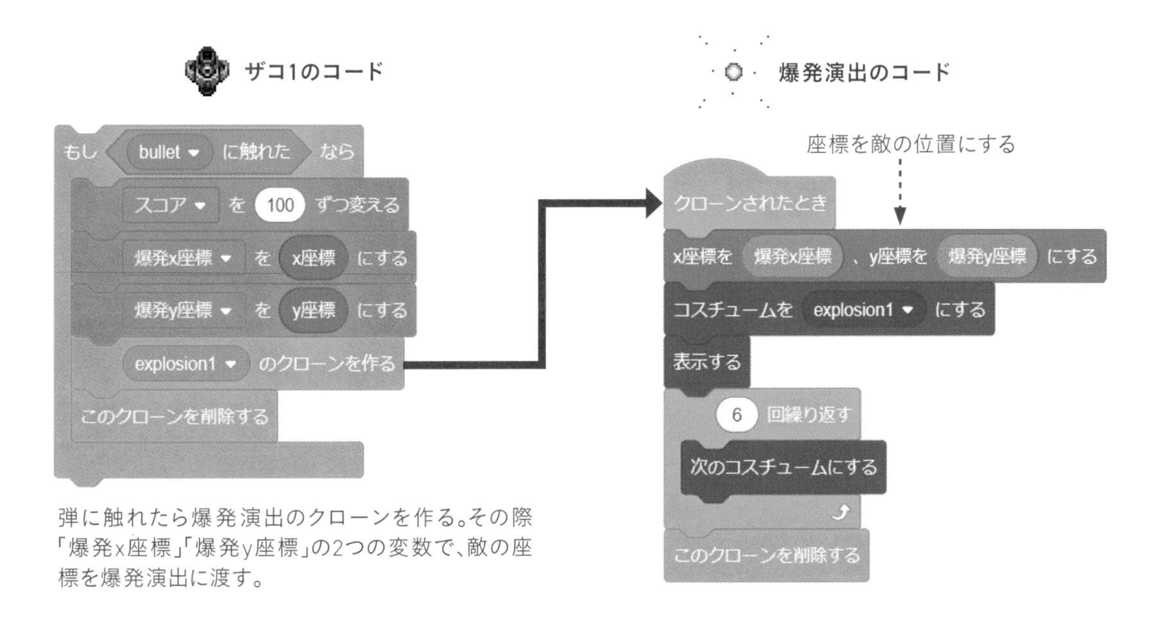

弾に触れたら爆発演出のクローンを作る。その際「爆発x座標」「爆発y座標」の2つの変数で、敵の座標を爆発演出に渡す。

ザコ1(enemy1)のコードで爆発演出(explosion1)のクローンを作っています。2つの変数を使って、敵の座標を爆発演出に渡すところがポイントです。

またここでは弾のコードに、[〜または〜]と[explosion1に触れた]の2つのブロックを追加し、次の条件式を作りました。

図4-13　弾のコードにブロックを2つ追加した条件式

何らかの条件が成り立ったかをコンピュータに判断させるために、プログラムに記述する式を**条件式**といいます。

この条件式により、弾はステージ端に達するか、または爆発演出に触れるまで飛び続けます。そして端に達したか爆発演出に触れたらクローンを削除して弾が消えます。

本格的な爆発演出を作ることができました。ゲーム制作は、このように段階的にいろいろなことを組み込んでいきます。さらに豪華な内容にしていきましょう。

Lesson 61

自機のエネルギーを組み込もう

自機のエネルギー量を表すゲージを表示し、敵機に触れるとエネルギーが減るようにします。

エネルギー制について

このシューティングゲームは、エネルギー制（ライフ制）とし、自機が敵の機体や弾に触れるとエネルギーが減るようにします。このLessonではエネルギーゲージの表示と、敵機に触れるとエネルギーが減るプログラムを作ります。そして次のLessonで、エネルギーがなくなるとゲームオーバーになるようにします。
「エネルギー」フォルダにあるenergy0.png〜energy5.pngがエネルギーの画像です。energy0.pngをスプライトとして、energy1.png〜energy5.pngをコスチュームとしてアップロードしましょう。

図4-14 エネルギーのゲージ

energy0.png　energy1.png　energy2.png　energy3.png　energy4.png　energy5.png

■スプライトとコスチュームをアップロードする

1
energy0.pngをスプライトとして、energy1.png〜energy5.pngをコスチュームとしてアップロードします

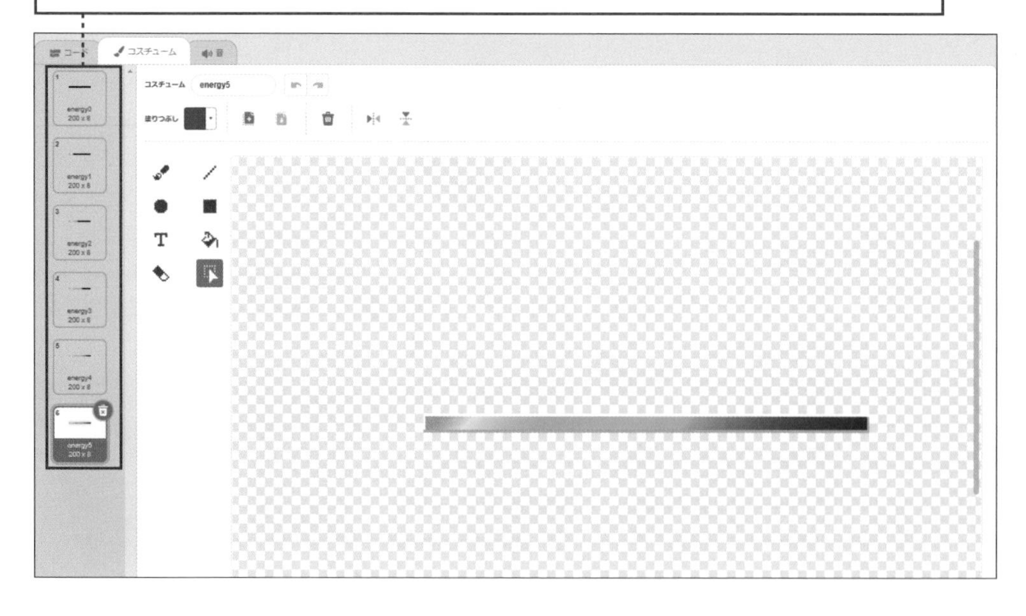

■エネルギーの値を代入する変数を用意する

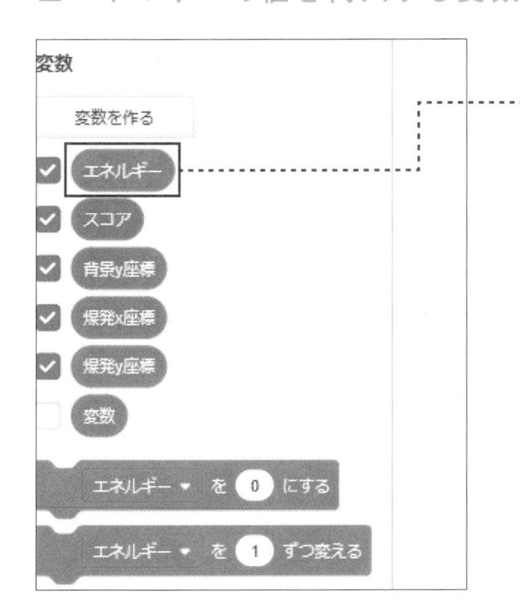

1 [変数]カテゴリーの[変数を作る]をクリックし、新しい変数(エネルギー)を作ります

ヒント

エネルギーの値は最小値を0、最大値を5とします。ゲーム開始時が5で、敵に触れると1減り、0になるとゲームオーバーです。

■エネルギーとスコアの位置を調整する

1 エネルギーのスプライトと変数[スコア]をここに移動します

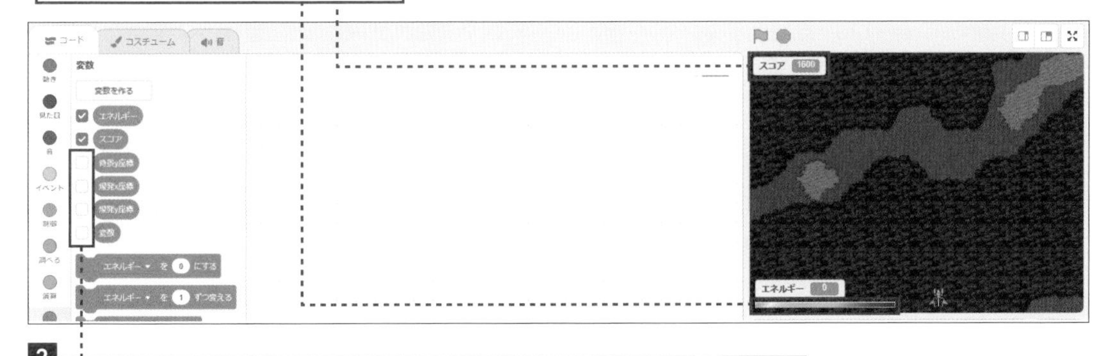

2 [背景y座標][爆発x座標][爆発y座標]のチェックマークをはずします

■エネルギーの残量表示を行うコードを組み込む

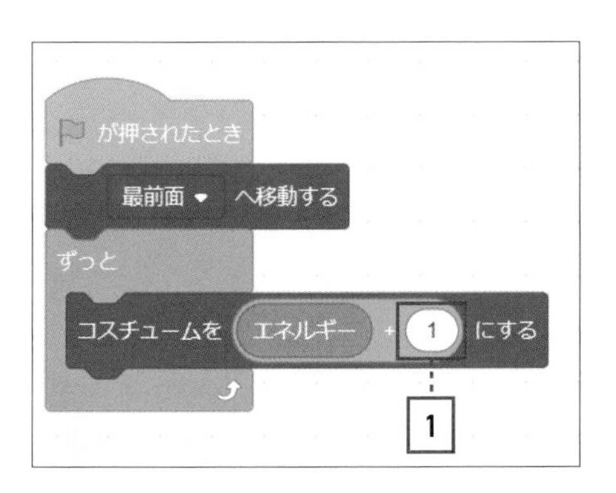

1 energy0のコードにブロックを追加します

2 数字を変更します

■敵機と自機がぶつかったときにエネルギーを減らすコードを追加する

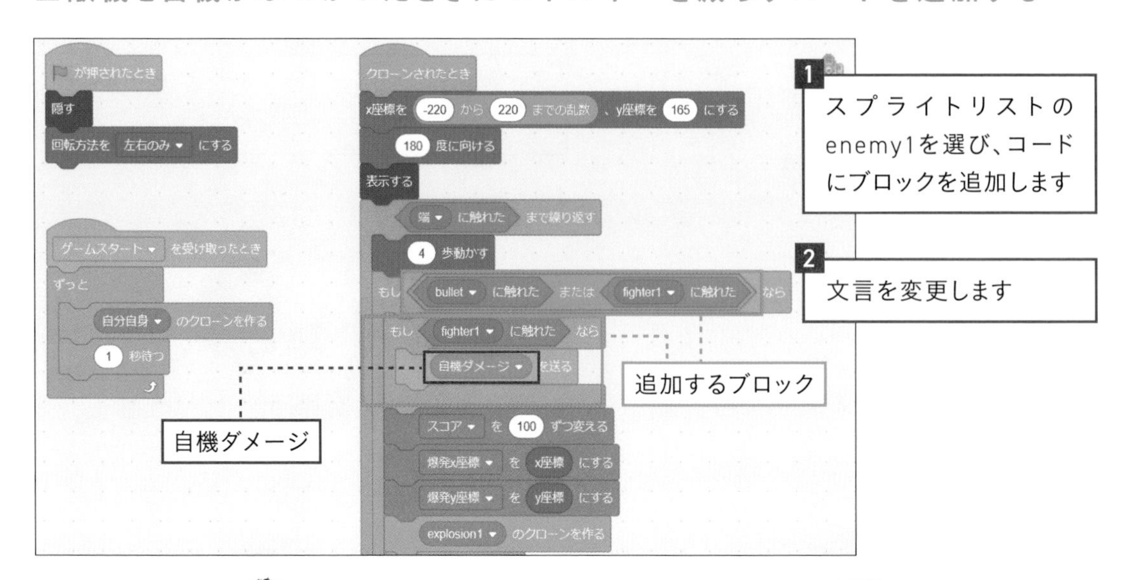

[bulletに触れた]を入れていた六角形にブロック2つを追加し、[bulletに触れた、または、fighter1に触れた]とします。

[もし〜なら]の中に[もし〜なら]を追加し、「自機ダメージ」というメッセージを送ります。「自機ダメージ」は新しいメッセージを作ります。

■自機にコードを追加する

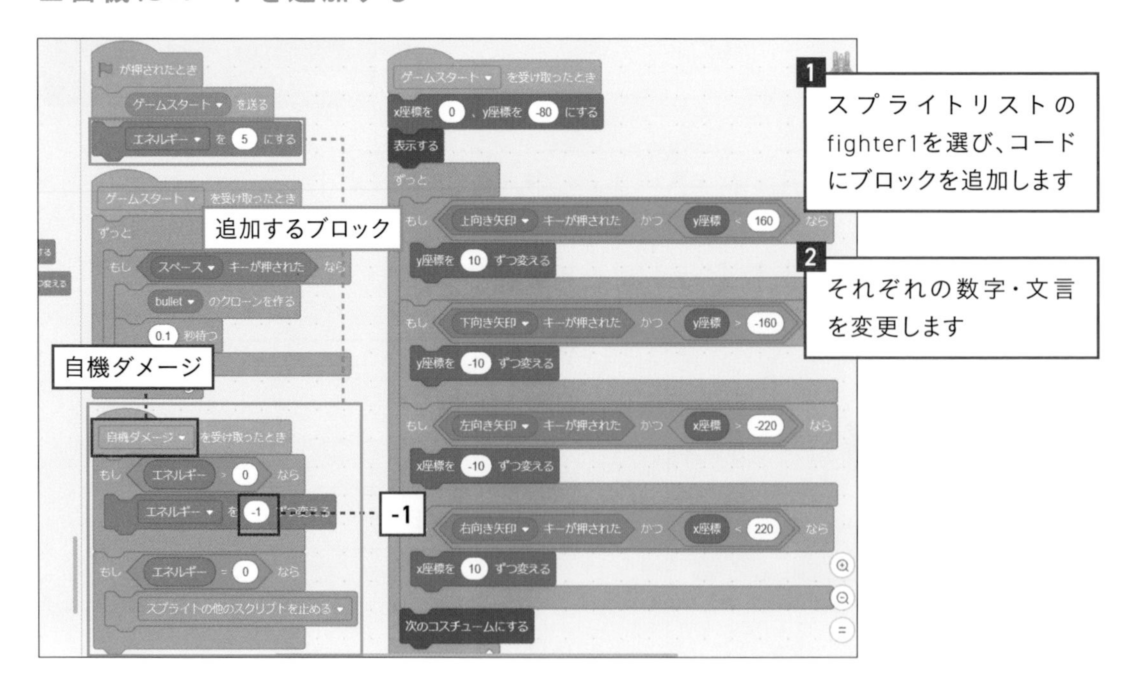

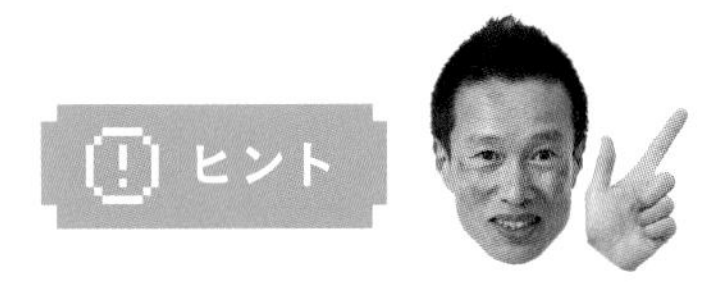

[スプライトの他のスクリプトを止める]は、[すべてを止める]をクリックしてプルダウンメニューから選びます。

■動作の確認

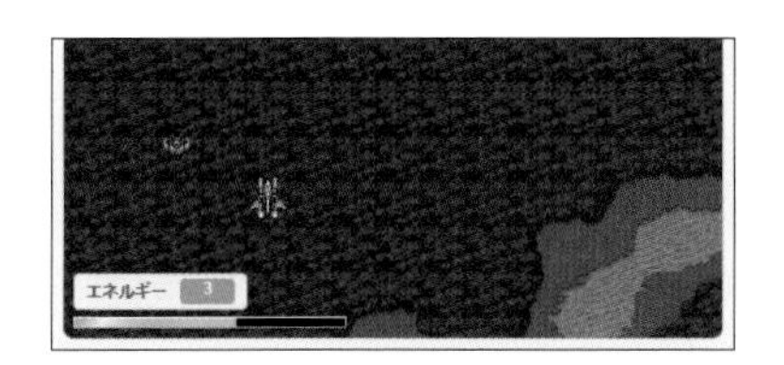

1
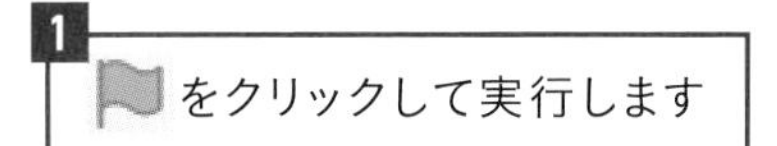

2
エネルギーが満タンの状態ではじまり、自機が敵機とぶつかるとエネルギーが減ることを確認します

コードの説明

「エネルギー」という変数を用意し、その値に応じてエネルギーのコスチュームを変え、ゲージを表示するプログラムを作りました。

エネルギーの最小値は0で、そのときenergy0.pngを表示します。コスチュームは1からはじまるので、次のブロックで、エネルギーの値に1を加えたコスチュームを表示しています。

図4-15　エネルギーのコスチューム

敵機と自機に追加した処理の流れを図で説明します。

図4-16　処理の流れ

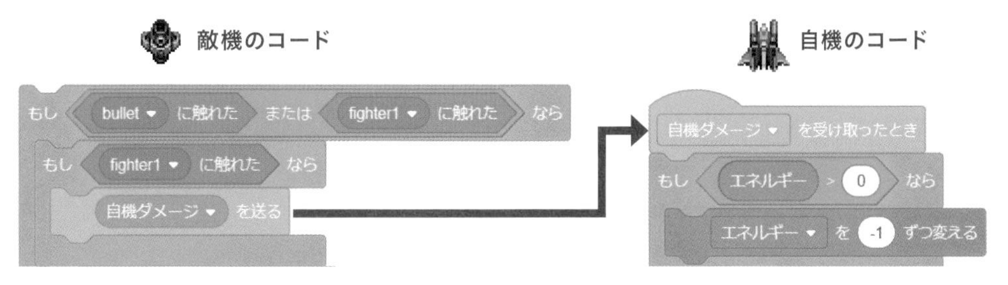

敵機と自機が触れたとき、敵のコードから「自機ダメージ」というメッセージを送ります。自機のコードでは「自機ダメージ」を受け取ったら、

・エネルギーが0より大きいなら1減らす
・エネルギーが0になったら、スクリプト（プログラムの処理）を止めて操作できなくする

ことを行っています。

次のLessonでは、自機が墜落する演出と、ゲームオーバーになる処理を追加します。

Lesson 62

スタートからゲームオーバーまでの流れを作ろう

タイトル画面で[Space]キーを押すとゲームがはじまり、エネルギーがなくなるとゲームオーバーになる一連の流れを作ります。「ロゴと文字」フォルダにあるtitle.pngがタイトルロゴ、game_over.pngがゲームオーバーの文字の画像です。ほかにネクストステージとステージクリアの画像が入っています。title.pngをスプライトとしてアップロードし、ほかの3つの画像をそのコスチュームとしてアップロードしましょう。

図4-17 ロゴと文字の画像

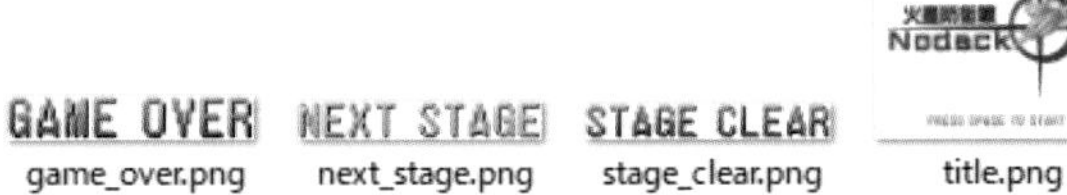

game_over.png　next_stage.png　stage_clear.png

title.png

■タイトルロゴとコスチュームをアップロードする

1 タイトルロゴのスプライトとコスチュームをアップロードします

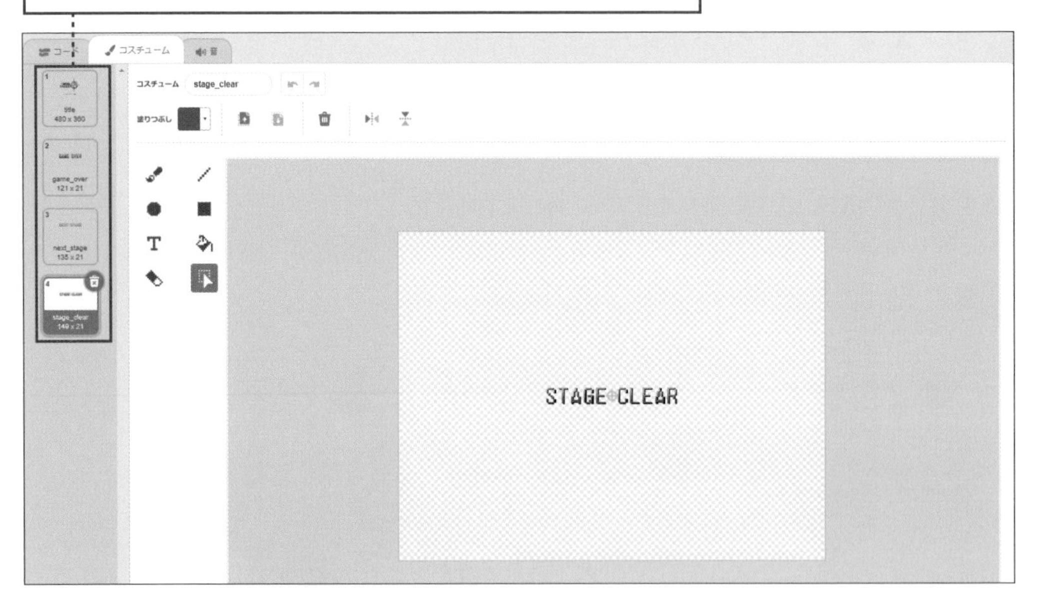

ヒント

このLessonではtitle.pngとgame_over.pngを使います。next_stage.pngとstage_clear.pngはLesson 69で使いますが、ここでまとめてアップロードしておきます。

■タイトルロゴにコードを組み込む

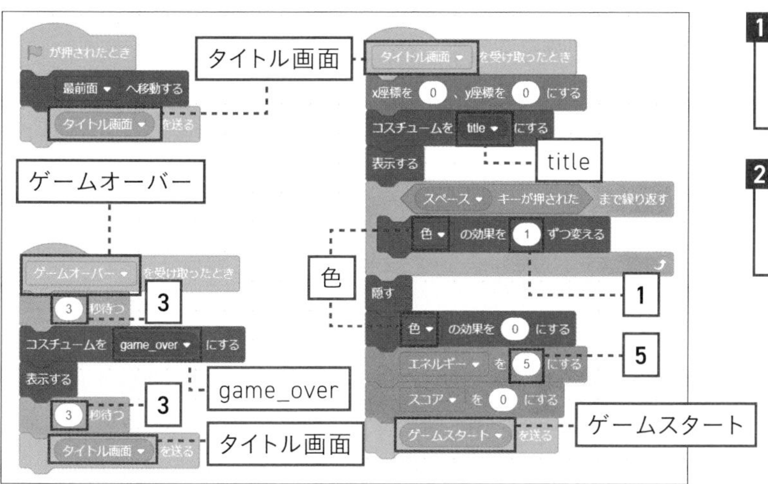

1 タイトルロゴのコードにブロックを追加します

2 それぞれの数字・文言を変更します

「タイトル画面」と「ゲームオーバー」という新しいメッセージを作ります。

■エネルギーがなくなると墜落する演出を追加する

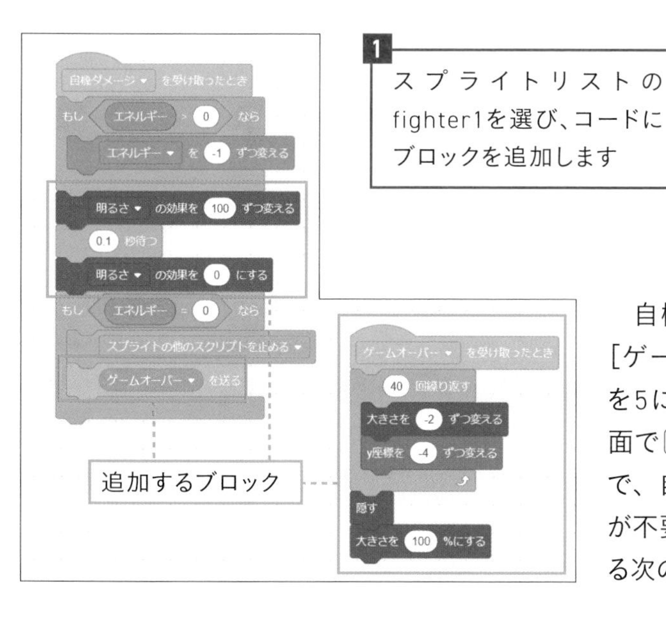

1 スプライトリストのfighter1を選び、コードにブロックを追加します

2 それぞれの数字・文言を変更します

自機のコードで旗をクリックしたとき、[ゲームスタートを送る] と [エネルギーを5にする] を行っていますが、タイトル画面で Space キーを押したらスタートするので、自機の旗をクリックしたときのブロックが不要になります。自機のコードエリアにある次のブロックを削除しましょう。

図4-18 削除するブロック

[が押されたとき]のブロックをマウスでドラッグし、ブロックパレットにドロップして削除します。

■「ゲームオーバー」になったらクローンの処理を止めるコードを追加する

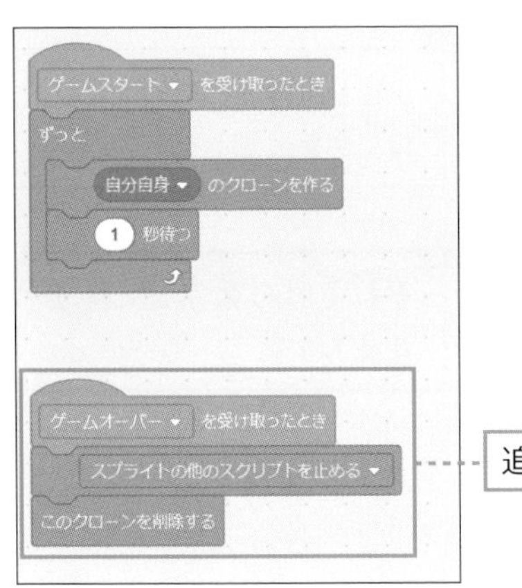

追加するブロック

1 スプライトリストのenemy1を選び、コードにブロックを追加します

■ステージ上の変数「エネルギー」の表示を消す

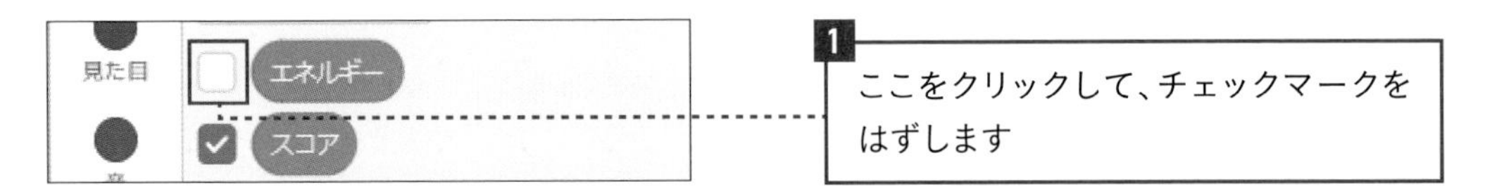

1 ここをクリックして、チェックマークをはずします

2 をクリックするとタイトル画面になり、タイトルロゴの色が変化します。Spaceキーを押すとゲームがスタートし、敵機とぶつかってエネルギーがなくなるとゲームオーバーとなり、タイトル画面に戻ることを確認します

コードの説明

①タイトルロゴのスプライトのコード

- がクリックされたら「タイトル画面」のメッセージを送る。
- 「タイトル画面」を受け取ったら、コスチュームをtitleにし、スプライトの色を変えながらSpaceキーが押されるまで待つ。
- Spaceキーが押されたら、エネルギーとスコアを初期値にし、「ゲームスタート」を送る。
- 「ゲームオーバー」を受け取ったら、コスチュームをGAME OVERにして表示し、3秒待って「タイトル画面」を送る（「タイトル画面」を送ることでタイトル画面に戻す）。

②自機のスプライトに追加したコード

- 敵とぶつかったことがはっきりわかるように、明るさを変えるブロックで自機を白く光らせる。
- エネルギーが0になったら「ゲームオーバー」のメッセージを送る。
- そのメッセージを受け取ったら、スプライトを縮小しながら下に移動し、墜落を表現する。

③敵機のスプライトに追加したコード

- 「ゲームオーバー」を受け取ったら、[スプライトの他のスクリプトを止める]でクローンを作る処理を止め、[このクローンを削除する]でクローンを削除する。

Lesson 63

新しい敵機を作ろう

このLessonでは、敵機の種類を効率よく増やす方法を説明し、ザコ2を制作します。制作済みのザコ1(enemy1) を複製して新たな敵を作ると、簡単に種類を増やすことができます。

■ザコ1のスプライトを複製する

1 enemy1を右クリックして[複製]を選びます

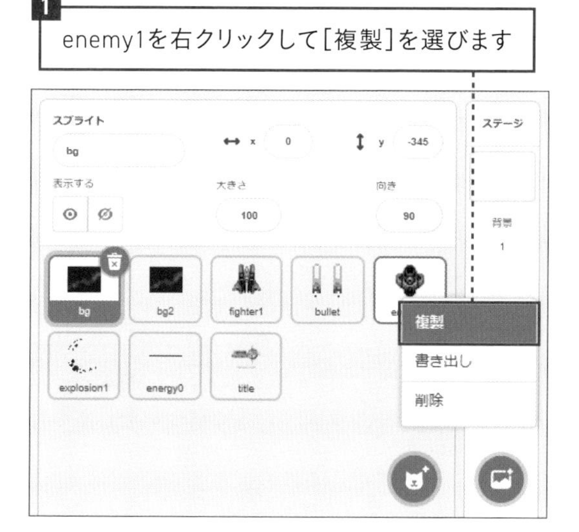

2 enemy2が複製されました

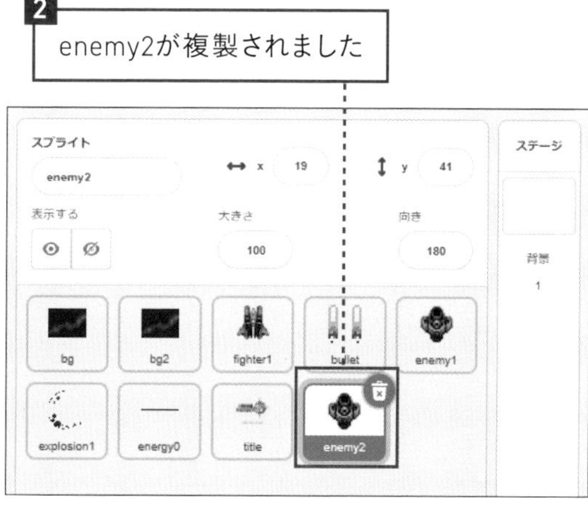

■複製したスプライトの画像をenemy2に変える

1 [コスチューム]タブをクリックし、enemy2.pngをアップロードします

2 enemy2が戦車の画像になりました

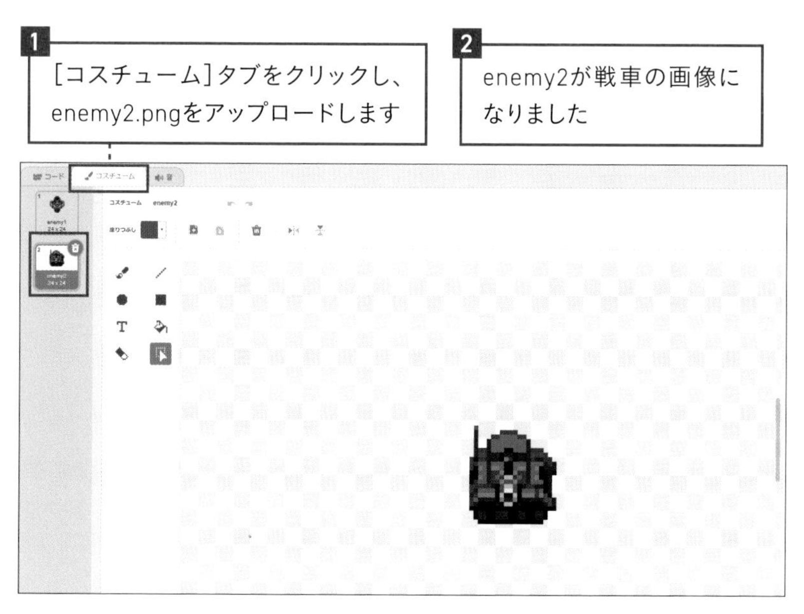

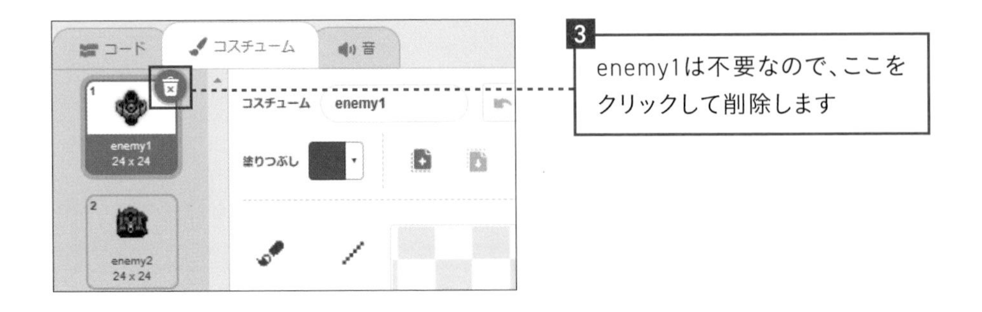

■ザコ2の動きを変える

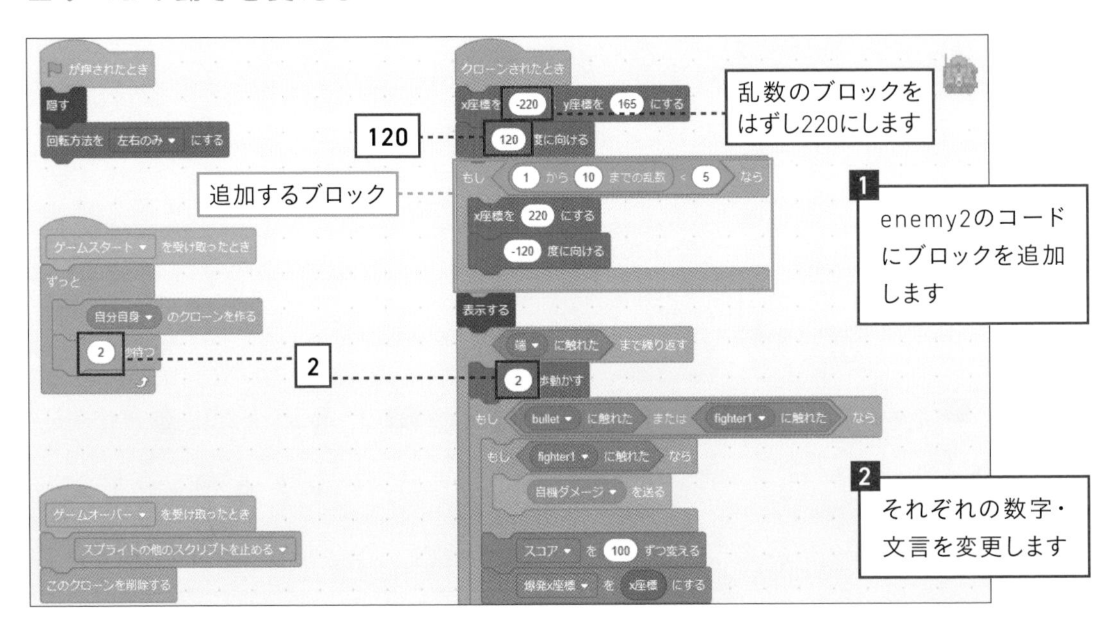

■動作の確認

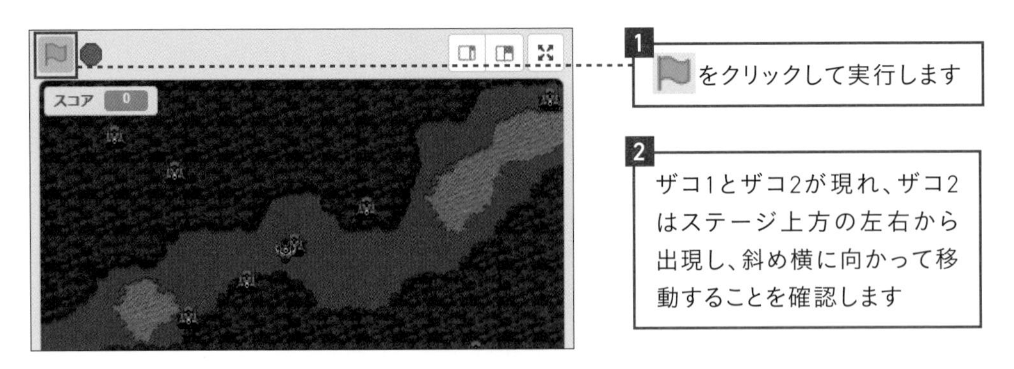

コードの説明

ザコ2のコードの変更箇所は、出現位置、移動する向き、移動するドット数です。出現位置をいったんステージの左上角、向きは右下方向（120度）とし、2分の1の確率で位置をステージ右上角、向きを左下方向（－120度）にしています。ザコ2の移動するドット数は2としています。ザコ1のコードを元に、簡単な変更を加えただけで、違う動きを表現しています。

敵が弾を撃つようにしよう

ゲームはいろいろな敵を登場させると、よりおもしろくなります。ここでは、前のLessonで作ったザコ2(enemy2)が弾を撃つようにします。「敵機」フォルダにあるenemy_bullet.pngが敵の弾の画像です。敵機の位置から弾を発射するために、座標の受け渡しを行う変数を用意します。「敵の弾x座標」「敵の弾y座標」「敵の弾の角度」という変数を作りましょう。これらの変数は[すべてのスプライト用]とします。

図4-19 敵の弾の画像

■新しい変数を3つ作る

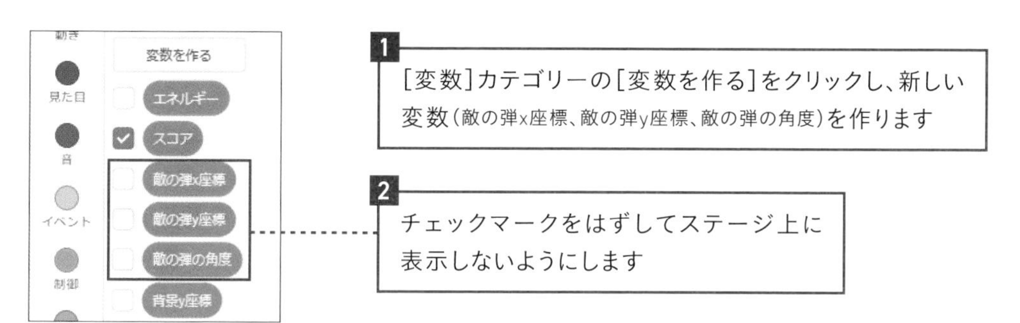

■弾の画像をアップロードし、コードを組む

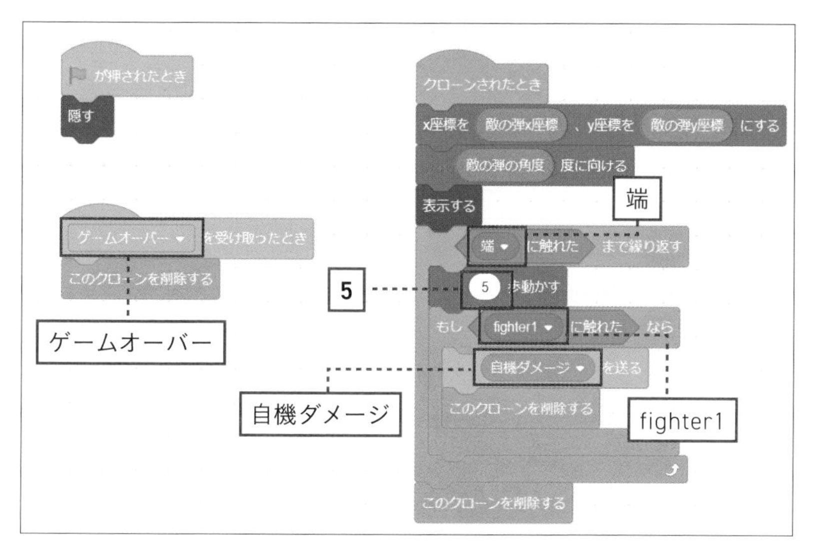

1 enemy_bullet.pngをスプライトとしてアップロードします

2 enemy_bullet.pngのコードにブロックを追加します

3 それぞれの数字・文言を変更します

■ザコ2に弾を撃つコードを追加する

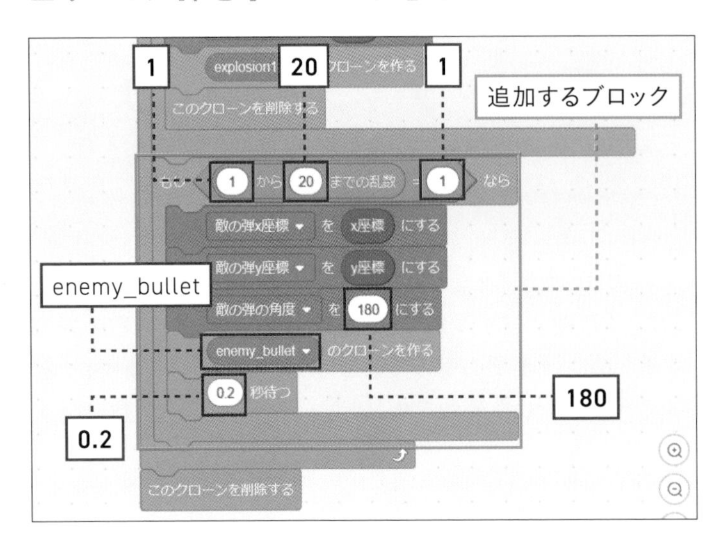

1 スプライトリストenemy2を選び、ブロックを追加します

2 それぞれの数字・文言を変更します

■動作の確認

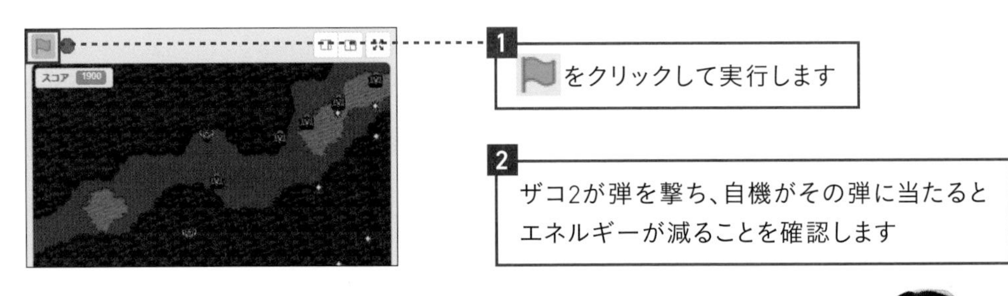

1 をクリックして実行します

2 ザコ2が弾を撃ち、自機がその弾に当たるとエネルギーが減ることを確認します

コードの説明

組み込んだ処理を図で説明します。

自機の弾と敵の弾は、互いに当たっても消えないようになっています。

図4-20 処理の流れ

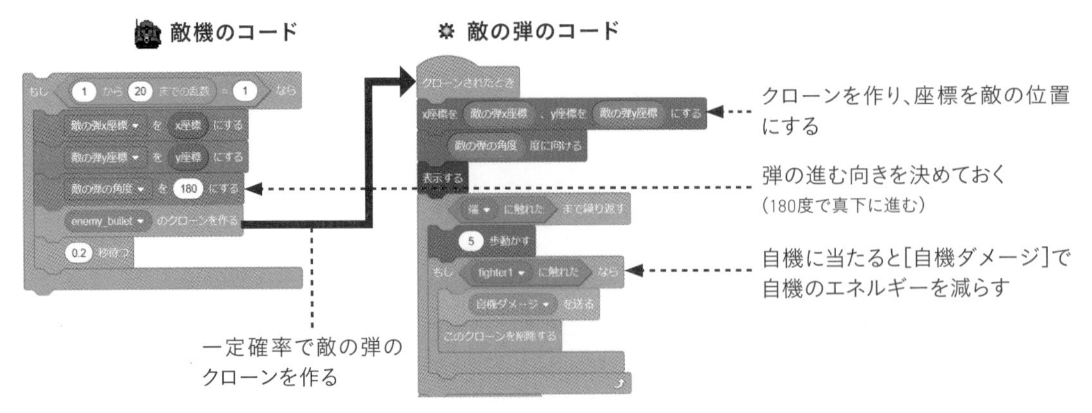

ザコ2のコードで、20分の1の確率で敵の弾のクローンを作っています。その際、「敵の弾x座標」と「敵の弾y座標」の変数を使って、敵機の座標を弾に渡しています。

Lesson 65

タイマーを使って、現れる敵の種類を変えよう

ここではScratchの機能であるタイマーの使い方を説明します。

タイマーについて

「●調べる」カテゴリーに［タイマー］のブロックがあります。このブロックで時間を計ることができます。図4-21のように［タイマー］の左にチェックマークをつけると、ステージにタイマーの値が表示されます。値はミリ秒単位で表示され、自動的にカウントアップされます。

図4-21　タイマーでゲーム開始からの時間を計ることができる

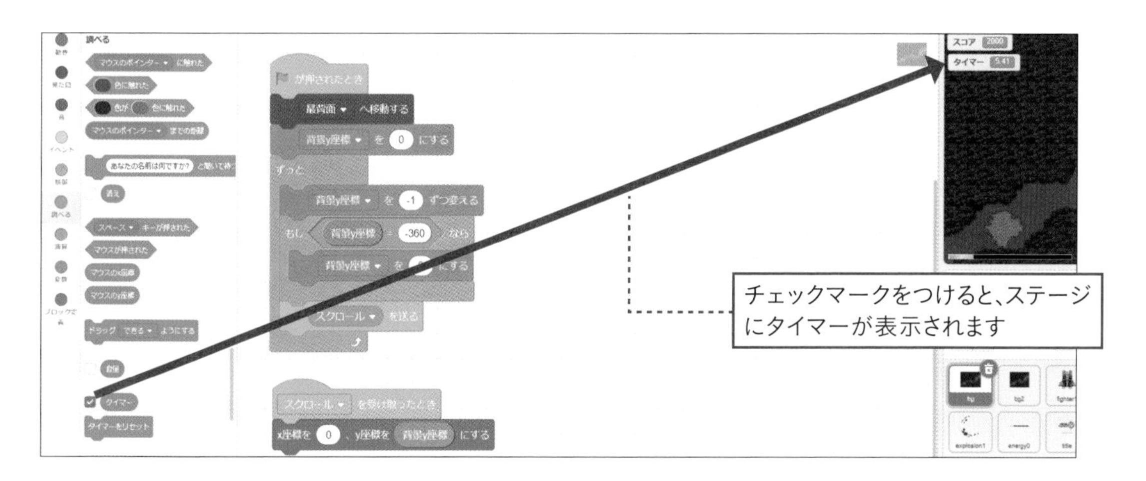

■タイトルロゴ、ザコ1、ザコ2にコードを追加する

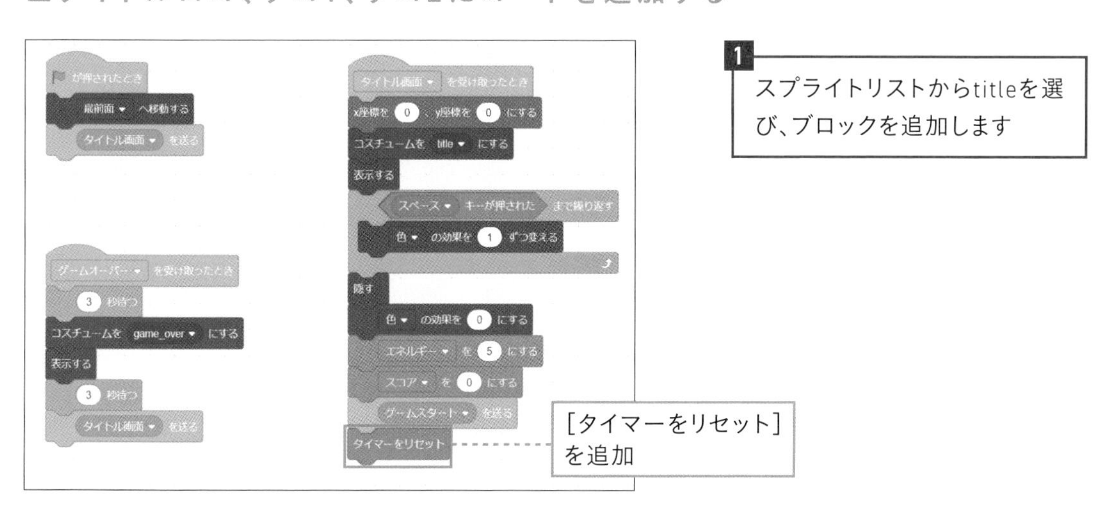

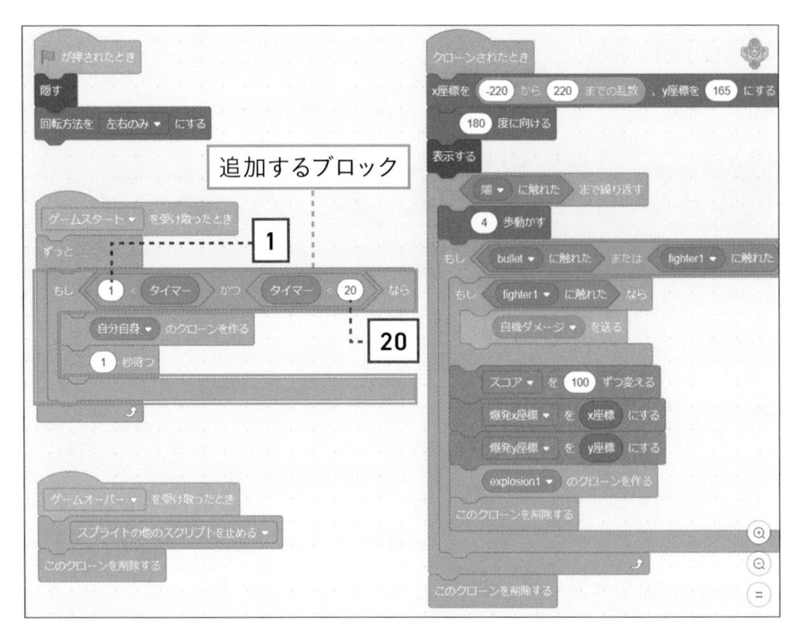

2 スプライトリストからenemy1を選び、ブロックを追加します

3 それぞれの数字・文言を変更します

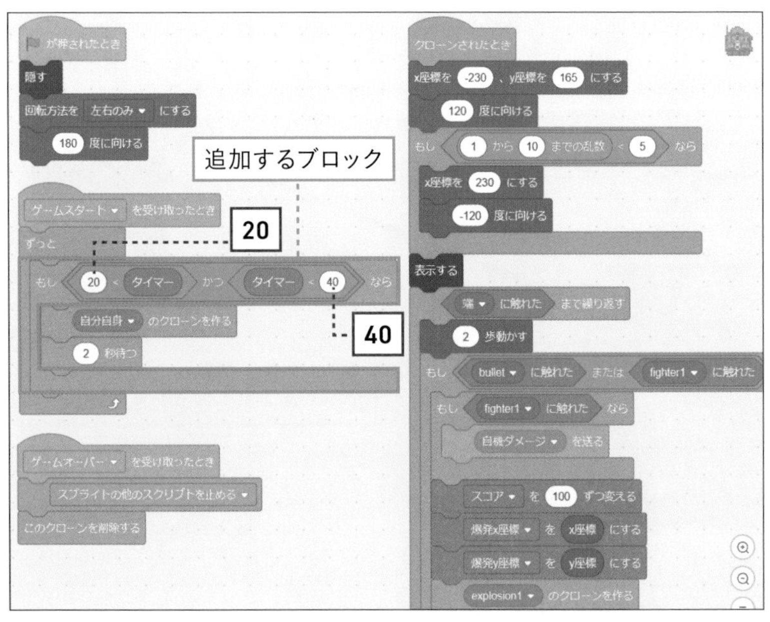

4 スプライトリストからenemy2を選び、ブロックを追加します

5 それぞれの数字・文言を変更します

■動作の確認

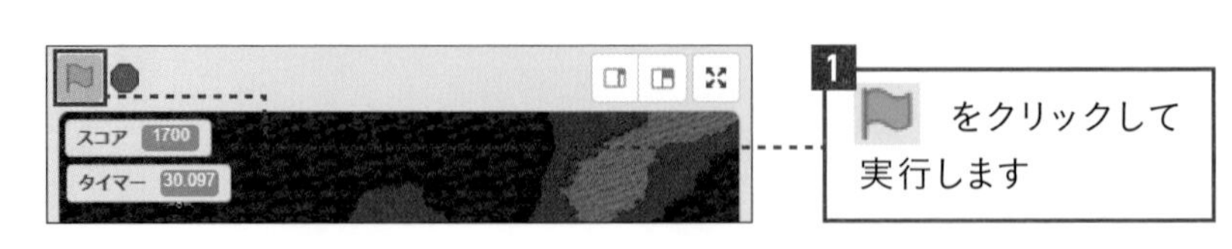

1 をクリックして実行します

ゲームを開始して1秒～20秒目までザコ1が現れ、20秒～40秒目にザコ2が現れます。40秒を超えると敵が出なくなるので、●をクリックして動作を止めましょう。

コードの説明

ゲームを開始するときにタイマーをリセットし、タイマーの値が1～20のときにザコ1、20～40のときにザコ2を出現させるコードを追加しました。

Lesson 66

エネルギー回復アイテムを作ろう

一定時間ごとにアイテムが出現し、それを取るとエネルギーが回復するようにします。

回復アイテムについて

「自機」フォルダにあるitem1.pngがエネルギー回復アイテムの画像です。この画像をスプライトにアップロードします。

図4-22 エネルギー回復アイテムの画像 

■アイテムをアップロードし、コードを置く

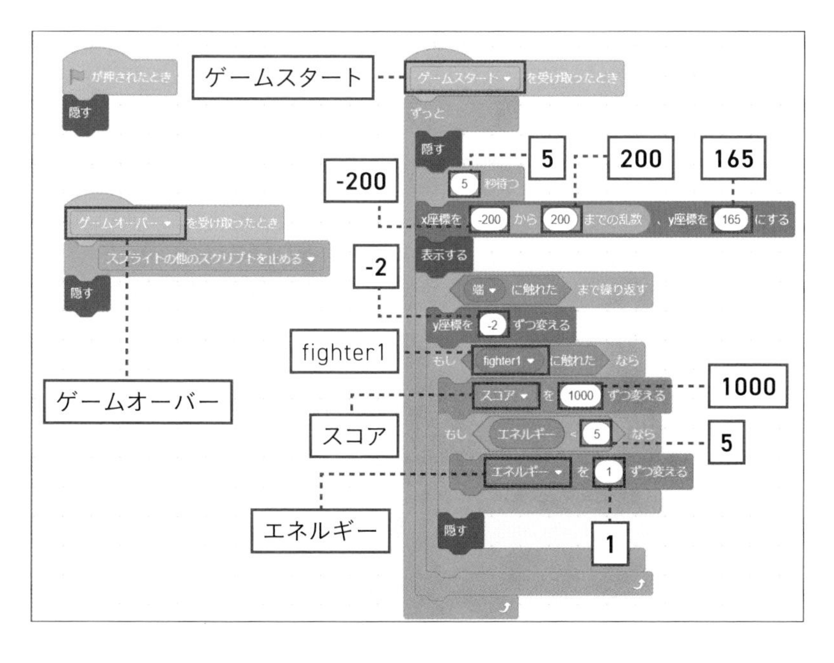

1 item1.pngをアップロードし、コードを追加します

2 それぞれの数字・文言を変更します

3 をクリックして実行します

コードの説明

「ゲームスタート」を受け取ったら、［ずっと］のブロックの中で5秒待ったらアイテムの座標をステージ上端のランダムな位置にして表示し、下端に触れるまで2ドットずつ下に動かしています。その際、自機に触れたら変数［エネルギー］を1増やし、［隠す］でアイテムを消します。エネルギーは最大値を超えないように、［もし〜なら］で5未満なら増やしています。
「ゲームオーバー」を受け取ったときは、スクリプトを止めて処理が終わるようにしています。

Lesson 67

敵の種類を増やそう

ここではザコを2種類増やし、合計4種類の敵機が現れるようにします。

■スプライトを複製する

Lesson 63でスプライトを複製し、敵の種類を効率よく増やす方法を学びました。その方法でenemy1からenemy3を、enemy2からenemy4を作ります。

図4-23 スプライトを複製して種類を増やす

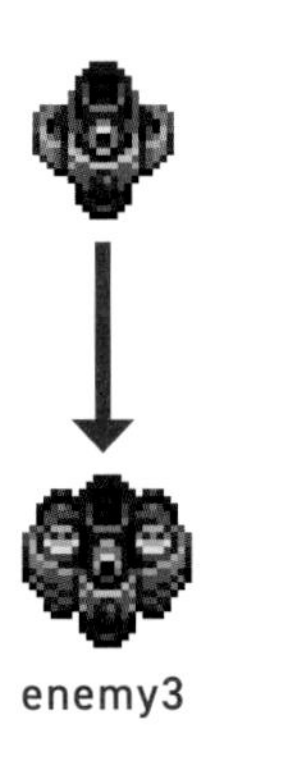

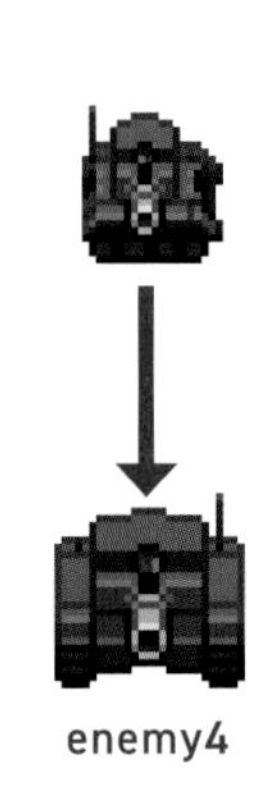

■ザコ3(enemy3)を作る

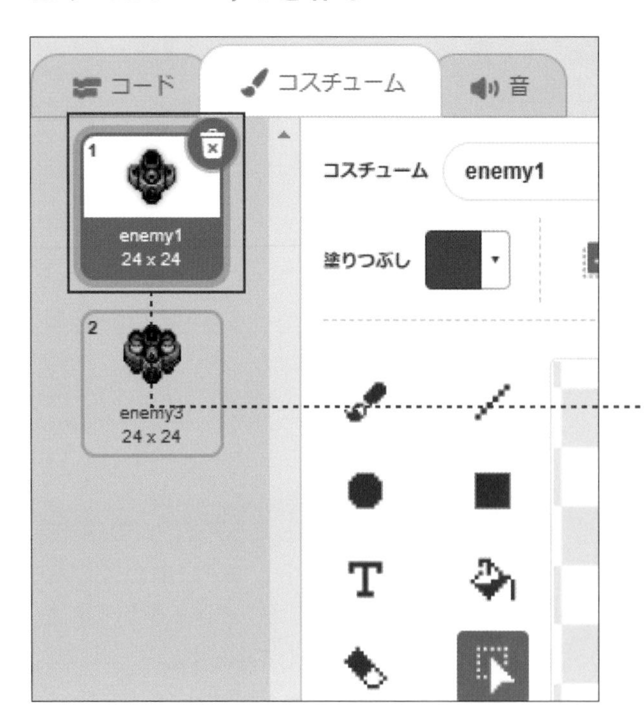

1 スプライトリストのenemy1を右クリックし、[複製]を選びます

2 スプライトリストにenemy3が複製されます

3 コスチュームにenemy3をアップロードし、元のenemy1は削除します

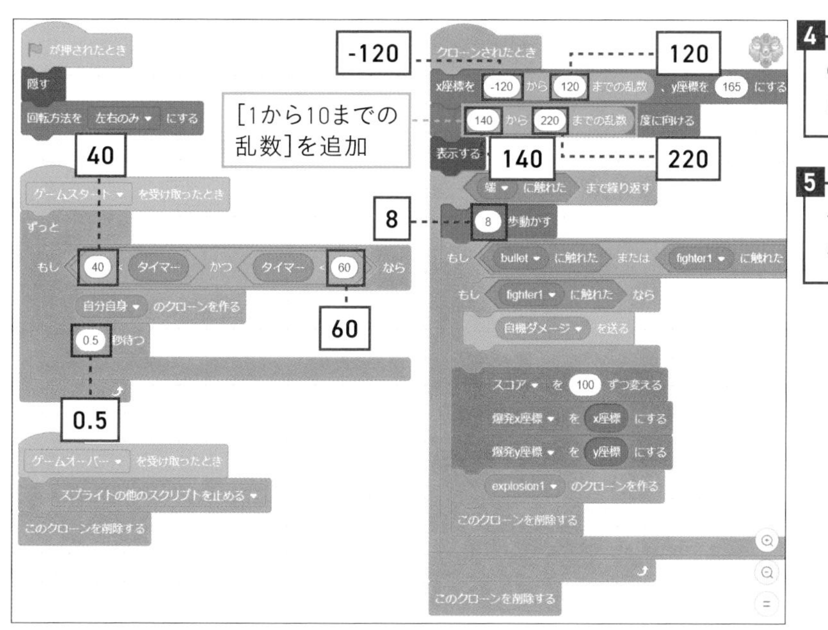

4 enemy3のコードにブロックを追加します

5 それぞれの数字・文言を変更します

■ザコ4(enemy4.png)を作る

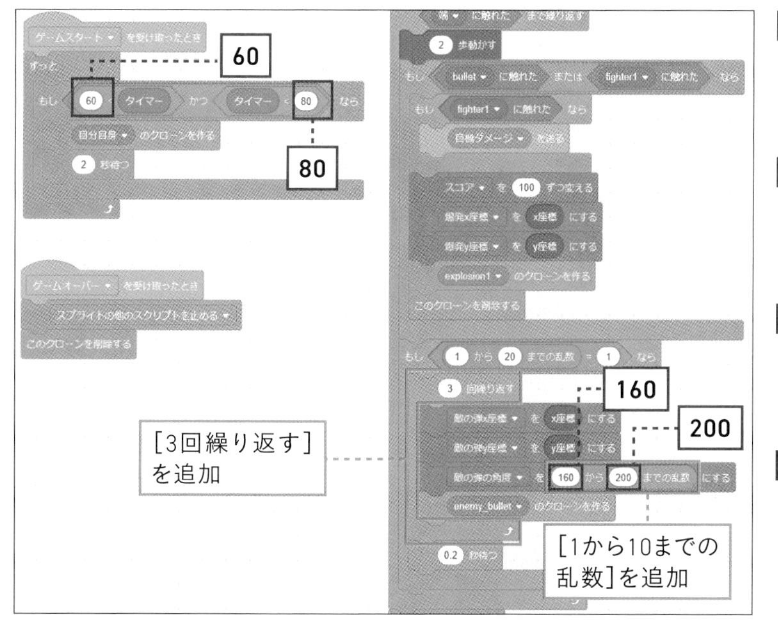

1 ザコ3と同様に、enemy2からenemy4を作ります

2 enemy4のコードにブロックを追加します

3 それぞれの数字・文言を変更します

4 をクリックして実行します

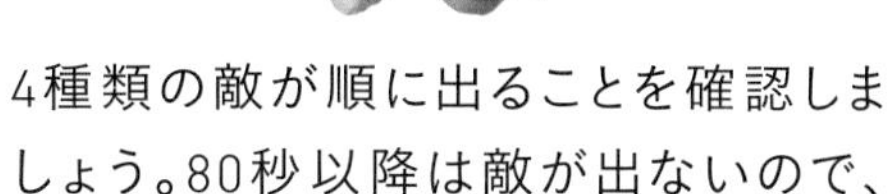

4種類の敵が順に出ることを確認しましょう。80秒以降は敵が出ないので、●をクリックして動作を止めましょう。

コードの説明

ザコ2はザコ1を元に、進む向きを斜め下のランダムな方向とし、動きを速くしました。ザコ3はザコ2を元に、弾を3つ撃つようにしました。

Lesson 68

ボスを登場させよう

ボスのプログラムを作り、4種類のザコが現れた後に、ボスが登場するようにします。

ボスについて

このゲームのボスは、ゲームを開始して90秒後に登場し、弾を100発×ステージ数当てると倒せるようにします。まずは、ステージ数を代入する変数を用意します。［ステージ］という変数を作り、ステージ右上に移動します。この変数は［すべてのスプライト用］とします。

■ステージ数を代入する変数を用意する

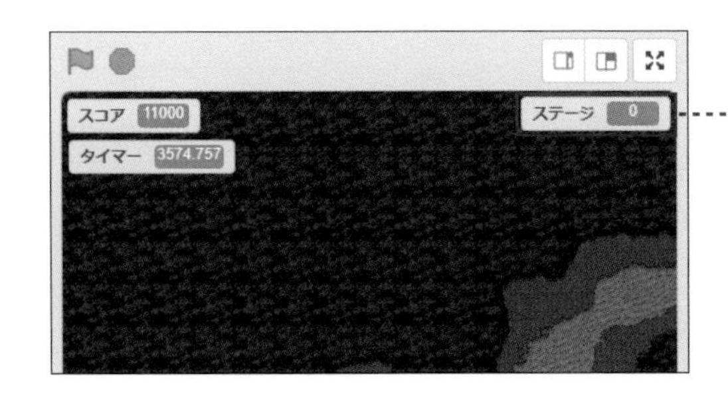

1 新しい変数（ステージ）を作り、ステージ右上に移動します（変数は［すべてのスプライト用］にします）

■ゲームを開始したときに［ステージ］の値を1にする

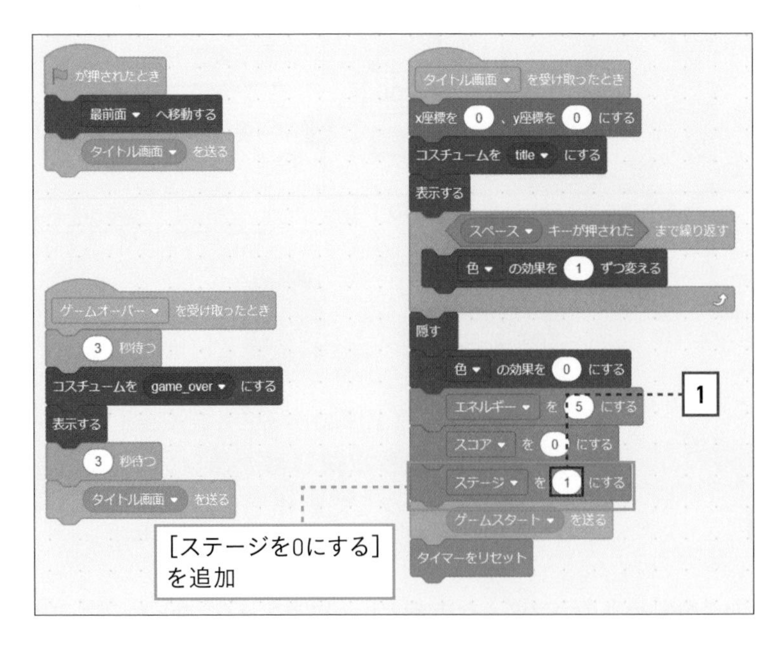

1 スプライトリストのtitleを選び、ブロックを追加します

2 数字を変更します

■ボスの耐久力を代入する変数を用意する

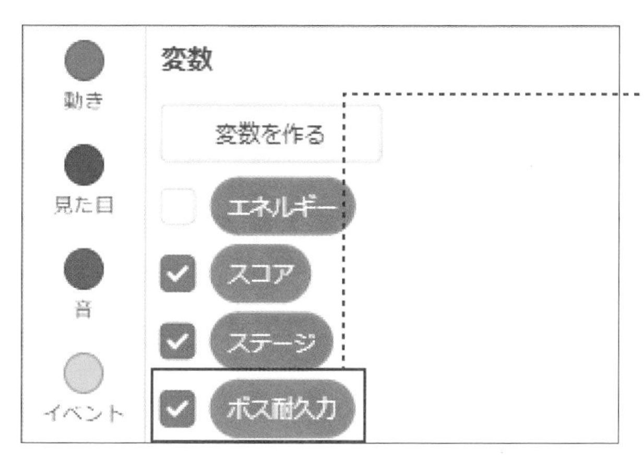

1 新しい変数(ボス耐久力)を作ります
(変数は[すべてのスプライト用]にします)

変数の左にあるチェックマークは、動作確認のために
つけたままにしておきます。

ボスのスプライトをアップロードし、コードを組み込む

[ボス耐久力] に100×ステージの値を入れ、自機の弾が当たると値を減らし、0になるとステージクリアになるようにします。ステージクリアの処理は次のLessonで組み込みます。
「敵機」フォルダにあるboss.pngがボスの画像です。

図4-24 ボスの画像

この画像をスプライトにアップロードし、図4-25のようにブロックを置いて、ボスのプログラムを作ります。「ボス移動」「ボスが弾を撃つ」「ボスを倒した」というメッセージを作る必要があります。

ブロックの数が多いので組み合わせ方に注意しましょう。またブロックに入力する数値を間違えないようにしましょう。

ブロックのまとまりに1から5の番号を振り、それぞれどのような処理を行っているかをP.189で説明しています。それも参考にしながらブロックを置いてください。

図4-25　ボスのコード

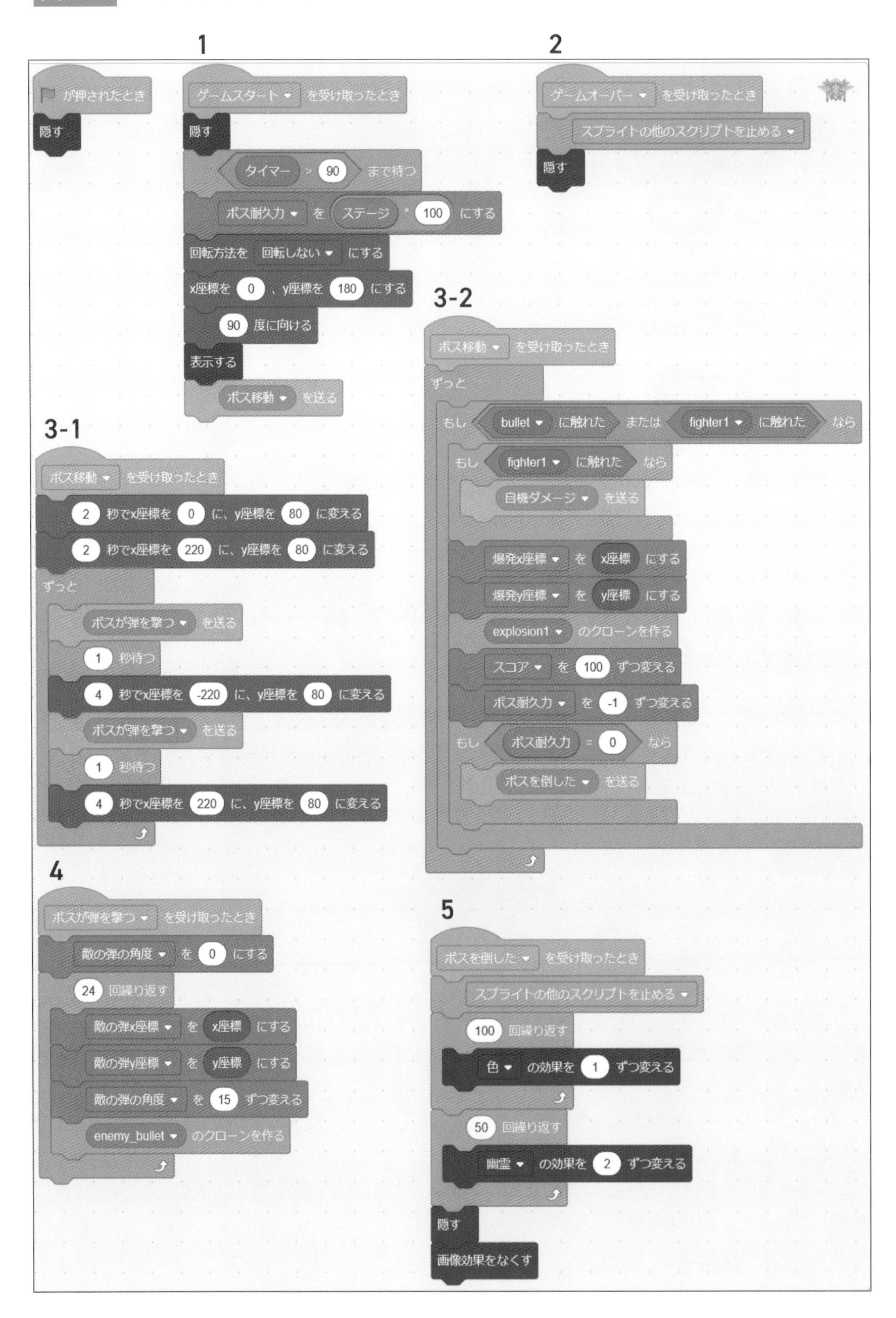
1
2
が押されたとき
隠す
ゲームスタート を受け取ったとき
隠す
タイマー > 90 まで待つ
ボス耐久力 を ステージ * 100 にする
回転方法を 回転しない にする
x座標を 0 、y座標を 180 にする
90 度に向ける
表示する
ボス移動 を送る
ゲームオーバー を受け取ったとき
スプライトの他のスクリプトを止める
隠す
3-1
ボス移動 を受け取ったとき
2 秒でx座標を 0 に、y座標を 80 に変える
2 秒でx座標を 220 に、y座標を 80 に変える
ずっと
ボスが弾を撃つ を送る
1 秒待つ
4 秒でx座標を -220 に、y座標を 80 に変える
ボスが弾を撃つ を送る
1 秒待つ
4 秒でx座標を 220 に、y座標を 80 に変える
3-2
ボス移動 を受け取ったとき
ずっと
もし bullet に触れた または fighter1 に触れた なら
もし fighter1 に触れた なら
自機ダメージ を送る
爆発x座標 を x座標 にする
爆発y座標 を y座標 にする
explosion1 のクローンを作る
スコア を 100 ずつ変える
ボス耐久力 を -1 ずつ変える
もし ボス耐久力 = 0 なら
ボスを倒した を送る
4
ボスが弾を撃つ を受け取ったとき
敵の弾の角度 を 0 にする
24 回繰り返す
敵の弾x座標 を x座標 にする
敵の弾y座標 を y座標 にする
敵の弾の角度 を 15 ずつ変える
enemy_bullet のクローンを作る
5
ボスを倒した を受け取ったとき
スプライトの他のスクリプトを止める
100 回繰り返す
色 の効果を 1 ずつ変える
50 回繰り返す
幽霊 の効果を 2 ずつ変える
隠す
画像効果をなくす

1「ゲームスタート」を受け取ったとき

・タイマーが90になるまで待ち、ボスの耐久力と出現位置を決め、スプライトを表示して、「ボス移動」を送る。

2「ゲームオーバー」を受け取ったとき

・ボスの処理（スクリプト）を止める。

3-1「ボス移動」を受け取ったとき

・2秒で下に移動し、次の2秒で右端に移動する。
・弾を撃って1秒待ち、4秒で左端に移動し、また弾を撃って1秒待ち、4秒で右端に移動する。
・左右への移動と、端で弾を撃つことを繰り返す。弾の発射は4のコードで行う。

3-2「ボス移動」を受け取ったとき

・プレーヤーの弾に当たったかと、自機とぶつかったかを調べる。
・弾や自機に当たったら耐久力を1減らし、0になったら「ボスを倒した」を送る。

4「ボスが弾を撃つ」を受け取ったとき

・「敵の弾の角度」を0にし、24回繰り返して、15度ずつ角度を変えながら、敵の弾のクローンを作る。これでボスを中心に放射状に弾を発射する。

5「ボスを倒した」を受け取ったとき

・ボスのスプライトのほかの処理を止めてボスを動かなくし、色を変化させたあと半透明にして消す。

■動作の確認

をクリックして、4種類のザコが現れた後ボスが登場することを確認しましょう。ボスはステージ中央上から降りてきて、左右移動を繰り返しながらステージ端で放射状に弾を撃ちます。ボスを倒すと敵が出ないので、をクリックして動作を止めましょう。

コードの説明

組み込んだコードの内容は、1〜5で説明した通りです。

ヒント

ボスの動きや、発射した弾を放射状に広げる処理を手軽に作れました。Scratchって素晴らしいですね！

Lesson 69

ステージクリアを入れよう

ボスを倒すとステージクリアとなり、次のステージに進む処理を組み込みます。

不要な変数の表示を消す

この先はタイマーの表示が不要なので、[●調べる] にある [タイマー] のチェックマークをはずします。また [●変数] の [ボス耐久力] のチェックマークもはずしましょう。ステージに表示する変数は、次のように [スコア] と [ステージ] だけです。

図4-26　[タイマー]と変数[ボス耐久力]のチェックマークをはずす

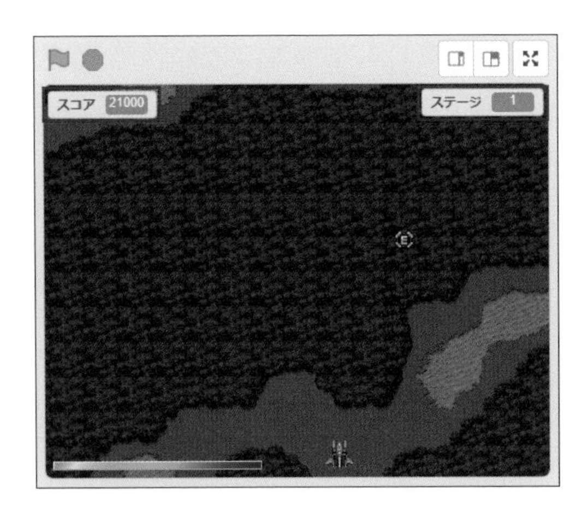

1 ステージに表示する変数は[スコア]と[ステージ]のみにします

■ボスのコードに[ステージクリア]を追加する

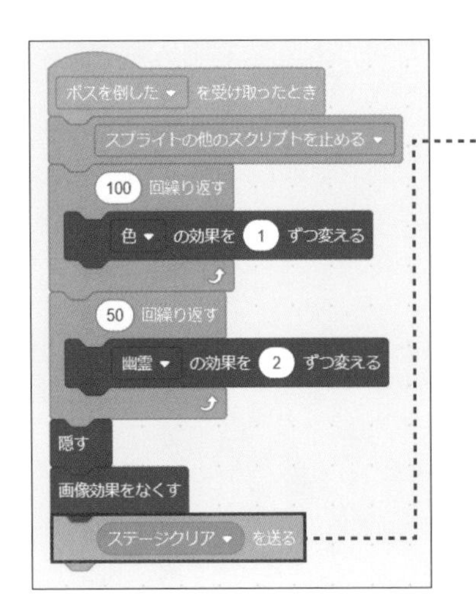

1 スプライトリストのbossの[ボスを倒した]ときのコードに、[ステージクリアを送る]を追加します

■タイトルロゴのスプライトにステージクリアの処理を追加する

1 スプライトリストのtitleを選び、ブロックを追加します

2 それぞれの数字・文言を変更します

3 🏳をクリックして実行します

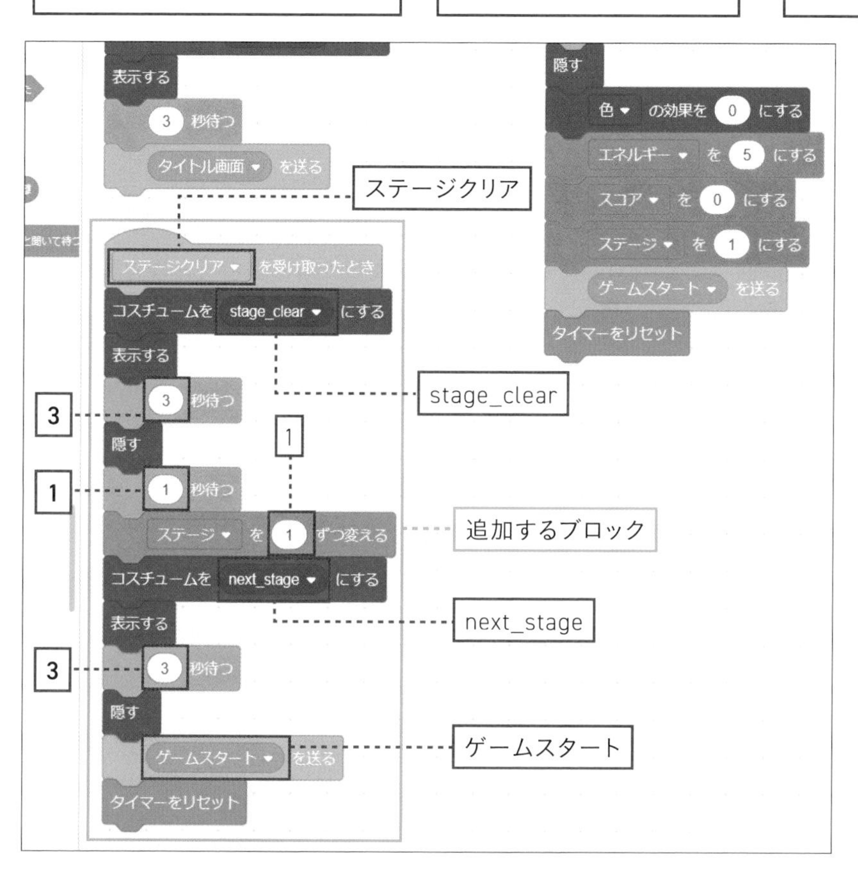

ヒント

ボスを倒すとSTAGE CLEAR→NEXT STAGEと表示され、次のステージに進むことを確認しましょう。どのステージも、ザコ1→ザコ2→ザコ3→ザコ4→ボスの順に登場します。ボスの耐久力は100×ステージ数です。ボスを倒すには、先のステージほど多くの弾を当てる必要があります。

コードの説明

完成までもう一歩。
がんばりましょう！

タイトルロゴに追加したコードを説明します。

「ステージクリア」のメッセージを受け取ったら、

コスチュームをSTAGE CLEARにして3秒表示します。変数［ステージ］の値を1増やします。コスチュームをNEXT STAGEにして3秒表示します。そして「ゲームスタート」を送り、タイマーをリセットして、ステージのはじめから再びプレイするようにしています。

Lesson 70

BGMとSEを組み込んで完成させよう

BGM、ゲームオーバーとゲームクリアのジングル、各種のSEを組み込んでゲームを完成させます。素材のフォルダにある「サウンド」フォルダの中に音のファイルがあります。bgm.mp3がゲーム中のBGM、game_over.mp3がゲームオーバー時のジングル、stage_clear.mp3がステージクリア時のジングルです。スプライトリストのtitleをクリックし、これら3つのファイルをタイトルロゴの音としてアップロードしましょう。

図4-27 サウンドファイル

■BGMとジングルをアップロードする

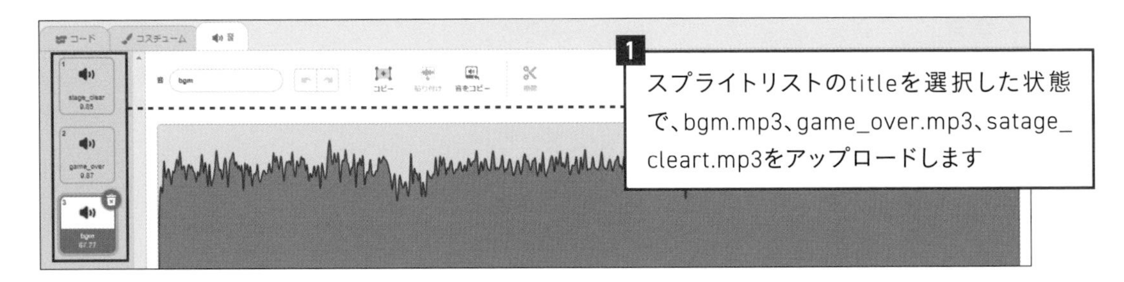

■タイトルのスプライトにBGMとジングルのコードを組み込む

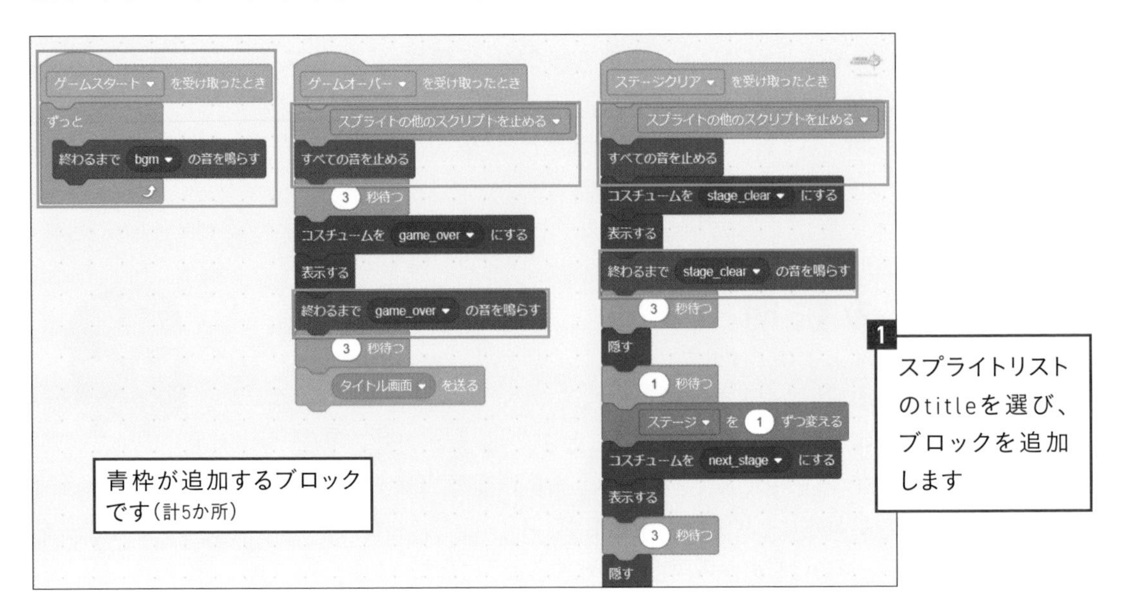

shot.mp3は Space キーで弾を撃つときの効果音です。このファイルは自機のスプライトの音としてアップロードします。

■弾を撃つSE(shot.mp3)を鳴らす

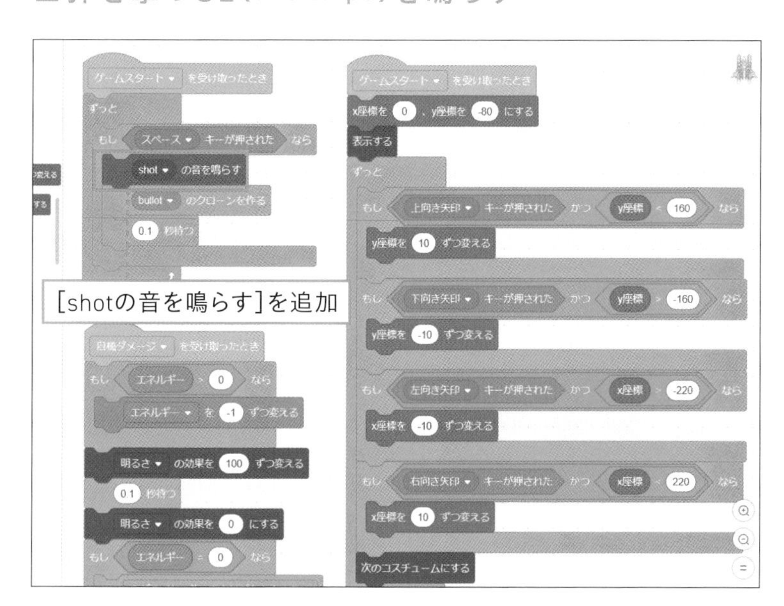

1 スプライトリストのfighter1を選択した状態で、shot.mp3を音にアップロードします

2 ブロックを追加します

explode.mp3は爆発演出の効果音です。このファイルはexplosion1の音としてアップロードします。

■爆発演出のSEを鳴らす

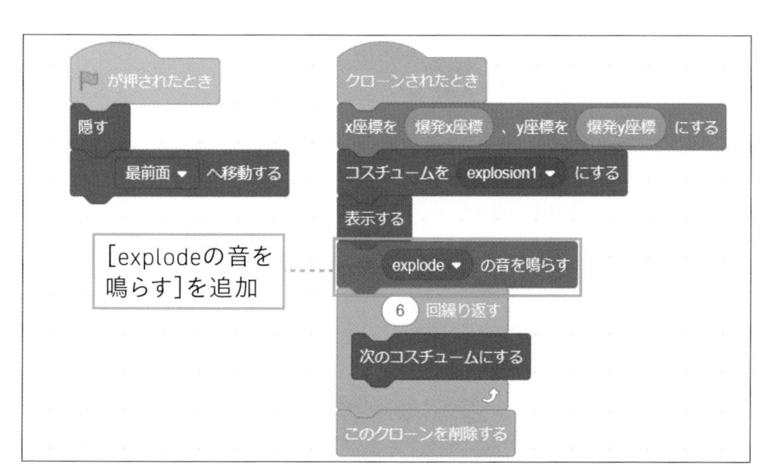

1 スプライトリストのexplosion1を選択した状態で、explode.mp3を音にアップロードします

2 ブロックを追加します

energy.mp3がアイテムを取ってエネルギーが回復する効果音です。
このファイルはitem1の音としてアップロードします。

■エネルギー回復のSEを鳴らす

1 スプライトリストのitem1を選択した状態で、energy.mp3を音にアップロードします

2 ブロックを追加します

3 をクリックして実行します

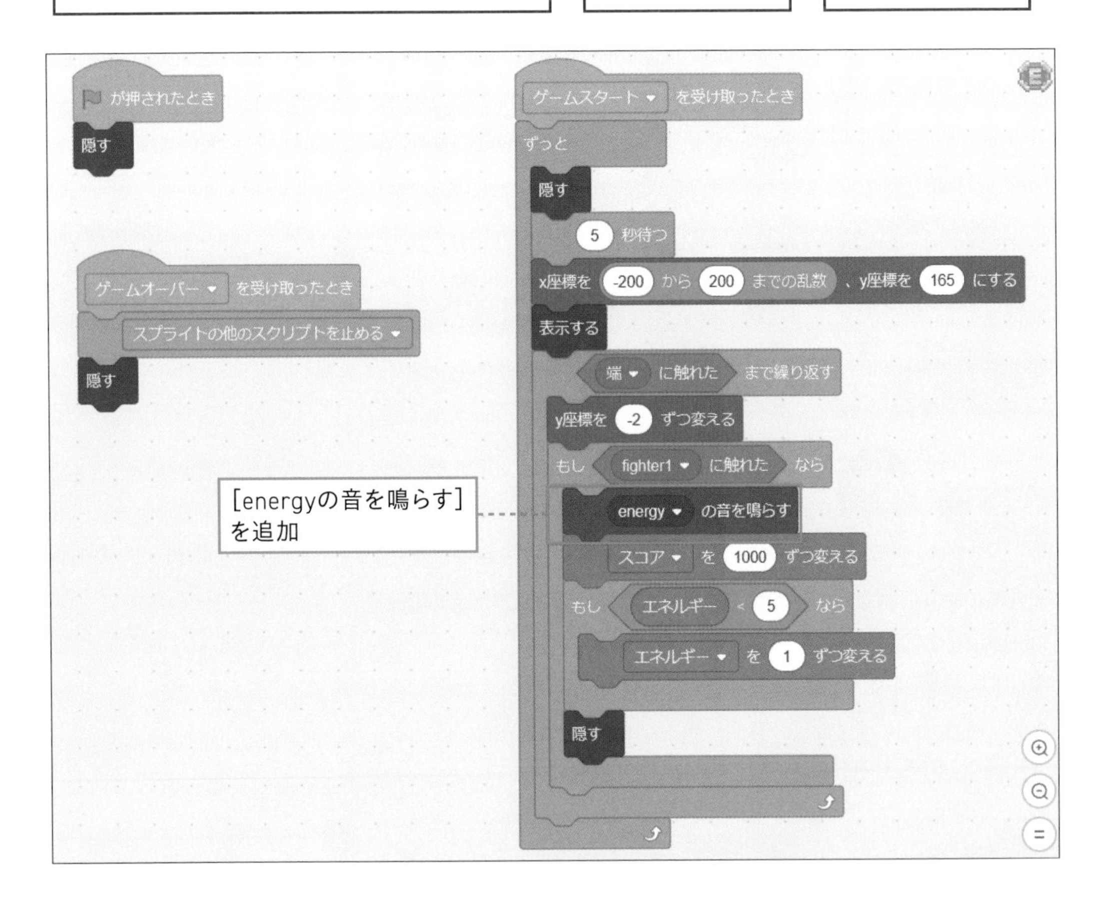

ゲームが完成しました。野田さん、シューティングゲーム上手ですね！

ボスから広がる弾は、できるだけ離れることで避けやすくなります。攻略法を見つけるとクリアしやすくなりますね。

Appendix

野田クリスタルからのプレゼント

〜この章でのゲーム制作の流れ〜

このゲームの完成版を次のURLで確認できます。

➡ https://scratch.mit.edu/users/nodakuribon/

すべての章を読破したみなさんへ。特別なゲーム「伝説の竜剣士ノダック」をプレゼントします。ぜひ遊んでみましょう！

遊んだ後は、本格的なゲームの作り方のヒントを読んで、技術力をアップしましょう！

Lesson 71

ゲーム内容

■「伝説の竜剣士ノダック」ストーリー

剣士ノダックは竜族の末裔だ。竜族とは竜水晶の力でドラゴンに変身できる人間をいう。彼が幼い頃、竜族の国は戦に敗れて滅んでしまった。竜族は追われる身となり、孤児となったノダックは各地を転々としながら成長した。彼はこれまで変身する力を他人に見せたことはない。その力は迫害の対象となるからだ。

ノダックは今日も旅を続けていた。旅の目的は、どんな願いも叶えるという7つの宝玉を集め、その力を使って竜族の国を再興することである。

野道を進む途中、突然、目の前に白い鳥が下りてきた。それは伝書鳩で、ノダックの腕におとなしく止まった。足にくくられた紙片を開くと、いつか魔物から救った城下町が、再び魔物に攻められて危うい状況であることが記されていた。

「この伝書鳩はあのときの姫君が飛ばしたものだ。助けに行かなくては！」彼は腰の小物入れから取り出した石を握りしめ、天に向かって剣を掲げた。「古の蒼き力よ、我を竜に変えよ！」あたりは青白い光に包まれ、次の瞬間1匹のドラゴンが大空に向かって羽ばたいていた。竜となったあなたは、あっという間にいつかの城下に降り立った。変身できる時間は限られており、変身が解けて人に戻ったところへ、魔物の群れがなだれ込んできた！

ゲームルール

・方向キーでフィールドを移動し、スペースキーで剣を振るい、魔物を倒して城を守りましょう。
・魔物がステージ左端に達すると、城が攻撃されて耐久力が下がります。城の耐久力が0になるとゲームオーバーです。
・Dキーで竜に変身すると、空中での戦闘になります。スペースキーで炎を吐いて空の敵を倒すと、城の耐久力が回復します。変身に必要な竜水晶は、時々現れる馬車の道具屋で売っています。
・体力（LIFE）がなくなってもゲームオーバーなので、道具屋で薬を買って体力を増やしましょう。道具屋では肉も売っており、それを買うと攻撃力（STR）が増え、敵を倒しやすくなります。買い物に必要なゴールドは、倒した魔物から出てくるコインを拾って貯めましょう。
・ステージは春・夏・秋・冬の4つで、全ステージを守り抜くとエンディングです。最初のステージ（Spring）は敵を40体倒すとクリア、ステージ2（Summer）は60体、ステージ3（Autumn）は80体、ステージ4（Winter）は100体倒すとクリアです。

操作方法

■地上

・方向キーで移動
・スペースキーで剣を振る
・Dキーでドラゴンに変身（竜水晶を1つ使う）

■空中

・方向キーで移動
・スペースキーで炎を吐く

■道具屋

・Pキー：Potion（薬）を買う→LIFEが1増える
・Cキー：Crystal（竜水晶）を買う→竜水晶が1増える
・Mキー：Meat（肉）を買う→STRが1増える
・Eキー：ショップを出る

■敵について

ステージが進むほど敵の体力が増えるので、道具屋の肉で攻撃力を増やして、倒していきましょう。

表-1　敵の一覧

名前	食人花	スコルピオン	ジャイアントワーム	デスマンクス
登場するステージ	1	2	3	4
体力	1	3	5	7
動き	遅い →			速い

Lesson 72

ゲームのシーンについて

このゲームは次のシーンで成り立っています。

■タイトル画面

1 をクリックするとタイトル画面になります

2 スペースキーを押すとゲームがはじまります

■オープニング

1 オープニングで姫が登場します

■地上での戦い

1
方向キーで移動し、スペースキーで剣を振って敵を倒します

3
竜水晶があればDキーでドラゴンに変身できます

■空での戦い

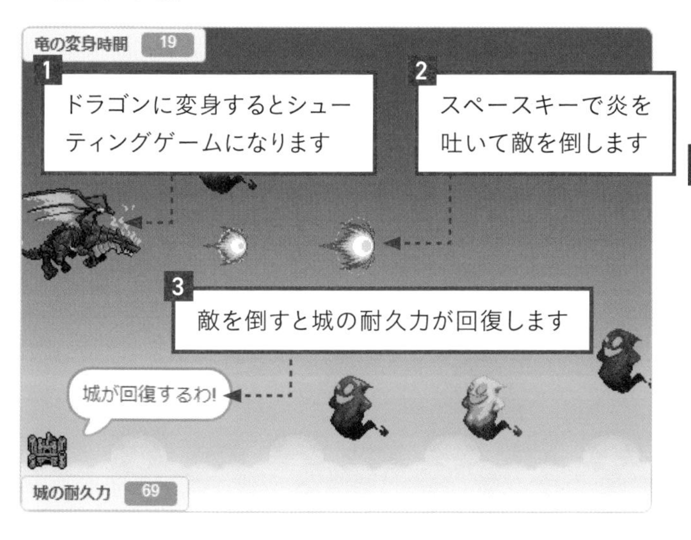

ヒント

変身時間は限られているので、その間できるだけ多くの敵を倒しましょう。なお空の敵はステージクリア条件の「倒した敵の数」には入りません。

■道具屋

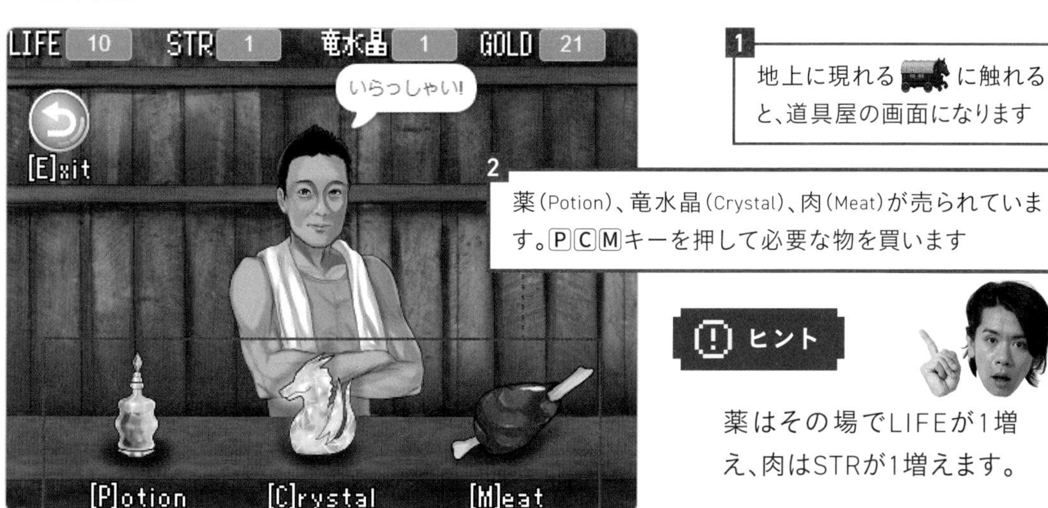

1
地上に現れる馬車に触れると、道具屋の画面になります

ヒント

薬はその場でLIFEが1増え、肉はSTRが1増えます。

Lesson 73

Scratchでの本格的なゲームの作り方

野田クリスタルからゲーム作りの心得

本書を読破したみなさんは、ゲーム開発の技術力がぐんとアップしたことでしょう。学び続けることで、「伝説の竜剣士ノダック」のような本格的な作品も作れるようになります。このゲームには、ご覧になっていただいたように、いろいろな要素が入っています。こんな複雑なゲームが作れるだろうかと考える方もいるかもしれませんが、あきらめることはありません。コツコツと続けていけば、何事も成し遂げることができるのです。

僕はそうしてお笑い芸人＆ゲームクリエイターになれたし、廣瀬さんもそうしてゲームクリエイター＆技術書の著者になったそうです。みなさん、楽しみながらゲーム制作を続けましょう！

廣瀬 豪から本格的なゲームを作るヒント

■スプライトごとの役割をはっきりさせる

本格的なゲームはいろいろな種類のスプライトを用いて作ります。そのとき、どのスプライトに何の役割をさせるかが大切です。主人公のキャラクターはもちろん主人公として、敵キャラは敵として、その動きや攻撃パターンなどをプログラミングするのは当然ですが、そのほかにこのゲームでは**タイトルロゴにゲーム全体の流れを管理する役割**を持たせています。

タイトルロゴのコードで、スペースキーが押されたらゲームを開始し、ゲーム中は敵を規定数倒したかを監視しています。また戦闘シーンのBGMと道具屋のBGMの切り替えを、タイトルロゴのコードで行っています。

■必要な変数を用意する

スプライトにはx座標とy座標の値が入る変数と、スプライトの進む向きを定める角度の変数が用意されています。しかしそれだけではスプライトに複雑な動きをさせることが難しい場合があります。例えばこのゲームでは、敵を倒したときにコインが放物線を描いて飛び出しますが、そのような動きは独自に変数を用意して座標を計算します。コインはx軸方向とy軸方向の移動量を代入する変数を用意し、放物線を描く計算を行っています。

■メッセージの受け渡しを活用する

Scratchにはメッセージを送り、それを受け取ったときに処理を行う機能があります。本格的なゲームを作るには、メッセージをフル活用します。このゲームでどのようなメッセージをやりとりしているかを、Lesson 74で解説しますので、そちらも参考にしてください。

ゲームの中身を見てみよう

「伝説の竜剣士ノダック」のコードを確認しましょう。確認する際、スプライト・背景・音・変数・メッセージの種類がわかっていると理解しやすいので、それらの内容を説明します。

表-2　主なスプライトの種類

画像とスプライト名	スプライトの概要
player	主人公のキャラクター。 立ちポーズ、走りポーズ、剣を振るポーズ、ダメージを受けるポーズ、竜に変身するポーズ、合わせて18パターンの画像を使っている
dragon	主人公が変身した竜。 4パターンで羽ばたくアニメーションを行っている
SHOP shop	道具屋の馬車
ほか 3種類 enemy_ground	地上に現れる敵。 どの敵も3パターンでアニメーションさせている
enemy_sky	空中に現れる敵。 2パターンでアニメーションさせている
castle	城。 4パターンあり、耐久力の値によってコスチュームを変えている
coin	コイン。 4パターンで回転するアニメーションをさせている
伝説の 竜剣士ノダック Press SPACE to start. title	タイトルロゴ。 コスチュームに、GAME OVER、STAGE CLEAR、STAGEなどの文字が描かれた画像を入れてある

■背景画像

背景に10種類の画像を使っています。

表-3　背景の画像の種類

ファイル名	何の画像か
castle.png	タイトル画面とオープニングの背景
ground1.png～ground4.png	各ステージの背景
shop.png	道具屋の背景
sky1.png～sky4.png	空中戦の背景。4パターンでスクロールさせている

図-1　背景の画像10種類

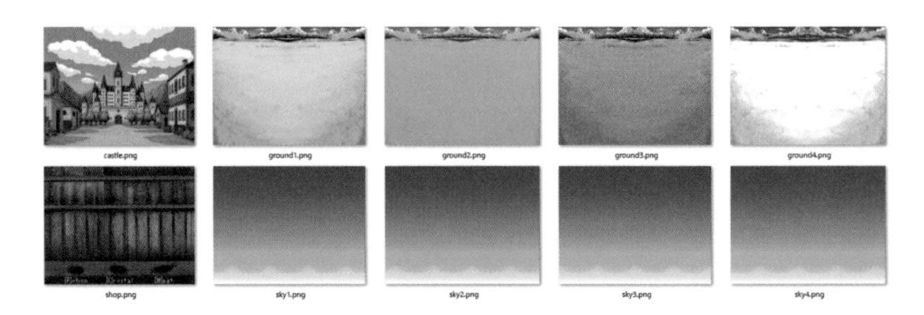

■音

次の音を使っています。

表-4　音の種類

ファイル名	何の音か
bgm.mp3	ゲーム中に流れるBGM
castle_damage.mp3	敵が左端に到達し、城がダメージを受けるときのSE
coin.mp3	コインを拾ったときのSE
congratulations.mp3	全ステージをクリアしたときのジングル
crystal.mp3	道具屋で竜水晶を買ったときのSE
fire.mp3	竜が炎を吐くSE
game_over.mp3	ゲームオーバー時のジングル
meat.mp3	道具屋で肉を買ったときのSE
potion.mp3	道具屋で薬を買ったときのSE
shop.mp3	道具屋に入っている間、流れるBGM
stage_clear.mp3	ステージクリア時のジングル
sword.mp3	剣を振ったときのSE

表-5　主な変数とその役目

変数名	何の変数か
体力、竜水晶、攻撃力、ゴールド	主人公のパラメーター
竜の変身時間	竜に変身している秒数 シューティングゲームがプレイできる時間になる
無敵時間	地上で主人公が敵に触れてダメージを受けた後、一定時間ダメージを受けないようにするための変数
ステージ	ゲームのステージの番号
城の耐久力	城の耐久力 最大値100、0でゲームオーバー
倒した敵の数	倒した敵を数える
コインX、コインY、コインVX、コインVY	コインX、Yでコインが出現する座標を受け取り、コインVX、VYでぴょこんと跳ねる座標を計算する

■メッセージについて

主に次のメッセージをスプライト間でやりとりし、ゲーム全体の流れを管理しています。

図-2　主なメッセージのやりとり

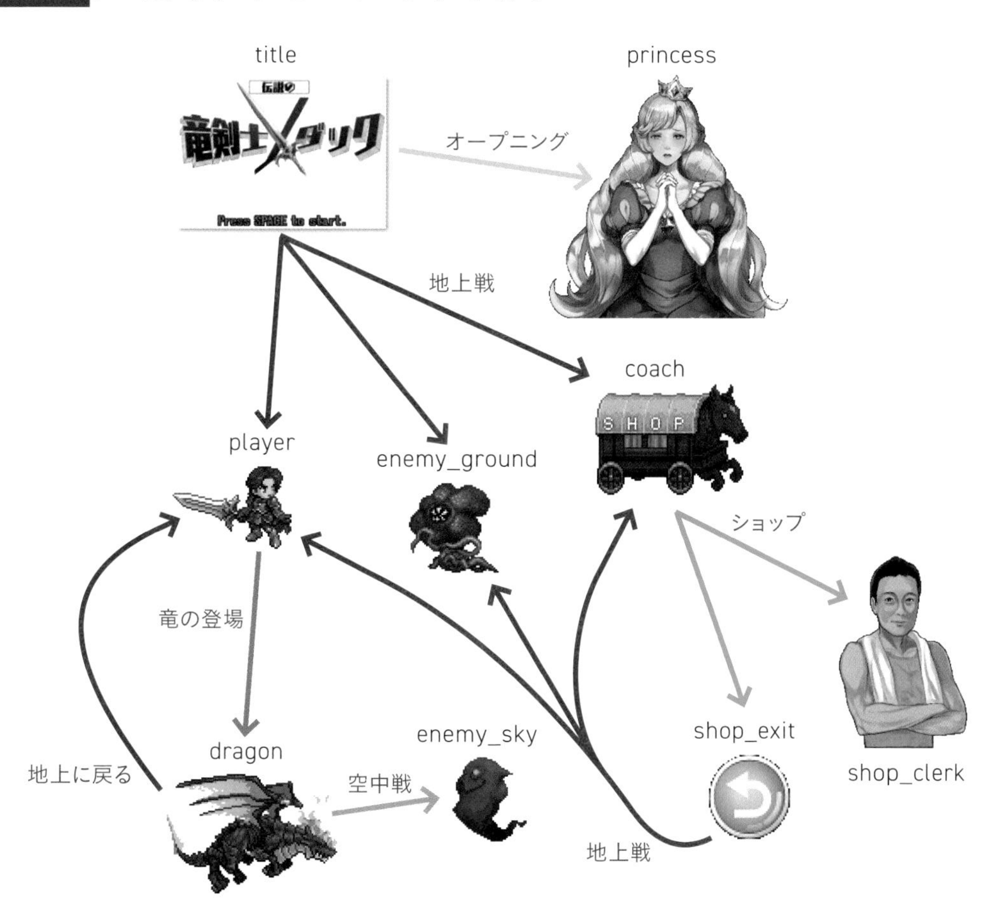

この図に記した以外にもさまざまなメッセージをやりとりしてゲームを構成しています。用いているメッセージは次の通りです。

表-6 メッセージの種類

メッセージ	どのようなメッセージか
エンディング、エンディング2	ステージクリアの処理の後、ステージ4をクリアしていたら、このメッセージを送り、エンディングに移る
オープニング	タイトル画面でスペースキーが押されたら、このメッセージを送り、オープニングに移る
お金が足りない	ショップでアイテムを買おうとしたがゴールドが足りないとき、このメッセージを送り、これを受け取った店員のスプライトが「お金が足りないようです」と言う
クリア条件の監視	このメッセージを受け取ったら、タイトルのスプライトで、倒した敵の数が各ステージクリアの規定数に達したかを調べる
ゲームオーバー	主人公の体力が0になった、もしくは城の耐久力が0になったとき、それぞれの演出を行った後、このメッセージを送ってゲームオーバーの処理に移る
ショップ	馬車に触れたとき、このメッセージを送り、道具屋の処理に移る
ステージクリア	規定数の敵を倒したら、このメッセージを送り、ステージクリアの処理に移る
ステージ数の表示	オープニングの後と次のステージに進むときに、このメッセージを送り、ステージ番号を表示する
タイトル画面	旗をクリックしたときとゲームオーバーになったときに、このメッセージを送り、タイトル画面の処理に移る
パラメーターを隠す	主人公の能力値などを隠すときに送る
パラメーターを表示する	主人公の能力値などを表示するときに送る
空をスクロール	背景のコードで、これを受け取ったら4種類の空の画像を順に表示することで、画面をスクロールさせる
空中戦	主人公が変身し、竜が登場したときにこのメッセージを送り、シューティングゲームの処理に移る
次のステージへ	ステージクリアの後、ステージ数が4未満ならこのメッセージを送って、次のステージに進む
主人公ダメージ	地上の敵に主人公が触れたとき、主人公が攻撃の動作をしていなければこのメッセージを送り、これを受け取った主人公のスプライトで体力を減らす処理を行う
主人公やられる	主人公の体力がなくなったらこのメッセージを送り、倒れる演出を行う
城が陥落	城が攻撃されて耐久力がなくなったらこのメッセージを送り、城が落ちる演出を行う

メッセージ	どのようなメッセージか
城が攻撃される	地上の敵が左端に達したときこのメッセージを送り、これを受け取った城のスプライトで城を揺らす演出を行い、耐久力を減らす
城の表示	城のアイコンを表示するときに送る
地上に戻る	竜のスプライトで変身時間が0になったら、竜が降下する処理の後このメッセージを送り、これを受け取った主人公のスプライトで地上に降り立つ処理を行う
地上戦	地上戦を行うためのメッセージ タイトルのスプライトや、ショップの戻るアイコンのスプライトなど複数か所からこのメッセージを送っている
馬車現れる	馬車のスプライトで、地上戦が始まって一定の時間が過ぎたらこのメッセージを送って馬車を出現させる
背景を空に変える	地上戦から空中戦に切り替えるときこのメッセージを送り、これを受け取った背景で、画像をホワイトアウト、ホワイトイン※する
変身が解ける	空中戦で変身時間が0になったときにこのメッセージを送って、竜が降下する演出を行う
変数に初期値を代入	ゲームをはじめるときにこのメッセージを送って、変数に初期値を代入する
竜が羽ばたく	竜が羽ばたく演出(コスチューム変更)を行うためのメッセージ
竜に変身	主人公のスプライトで、Dキーを押したとき、竜水晶を持っていればこのメッセージを送って、剣を掲げる演出を行う
竜の登場	主人公のスプライトで竜に変身する処理の終わりにこのメッセージを送り、これを受け取った竜のスプライトで、竜が上昇してくる演出を行う

※演出のホワイトアウトとは画面を白い色に変えていくこと、ホワイトインとは白い色から画像本来の色に戻していくことです

みなさん、
がんばってすてきなゲームを
作ってください♪

おわりに

プログラミングの魅力は、2個目以降のプラモデルを組み立てる喜びに近いものがあります。どれだけ工程を短縮できるか、工夫できるか、そんな楽しみをみなさんも味わっていただけたでしょうか？ はじめた頃は誰でもつまずきます。そんなときはまず自分で考えることが大切です。たいていのバグは自分のせいであることが多いものです。それでもわからなかったら詳しい人に聞きましょう。

プログラミングを学んで必ずしもプログラマーになる必要はありませんが、僕はプログラミングがもっと身近になる未来がくると思っています。子どもの頃に作ったゲームを何年後かに同窓会で、恥や黒歴史もそのままにみんなでやってみるなんてことも起こるかもしれません。プログラミングが新しい文化になっていくのが楽しみです。

僕は「熱意があるものは必ず伝わる」と信じています。クリエイティビティーやイマジネーションを羽ばたかせて、熱のある作品を作ってください。

野田クリスタル

本書を世に出すために、ご尽力いただいたインプレス社の渡辺彩子様にお礼申し上げます。私を渡辺様に紹介してくださった今村享嗣様と、ゲームの素材を制作してくれたクリエイターの皆様に感謝します。

本書執筆のための対談で、自由な発想でゲームを作る野田クリスタルさんのお考えをうかがったとき、はっとさせられるものがありました。私はプロとして長年、開発を続ける中で、多くのルールで自分を縛ってきたのです。主人公はこうあるべき、このステージのプレイ時間はこれくらいが妥当……ユーザーを楽しませたい一心で、ゲームはこうでなくてはという理想を掲げすぎていました。

ゲームは想像したことすべてを表現できる、素晴らしいコンテンツです。ゲームの世界は自由に作り上げてよいのです。野田さんの言葉をきっかけに、好きなものを自由に作った、楽しい学生時代を振り返りました。本書がみなさんにとっても楽しい思い出になることを願っています。

廣瀬 豪

野田クリスタル（のだ・くりすたる）

お笑いコンビ・マヂカルラブリーのボケ担当。ピンとしてR-1ぐらんぷり2020優勝、コンビとしてM-1グランプリ2020優勝。お笑い芸人として劇場やテレビで活動する一方、独学で習得したプログラミングで自作ゲーム「野田ゲー」を開発しており、2021年4月にNintendo Switchから「スーパー野田ゲーPARTY」を発売している。

廣瀬 豪（ひろせ・つよし）

早稲田大学理工学部卒業。ワールドワイドソフトウェア有限会社代表。ナムコでプランナー、任天堂とコナミの合弁会社でプログラマーとディレクターを務めた後に独立し、ゲーム制作会社を設立。業務用ゲーム機、家庭用ゲームソフト、携帯電話用アプリ、Webアプリなど様々なゲームを開発し、ゲームメーカーからの依頼で制作したアプリは累計2000万DLを超える。本業、趣味ともに様々なプログラミング言語でゲームを開発し、教育機関でプログラミングを指導しながら、コンピュータの技術書を執筆している。
主な著書「Pythonでつくる ゲーム開発 入門講座」「Pythonで作って学べるゲームのアルゴリズム入門」（ソーテック社）「Pythonで学ぶアルゴリズムの教科書」（インプレス）

【Special Thanks】
TBC学院小山校　菊地寛之先生

【STAFF】
イラストレーター　大森百華・坂本涼華・高田梨聖・清水 零・菊池桃花
ゲーム画面デザイナー　横倉太樹・セキリウタ
サウンドクリエイター　青木晋太郎

制作協力　吉本興業株式会社

ブックデザイン　山之口正和＋沢田幸平（OKIKATA）
撮影　渡 徳博
カバー画像処理　山梨悦之介
DTP制作　柏倉真理子・田中麻衣子
DTP・本文イラスト　株式会社トップスタジオ
デザイン制作室　今津幸弘
編集　渡辺彩子
編集長　柳沼俊宏

■商品に関する問い合わせ先
このたびは弊社商品をご購入いただきありがとうございます。本書の内容などに関するお問い合わせは、下記のURLまたはQRコードにある問い合わせフォームからお送りください。

https://book.impress.co.jp/info/

上記フォームがご利用頂けない場合のメールでの問い合わせ先
info@impress.co.jp
※お問い合わせの際は、書名、ISBN、お名前、お電話番号、メールアドレスに加えて、「該当するページ」と「具体的なご質問内容」「お使いの動作環境」を必ずご明記ください。なお、本書の範囲を超えるご質問にはお答えできないのでご了承ください。

●電話やFAXでのご質問には対応しておりません。また、封書でのお問い合わせは回答までに日数をいただく場合があります。あらかじめご了承ください。
●インプレスブックスの本書情報ページ https://book.impress.co.jp/books/1120101185 では、本書のサポート情報や正誤表・訂正情報などを提供しています。あわせてご確認ください。
●本書の奥付に記載されている初版発行日から3年が経過した場合、もしくは本書で紹介している製品やサービスについて提供会社によるサポートが終了した場合はご質問にお答えできない場合があります。

■ 落丁・乱丁本などの問い合わせ先
TEL　03-6837-5016　FAX　03-6837-5023
service@impress.co.jp
（受付時間／10:00～12:00、13:00～17:30土日祝祭日を除く）
※古書店で購入されたものについてはお取り替えできません。

■書店／販売会社からのご注文窓口
株式会社インプレス 受注センター
TEL　048-449-8040
FAX　048-449-8041

野田クリスタルのこんなゲームが作りたい！ Scratch3.0対応

2021年11月1日　初版発行

著　者　野田クリスタル・廣瀬 豪
発行人　小川 亨
編集人　高橋隆志
発行所　株式会社インプレス
〒101-0051　東京都千代田区神田神保町一丁目105番地
ホームページ　https://book.impress.co.jp/
印刷所　株式会社リーブルテック

ISBN 978-4-295-01281-8 C3055
Printed in Japan